国外地质模型与油藏管理丛书

油 藏 监 测

［美］ Jitendra Kikani 著

陈军斌 龚迪光 刘 峰 程国建 译

石油工业出版社

内 容 提 要

本书主要介绍了需要进行监测的各种油藏问题，提供工具、技术和模板来适应某些特定的需求，通过列举实例说明了一些设备以及数据分析背后的理论基础。

本书适合油藏、生产、运营等领域的相关工程师和地球科学工作人员及高等院校相关专业师生阅读参考。

图书在版编目（CIP）数据

油藏监测 /（美）吉滕德拉·卡卡尼
(Jitendra Kikani) 著；陈军斌等译 . — 北京 ：石油
工业出版社, 2020. 10
（国外地质模型与油藏管理丛书）
书名原文：Reservoir Surveillance
ISBN 978-7-5183-4167-2

Ⅰ. ①油… Ⅱ. ①吉… ②陈… Ⅲ. ①油藏-能源监
测 Ⅳ. ①P618. 13

中国版本图书馆 CIP 数据核字（2020）第 165241 号

Reservoir Surveillance
by Jitendra Kikani
Copyright ⓒ 2013 Society of Petroleum Engineers
All Rights Reserved. Translated from the English by Petroleum Industry
Press with permission of the Society of Petroleum Engineers. The Society of
Petroleum Engineers is not responsible for, and does not certify, the accuracy of this translation.

本书经美国 Society of Petroleum Engineers 授权石油工业出版社有限公司翻译出版。版权所有，侵权必究。
北京市版权局著作权合同登记号：01-2014-7352

出版发行：石油工业出版社
　　　　　（北京安定门外安华里 2 区 1 号楼　100011）
　　　　网　　址：www. petropub. com
　　　　编辑部：（010）64523710
　　　　图书营销中心：（010）64523633
经　　销：全国新华书店
印　　刷：北京中石油彩色印刷有限责任公司

2020 年 10 月第 1 版　2020 年 10 月第 1 次印刷
787×1092 毫米　开本：1/16　印张：17.5
字数：430 千字

定价：128. 00 元
（如发现印装质量问题，我社图书营销中心负责调换）

版权所有，翻印必究

译者前言

随着高新技术的发展及管理理念的更新，进入 21 世纪的油气工业面临诸多挑战，如从定性地质构造观察到定量建模描述、从微观结构分析到油藏三维可视化展布、从历史拟合到油藏自动监测、从分散管理到集成式优化管理、从单一数据源到多异构数据体的大规模集成应用等。这些转型的根本目标还是油气产量的提升以及对安全环保等因素的考量，为了应对这些挑战，西安石油大学组织专家、学者翻译了相关外文原版专著，形成《国外地质模型与油藏管理丛书》。本套丛书由《集成油藏资产管理——原理与最佳实践》《油藏流线模拟——理论与实践》《实用地质统计学——SGeMS 用户手册》《地球科学中的不确定性建模》《石油地质统计学》《岩石物理特性手册》《油藏模拟——历史拟合及预测》《油藏监测》8 本分册组成。本丛书受到的资助包括西安石油大学学术出版基金、国家科技重大专项"大型油气田及煤层气开发（2016ZXO5050)"、国家自然科学基金项目"陆相页岩井周天然裂隙力学活动性评价方法基础研究（51874239)""基于相场方法的径向井液态药高能气体与水力压裂复合压裂机理研究（51804254)""基于分子模拟的页岩气吸附微观机理研究（51804253)"、陕西省自然科学基础研究计划——青年项目"基于相场方法的径向井液体药高能气体压裂机理研究（2019JQ-824)"以及陕西省教育厅专项科研计划项目"径向井水力压裂趾端起裂机理研究（17JK0609)"。

此分册《油藏监测》由龚迪光博士、刘峰博士具体翻译，程国建教授对全书进行了统稿及校对，陈军斌教授进行了全书审阅。由于译者专业知识及外文水平所限，难免在原文理解、语义阐释、文字表达方面不够准确，甚至出错，诚恳希望读者朋友多提宝贵意见和建议。

译者

原书前言

大约十二年前，在我第一次参加相关主题的 SPE 杰出讲师巡回会议之后，我从对 SPE 各个部分的访谈中意识到不足，并且认为需要提供权衡各方的、有说服力的、全面的实际油藏监测信息。在这些访谈中，我与世界各地对该主题感兴趣的工程师和科学家进行了交流。他们热衷于油藏监测信息的应用方面，但是大多数人只在油藏监测整个领域的个别功能学科中具有实践知识。同时，该行业刚刚开始开发一种结构化的框架，以集成的方式评估、计划和执行监测程序，并着重于基础解决方案。期权价值和决策分析类学科在石油工业中的应用日益广泛，并且仪器和监测系统有了巨大的改进。但是，由于油价低，在监测方面昂贵支出变得越来越困难。不幸的是，该行业在进入更恶劣的油藏环境和处理复杂油藏系统面临的问题时，通过精简的评估程序同时也承担了更大的风险。

对于以结构化方式解决这些问题提供指导的需求十分迫切，然而想要解决问题并不容易。监测可以专门应用于任何单一功能学科，但如果不从全局的角度考虑监测对资产价值进行综合评估，则对监测的研究是不完整的。培养这样的观点也很重要，即监测是一个持续不断的过程，它会产生新的机会，因此，要在资产生命周期内纳入油藏智能聚合概念。

在此方面达到平衡之后，下一个问题是，这本书的读者是哪些人？这个问题相对容易作答，部分原因是因为我们必须将重点放在监测方法应用于从业工程师所在的领域，并与其业务目标联系在一起。尽管如此，也有来自其他行业中的大量文献，包括来自工业工程有关可靠性的基本信息，来自数据分析及数据挖掘技术的目标决策分析框架和抽象方法，这些我们都要学习。我坚信，在不久的将来，监测将成为一门学科，经验丰富的油藏监测工程师将具有油藏工程、生产工程、硬件技术、地层评估及对地面工具有深入了解的背景。这些颇具竞争力的工程师也可在高等学府任教。

在本书中，我试图解决这些重要且相互矛盾的要求。有时，这在某些领域中并不进行详细说明，而又需要充分的了解、理解和跟进。对某些人来说，这可能是令人期待的，但是光研究书本中的理论知识是不够的，因为在这项业务中，实践和经验最终将是不可替代的。

我希望这本书对大学生及在生产、油藏和经营管理等方面的工程师都有帮助。本书中带有实用指导性的图表，工具和表格将帮助本书中的知识早日投入实际应用。

祝您监测愉快！

Jitendra Kikani

2013 年 6 月

致　　谢

如果没有许多人的大力支持和帮助，这本书就不可能完成。

首先，我要感谢我的妻子 Phalguni，她是一直给予我不断的启发和热情的支持者。她牺牲了过去五年来我们所拥有的所有自由支配时间，在家庭中承担了更多的责任。自从这本书成为我约十年以来的梦想，我为我的两个好孩子的支持感到钦佩。我的女儿 Nupur 和我的儿子 Gaurav 给了我所有理由，使我专注于完成本书，他们的提醒、劝说和帮助，当他们能够推进该项目时，他们凭借自己出色的工作道德和奉献精神，为我简化了这条道路。也要感谢 Neeraj Agrawal 博士成为我们家庭的最新成员。感谢我的父亲为我们所有人做出的贡献。

接下来，我要衷心感谢 Shahab Mohaghegh 教授作为项目经理的热心提醒，以及召集和协调所有审核活动。Myrt "Bo" Cribbs 和 Wei-Chun Chu 值得赞赏，两位审阅者自愿花费时间来审阅材料并提供言简意赅的反馈。我作为朋友和同事认识他们已经很长时间了，他们是伟大的专业人士，他们知识渊博、乐于助人；他们的反馈使本书更加出色。

尽管 David Belanger 的轮换工作计划很艰苦，但他仍审查了本书中的许多章节，并根据多年的套管测井现场经验和理论经验，提供了有意义的建议，在此深表谢意。感谢 Larry Sydora 在四维地震技术部分提供的帮助，刚开始时我对它了解很少。

我感谢 Jacque Dennis 在整个项目中为我提供的有关图形方面的帮助，尤其是她在适应我的安排和需求变化方面的灵活性。特别感谢 Jennifer Wegman，她作为本书编委会主要协调人，向我请教、提醒，并督促和鼓励我及时完成任务，并随时对我所遇到的任何困难提供帮助。

最后，我要感谢雪佛龙公司的支持及他们出版本书的许可。

SPE 非常感谢 Shahab Mohaghegh 代表图书发展委员会对本书项目的监督做出了慷慨的贡献。我们感谢他在与作者合作中所做出的贡献，并确保在整个过程中坚持按时间表执行计划并严格遵照质量标准。

谨以此书来纪念我的母亲 Smt Bhanumati Kikani(1943—2003）。就在我梦想成真出版这本书的那一年，她离开我去了天堂，就好像她确保将遗产传承给自己的后代一样。

目　　录

1　绪　　论

在韦氏词典中，监测被解释为"密切观察某个人或某群人，尤其是在被怀疑的情况下"。监测的字面意思仅限于被动的观察行为，在商业行业中没什么价值。监控、侦察是与监视交互使用的其他表示形式，可以交换使用。勘查被定义为一种任务，它要求积极地参与而不是被动地观察。在军事术语中，监视和侦查是明确区分开的，这两者都含有利用相似的传感器、平台和通信系统观察的意思，但是又彼此不同，因为监视的过程是系统的、连续的，而侦查却不是。

监控一词可以与监测交互使用，而且某些情况下比观察行为代表更多的含义（如它包含有分析和预测的含义）。从纯粹意义来说，监视具有被动行为的含义，而监控意味着某种程度的主动参与。从规范性上来讲，我们所使用的这些术语都只是监测行为这个大概念的一部分，这两个术语在本书中可以通用。

监测一词早期就已经被应用于石油工业中，然而，直到近几年它才阶段性地体现其本质含义。当油田中的油井产液量下降时，技术人员会寻找其下降原因，并采取合理的补救措施。随着军事电子硬件技术的加强及间接测量技术的改进，石油行业也开始认可并应用监测技术。目前，这项实践主要要求大多数项目需要具有主动监测能力，不仅是用来监控系统的健康与安全，还需要确保能够积极、有效地制定油藏管理决策。不确定参数的直接测量和间接测量相关性的改进，使得这项技术成为可能。

监测技术首次在 SPE 文献中讨论是在 20 世纪 60 年代早期（Kunkel and Bagley，1965）。从那以后，有了关于监测技术的参考文献，但主要是一些为监测而收集的随机数据的相关文件，一般是在水驱情况下（Talash，1988；Bucaram and Sullivan，1972；Moore，1986）。随着提高石油采收率技术（EOR）得到了更广泛的应用且试采得到普及，文献中开始出现完整的监测计划。Talash（1988）认为，了解化学驱过程应用的需求使得监测方式显著增加。相关的讨论不仅涉及监测数据的采集，也涉及文件编写、自动化系统、数据整合等内容，而且其他一些有关工艺要点也开始出现（Thakur，1991；Terrado，et al.，2006；Grose，2007）。

> 常见的油田开发计划失败原因是没有足够强调和重视高效的油藏管理，这需要持续的投资和长期的监测计划。

目前关于这方面有大量文献资料可利用，涵盖了从数据采集、测量和解释技术到监测规划、系统集成、实时监测、数据管理及大量实例研究。虽然已有了对可能的排列和行业经验的一些领悟，但却很难找到积极决策时与价值驱动因素相联系的共同流程、设计思路、监测计划的实施等内容。

当监测与数据同化、主动分析、相关关系及预测相结合时，实质性的协同作用才能实现。这些方法为用知识来实现油田利益最大化、主动油藏管理规划的成功打下了基础。

利用测量技术创造价值的四个阶段，按照提高效益的次序分别为：数据、信息、知识、智能。

图1.1表示不同阶段及每阶段各自的特性。当信息转化为知识，然后转化为智能时，想要获取巨大价值，还需要大量的努力。当我们拥有预测参数、属性或系统的认识未来的能力时，就获得了智能。各公司获得系统智能的速度使得他们与竞争对手区分开来（Apgar，2006）。

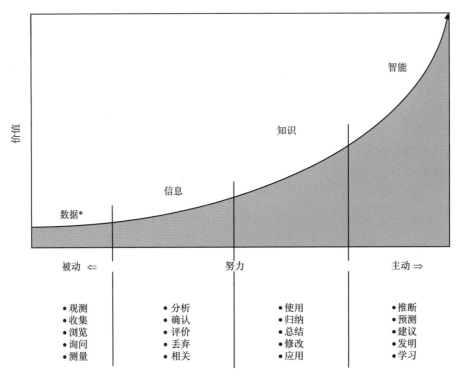

图1.1 主动监测创造的价值

＊数据指的是一系列有组织的集合，通常是经验、观测或者试验的结果，或者是一系列前提。

更适合经营管理油气藏资产的油藏监测定义是：为持续改善油藏动态性能而创造机会的连续过程（Kikani，2005）。

在本书中，监测在油藏（资产）管理情况下使用，图1.2阐明了这一概念。资产评价

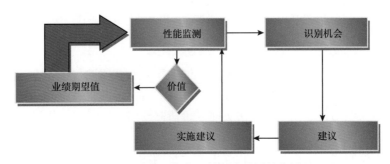

图1.2 油藏（资产）管理中监测的作用

团队是基于当前认识和经验的前提下设定动态预期，首先限定主要的不确定因素，同时监测相关参数。这就导致在理解层面和满足预期值之间出现了识别误差，那么对这两者的校正就会产生更多方法。如果掌握了这些可能的方法并且加以实现，就可以实施进一步监测，从而得到修正的油藏动态预测。创造机会寻找可能的方法和预期值所构成的闭合回路界面是由监测所驱使的，最终结果是促使油藏开采最优化（Thakur and Satter，1994）。

1.1 行业系统中的监测

任何行业系统的监测过程都是根据这些系统的关键性能分层次实施的。从过程控制的角度分析，可采取以下步骤：

（1）确定监测方向；

（2）实施监测；

（3）措施与反馈。

上述每一步都很重要，取决于实施该步骤所影响的参数和需要采取的可能措施。例如，在故障防护和安全系统中，能够监测感知较长时间内设备状态和健康运行情况将被定性为最低标准。监控意味着通过警报或警告的方式，来指示超出规定压力、温度、液位等限度标准。实际值并不重要，而是需要基于设定标准指示器的相对标准；另外，监测时采取的措施也起到了更积极的作用。在这些情况下，参数的定量分析变得非常重要。通常情况下，这是必要的，在我们不仅想知道超出规定值的范围，还想知道超出了多少（绝对值）及以多快的速度变化梯度值的情况下，需要进行参数的定量分析，使得参数校正可以设计在当前或者未来的系统中。量化具有预测未来事件发生概率的能力。该观点被 Sengul 和 Bekkousha（2002）定义为监测的层次，并进行了讨论。

1.2 军事监视

在军事监视中，如果威胁或紧张气氛超过限定范围，监视需求则由我们的反应能力去定义（即它们是客观驱动的）。如果一个重要事件在一段时间内开始并发展成冲突，制订战术构想与事件发展为武装冲突所需的时间大致相同，则监视必须是连续的（Ince，et al.，1998）（即监视活动的及时性和频率是关键的设计参数）。

监视系统连续性或间歇性程度与该地区的威胁认知能力有关。这取决于未能观测到区域或者战术图片的时间间隔不大于不理想情况的持续时间。

对于系统设计，在指定或特定的具有决策性质的参数性能方面，有必要知道这些参数是如何与操作系统的功能相关的。

1.3 油藏监测

油藏监测计划是油藏表征、开发和管理的一部分。在油田开发不同阶段，这些监测计划导致将采取不同的油藏治理措施。

监测项目不仅是数据收集工作，还影响日常工作和长期决策。换句话说，如果一组特定的测定值不能减少一些估算参数的不确定性，或者不能起到直接帮助确定或改变决定的作用，那么这些数据的采集价值是值得怀疑的。

油藏监测的功能是为了提供事实、信息、知识和情报，这对于以下三个方面是很有必要的：

（1）描述油藏动态；

（2）提供动态参数信息，从而提高预测能力；

（3）识别或预测以达到或超过预期表现的障碍，并提供方法来降低这种影响。

1.4 全球视角

过去，关注的重点主要集中在监测注采井和油藏动态，主要是了解油藏驱动机制、波及状况及油藏采收率问题。然而，随着现代油藏管理方法的发展，人们开始采取一种更具全局观的方法来对整个油藏系统进行全面评估，包括瓶颈和制约因素的影响。图1.3 表示油（气）田生产重要组成部分的框架图。如果一个油田被比喻为一个现代工厂或者是具有高可靠性和最优化控制的工厂，这个框图快速且直白地说明了监测和监控的条件和复杂性。

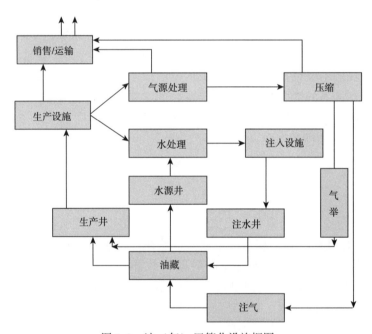

图1.3 油（气）田简化设施框图

许多行业经验表明，在处理系统中对许多不同点简单地收集和监测数据，可以使操作人员在出现可能导致工艺失常的情况之前发现并纠正趋势，从而提高正常运行时间和生产效率。图1.4 是一个典型设备工艺流程图。流程中记录了大量有用的监测点。油田中存在充足的可供选择的测量点和监测点，关键是它们要能够优化监测系统，使油田获得效益并促进决策的制定。

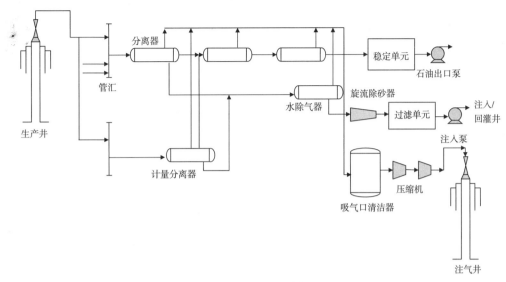

图 1.4 典型注/采设施简化工艺流程

1.5 监测与决策制定

现代油田可以测量大量参数。随着测试设备和传感技术的进步，可以一直测量，直到一个附加数据失去测量意义（在经济术语中，边际效用被定义为一个附加测量单元的增量效用）。更正式地说，它是与供求相匹配的效用与商品曲线的斜率（在实例中指的是一个特定的附加测量）。

系统中在给定时间、给定点来测量某一参数的决定总是与它的值相关。该值可以被看作是收益超过成本的量化（Sengul and Bekkousha，2002；Holstein and Berger，1997；Raghuraman，et al.，2003）。

任何一个油田都有必要采取一些监测措施，以维护油田的健康运行和工艺流程安全。这就需要分别以一种更加全球化、政治化和社会经济性影响的观点来考虑。

1.6 监测目标

每个油藏都有不同的整体监测目标。这些目标是由具有特定油藏目标的业务驱动因素的战略调整驱动的。一个典型的例子就是阿萨巴斯卡油砂项目。一般所说的商业驱动力是"成为世界范围内从事重油作业的首选公司"。这个特定的业务驱动力可能导致油砂作业监测目标的建立。举个例子，为注气项目监测计划设定的目标可以是"在注气过程中，用一种方式提供计算机应用、过程和步骤去捕获和传递有关油藏动态的信息，从而便捷、有效地获得注气期间管理油藏所需要的准确信息"。

一个简洁而又明确的目标在油藏战略性目标和战术细节之间起一种调整作用，这对制订监测计划来说十分必要。在后续章节中将会介绍如何在战略和战术层面建立这些目标的具体实例。

　　基于监测和价值之间的联系，在一个监测项目生命周期中，油藏为提高开发效率所面临的压力是值得研究的。图1.5展示了在面临不同挑战时，项目以折现现金流量形式表现的油田生命周期示意图。在勘探阶段，驱动力是降低勘探成本。在油藏评价和早期开发阶段，精力则主要集中在降低投资成本和采收率最大化上，这直接影响数据采集规划、时间控制和开发的进行。随着项目的建立向实际操作转化，人们开始尝试降低操作和干预方面的成本。主要考虑因素包括最小化停工时间、提高经营效率及将控制储量（P2）和地质储量（P3）发展为探明储量级别。在油田开发的末期，涉及的问题是系统的完整性和降低废弃成本。

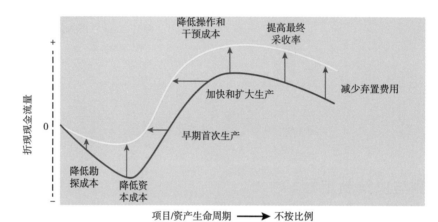

图1.5　油田生命周期不断变化的挑战

　　20世纪90年代中期，行业协会建立了对新井产水量监测及波及程度控制技术的评估方法。该协会试图建立对于油井含水问题的各种短期和长期的解决方案的商业影响。图1.6显示了含水率相对百分比值的提高是因为水驱的各种控制和提高采收率技术（MoBPTeCh，1999）。

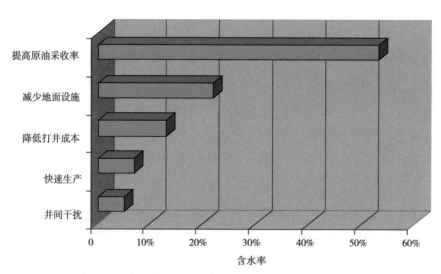

图1.6　水驱采油过程中产水问题解决方案的商业影响

1.7 如何有效地使用本书

实习工程师和在校大学生也参与了本书的编写工作，这可能会出现分歧。本书通过提供理论思考、分析技术、现场实例及规划方案来将两者连接在一起，并且给出一些例子来说明一些特定问题的解决技巧。

我们设想的是，读者应该具有油藏工程、采油工程和岩石物理测井技术的基本知识。本书中不会介绍一些分析和解释方法的概念，而是在这些概念的基础上来证明它们是如何与设计过程相关联、在不同类型油藏的评价过程中哪些技术更可取。虽然要想恰当地解释这些不同的技术可能需要专业的知识，但是我们将会证明是这些技术的综合作用给油藏管理过程提供了价值。

基于这一点，第2章讨论高品位资源目标及这些目标是如何与策略细节相匹配的，还探讨了优化油藏管理的技术问题与数据收集计划的相关性。

第3章讨论了开展数据采集计划的结构性定量评价的信息价值和必要的相关背景，并提供了表格、图表来进行选择性评价。

第4章介绍了一些生产环境和油井环境的细节，包括建井理念及这些理念是如何影响制订措施的。本章讨论了配产、地面计量及一些典型的油井设备。

第5章介绍了大多数油田测量背后的测量原理。本章对仪器的硬件特性、测量频率、测量误差（包括精密度、准确度和可重复性）等内容和概念进行了大量讨论。这些概念将在第7章和第8章中用到。

第6章讨论了测量设备、测量程序及工具运输的概念。简洁地讨论了裸眼完井与套管完井测井曲线及其特点。章节中的大部分测量都与油井有关。

第7章介绍了一些基本数据处理、数据加工、数据误差及数据筛选技术。对于数据平均化技术和质量控制方法提供了很好的思路。

第8章专门介绍数据分析。提出数据开发技术、参数归一化及定义相关组的概念。解释了能从图表中得出结论的各种测绘技术和方法，以及讨论了一些为了解生产机理而绘制的一些特殊图表。本章还介绍了递减曲线分析的基础，绘制了单井产水诊断和动态分析曲线，并讨论井间分析和井网动态。

第9章为读者提供了一些运用在监测项目中的部分关于特殊技术的信息，可能不是很常见，但在特定的情况下会起到重要的作用。涵盖的主体包括为提高原油采收率而定义监测要求的基本原理；在特殊技术示踪测量中，还讨论了地球化学监测技术及四维地震技术。

第10章介绍了非常规油气藏，详细描述了此类油藏的特征、开发和生产的基本属性测量要求。利用较长的篇幅讨论了为了解产量控制和完井质量而采用的必要监测方法。

最后，第11章是一些从参考文献收集的一些重要的实例分析，以此帮助我们了解油藏监测计划的制订、数据整合、采收率监测及协作环境的内容。

2 规　　划

2.1 资源管理规划

所有的监测活动都必须与资本的战略意图和操作目标相一致。每一次测量、监控和数据采集活动都需要进行规划，需要人力资本和现金资本的投入。因此，在资本寿命中尽早实现与目标的协调是非常重要的。对于任何数据采集程序，改善方案必须在保持价值定位的前提下完成。

大多数公司都会面临这种处境。历史经验表明，当出现问题时，大多数公司会做出积极反应，他们愿意投入大量资金去收集必要的数据，找出原因并解决问题。然而，在日常活动中，基于事件不确定性发生概率或价值的数据收集，是很难自圆其说的。通常情况下，在油田开发早期阶段，短期目标往往会破坏原定的长期目标。期望通过本书可为从业者提供一些工具，以便连贯地评估和展示收集油藏监测数据的价值，以降低风险和把握机会。

图 2.1 表示油田分阶段开发方法的典型采油速度曲线。图中的（分阶段）曲线与采油机制有关（一次采油、二次采油等）。从这个角度能了解到在油田的不同开发阶段的不同监测需求。通常情况下，随着对油藏了解程度的不断加深，加密井的布置、流体管理、二次完井等其他策略需求必然会要求更多的监测来协助作这些决定，而不是减少监测。实际上，为提高执行效率并获得更多的收益，早期的基础数据是必要的。这就需要在油田数据收集和智能化建设方面谨慎投资，从而用于油田的高精度产能预测。

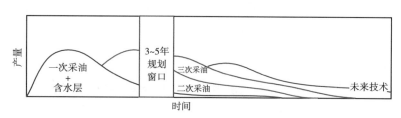

图 2.1　典型油田开发过程中利用阶段方法的油藏管理

因为数据的收集是为了将当前资产的现状和未来预期相匹配，所以建立二者之间的组织联动关系势在必行。将高级别的资产目标与监测活动的价值定位联系起来的简单描述如图 2.2 所示，以流程图的形式展示，流程图的右侧是简单的例子。

> 相互关联的资产目标与合理的监测计划共同推动组织活动的一致性。

接下来的几段内容将更详细地介绍规划过程的每一方面。为了保持完整性，将公司或企业的战略意图与资产相联系作为出发点。

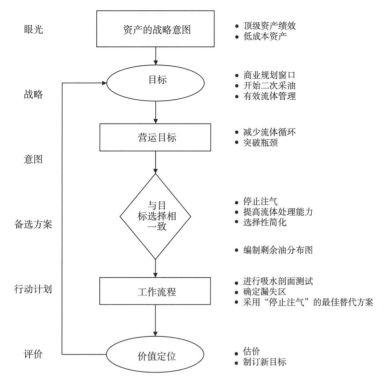

图 2.2 用流程图将工作流程与资产战略相联系及常规开发实例的介绍

2.1.1 战略意图

公司或企业的战略意图被转换为独立资产。每个资产都满足了驱动股东价值的商机。这些意图可能包括诸如"作为低成本资产""世界级资产绩效""成为新技术应用的领导者"等驱动力。这些意图为基本目标的设定奠定了基调。

2.1.2 目标

Thakur 和 Satter（1994）曾讨论过关于油藏管理的目标设置。资产管理目标是以合同、特许窗口或假定油田的经济开采年限为基础，而交付目标则是以 3~5 年的商业规划周期为基础。定义目标为指定油藏或油田在约定的时间窗口内设置了广泛的主题，比如："开采一次原油剩余储量""启动三次采油实验，使 P6 资源货币化"。

图 2.1 给出了窗口的内容。尽管规划可以在任意一个商业周期窗口或项目各个阶段进行，但应该认识到资产随时会拖垮我们这个事实。因此，做出长远打算并将这些考虑纳入早期监测计划十分重要。当研究一个成熟油田并致力于增加产量和提高采收率时，会很希望能得到确定的基本数据或者高质量的数据。

2.1.3 操作目标

为了完成上文所强调的资产目标，必须设定具有可执行性的操作目标。操作目标的例子如下：

（1）消除流体制约的瓶颈；

（2）控制压力下降；

（3）减少气（水）循环；

（4）提高作业效率或作业时间。

为实现预定目标，有必要准备多个优先目标。清晰地了解这些目标可以对监测计划做出更好的定义和进行成本评估或价值评估。大多数的操作运行目标来源于不确定性管理规划。这个特定观点与特定资产目标的设定同时进行，将在之后章节中详细介绍。

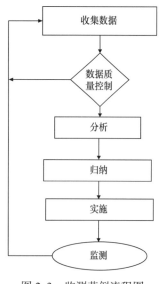

图 2.3 监测范例流程图

2.1.4 备选方案

独立运行目标转化为精细油藏规划备选方案。单从这一点讲，这些油藏备选方案对即将开展的评价在技术方面更加详尽。例如在注气项目中，把"减少循环气"作为主要目标，但这一目标必须准备"确定高干扰区，并关闭一些选出的生产井""运用气体阻断技术修复漏失层"等备选方案。

这个阶段所定义的备选方案通过价值评估，以及单一或多种方法（取决于信心、质量和解决问题的能力）进行。

2.1.5 工作流程

上述讨论的每个备选方案均需要大量的工作流程来完成既定目标。很明显，直到对备选方案进行评估，进行价值权衡和选定备选方案后，才能开展详细的工作流程。这些详细的工作流程均基于图 2.3 所示的简单范例。

工作流程定义了需要何种数据、应该收集什么，以及如何与其他各部分的信息结合起来，从而转化为解决问题的相关知识。

例 2.1：工作流程的发展

为备选方案定义工作流程，要求识别漏失层并加以修复：

（1）做出可动油区域分布图；

（2）基于注采数据，绘制井间连通图；

（3）开展吸水剖面及生产剖面评价；

（4）利用油层物性数据、注水评价及井间连通图来确定可对比的漏失层；

（5）规划适当的数据收集；

（6）为关井备选方案做评估，包括限产、去除瓶颈、井网调整及设备升级。

这种方法为数据收集假定了收集的一致性和有一套明确的目标，以及解决问题的价值工程方法。例 2.1 中给出的步骤可以转化为实际行动计划，可定义为工作流程。其中的某些步骤可能需要做出管理决定，有些则需要制订详细的工作方案，还有一些需要做出评价并设计出实际解决方案。每一步都要进行不确定性和风险评估。

2.2 不确定性管理

之前所讨论的监测计划要求与资产管理计划完全符合。每种资产都试图利益最大化并将资金或运营成本都用在关键之处。这些需求有三个属性特征：安全、运营高效或卓越、提高采收率和储量。

由于石油行业的危险性，相关的安全系统显得尤为重要。这主要与人、设备和油井有关。而与此相关的监测系统多由政策驱动，因此本书不会对相关主题进行详细讨论。

以设备的可靠性和产能效率形式表现的卓越运营能力是资产价值的主要贡献因素。允许较低产量井和设备停工时间，或者允许预防性维护或设备故障间隔增加的监测过程，以改善现金流动和整体资产绩效。

然而我们最关注的是第三类属性，关于油藏及其特性、预测能力和提高采收率新方法的不确定性，这使得监测更具挑战性。在油田开发的早期，就有相当大的不确定性导致项目风险。图2.4解释了不确定性管理规划是如何得出资产技术和监测计划的定义。这些计划的执行结果可以更好地了解油藏特性、做出预测、明确新的开采方法，以及进一步明确资产价值。这一概念符合图1.2中对于监测的定义。

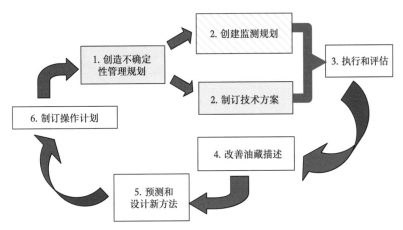

图2.4　不确定性管理规划（UMP）对监测和技术规划的驱动

企业努力致力于降低项目价值的风险，不仅可以通过设计缓和计划，还可以确定监测活动更好地量化不确定性，并成为项目设计中的一部分。图2.5表示一个风险与解决潜力的矩阵图。y轴代表给定项目指标的不确定性与其造成影响的乘积。项目指标通常用净现值（NPV）、采收率增加幅度、采油速度及其他一些类似指标来表征。

不确定性或其造成的影响越大，风险也就越大。在独立的图中，绘制参数的不确定水平和不确定性影响来识别高风险问题的情况并不少见。解决潜力（x轴）表示通过收集数据能否更好地理解风险并加以解决进行定性评估（一般分为低、中、高三级）。中（高）风险—中（高）解决潜力象限应该与监测规划联系起来。换句

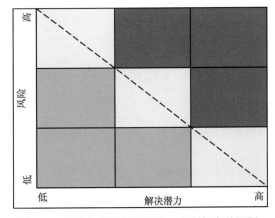

图2.5　数据收集规划解决上三角所框定的问题

话说，监测规划应该定义方法和工作流程以解决可控风险。

对于测定类型和数据采集技术与高风险或高解决潜力不确定性相关的表格如图 2.6 所示。在高风险问题及这些风险的解决方法之间，建立在油藏监测规划中的这些联系是非常重要的。

这些测量类型将在后面章节中详细介绍，现在提出这些就是为了在目标和过程之间建立各种联系的完整性。如果没有不确定性，则不需对机会生成或风险缓解进行监测。

数据类型和来源	数据采集流程/工具	解释/分析方法	解决的问题
测井			
钻井液测井	岩屑描述，气体分析	岩性解释	岩性对比，岩相分布
裸眼井测井	补偿中子/地层密度测井，自然伽马测井，电阻率测井	岩性，孔隙度，含水饱和度解释	PKS 的不确定性，目前含水饱和度，气/油接触面，储油能力
	核磁共振成像测井	渗透率测量	剩余水饱和度，注入能力
	模块化地层动态测试仪或油藏描述工具	压力分布测量	纵向联通性
	地层微成像	裂缝和溶洞型孔隙度指示	次生孔隙发育
随钻测井	中子/密度/电阻率/伽马射线/声波测井	岩性，孔隙度，含水饱和度解释	PKS 的不确定性，目前含水饱和度，气/油接触面，储油能力
套管井测井	生产测井仪或储存器	每层油、气、水的贡献	吸水潜力/产能（Ⅱ/PI）
	生产测井设备	流动/关井压力和温度	完井效率（表皮）
			有效层段/层间窜流/气窜
			挖潜措施/清洗/（再）射孔/层间封隔
	井周声波扫描测井仪/固井声波测井	水泥胶结	水泥完整性
	多门热中子岩性衰减测井仪（TMD-L™）（脉冲中子俘获测井）或油藏监测工具（RMT-L™）	下套管后含气饱和度变化	射孔层段上的气体动态（仅由于因测量限制的定性指示）
	油管测蚀器	油管冲蚀/腐蚀	井筒问题/损坏
			井设备适用性（设计/选材）
流速和组成			
生产	生产测试	配产	注采比
	流体取样	流体成分（酸，垢，蜡质）	气油比变化趋势（注入气体窜流和波及效率）
	生产测井工具/存储器	生产剖面	化学性注剂/工艺处理要求
	生产测井设备		区域影响
注入	气体计量	配注	注入量变化（对地层的伤害/气体波及效率）
	气体采样	气体成分	注入气露点压力
	生产测井工具/存储器	注入剖面	区域影响
	生产测井设备		
压力和温度			
油藏、井筒、表面压力和温度	与 SCADA 联合的表面测量	流动和静态压力（压降）	油藏连通性（水平和垂直）
	生产测井工具/存储器	井油管头压力/井底压力趋势	气体注入效率（油藏压力支持）
	生产测井设备	井口油管头温度变化趋势	平均油藏压力（气体动态存储空间）
	试井钢丝压力调查（包括动态和静态）	油藏压力趋势（面积分布）	井筒流体梯度
	电缆地层测试（WFT）（只对新井）	节点分析	地层伤害（表皮）/增产可能
		瞬时压力分析	非达西表皮
			油藏纵向渗透率或边界影响
			完井设计效率（油管尺寸/限制）
			流体接触面动态（来自电缆地层测试数据）

图 2.6　解释和降低不确定性的相关测量方法

2.3 油藏监测规划

之前所讨论的资产和不确定性管理规划为监测活动的成熟和选择提供了框架。在类似于项目执行计划情况下，油藏监测规划应该包含与监测项目相关的问题与答案，例如：是什么？怎么样？为什么？什么人？规划中的关键组成部分是所有权分配，确定管理方法，并建立相关沟通渠道。例如在石油公司，主要的资本项目团队在一次采油或一次采油后不久将项目移交给生产资本团队的情况是很常见的。这种移交需要将项目团队多年来获得并用于设计方案的知识经验进行转移。作为交接的一部分，必须确定在项目启动期间和之后数据收集的理念，并建立明确的角色和职责。

2.3.1 角色

所有专业操作人员和工程师在日常工作中执行各种监测活动。例如，操作人员在实际操作资产时，需要收集和评估大量现场数据。产能工程师投入大量时间来进行完井预测，并进行二次完井和补孔建议。而油藏工程师则需不断地进行储量核算、规划新井，并建立各种油藏模型和规划生产周期。设备工程师设计新的设备、维修现有设备，并应对设施紧急情况和特殊情况。地质工程师则规划新井，并结合新采集数据对地质情况做出更加准确的解释。油层物理工程师则对测井数据和岩心数据进行分析评估。

现在许多公司都增派人员，指定这些人员为监测工程师或优化工程师，其职责是协调所有的活动，最大限度地提高资产价值。图 2.7 是一个将各种现场职能与数据采集、评估和预测相联系的沟通流程简化示意图。所做的这些工作最终会指导油田和油井的相关决策。当多个任务与一个单独功能相关时，这个流程图通常会更复杂。

每年定期进行更新和审查，可以防止监测活动与资产管理目标脱节。监测活动与资产管理相互依赖，只要其目标保持一致，数据采集和监测活动的直接理由也将保持一致。

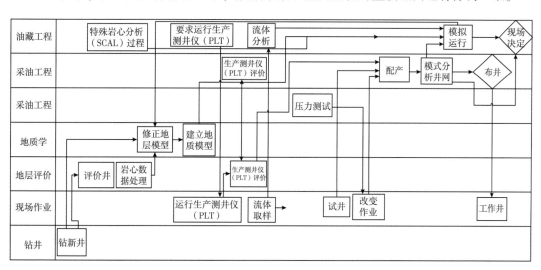

图 2.7 影响决策的各项工程功能和任务的简化流程图

2.3.2 责任

为使监测活动的效率最大化，初步计划必须包括数据库设置和访问，并允许进行空间数据和时间数据对比。应该建立骨干数据框架，使得这些数据信息也可被其他用途的各种软件程序使用。对于监测计划、数据采集、质量保证（质量控制）、处理、存储、访问、解释和整合的责任和所有权应明确定义，这是许多公司难以推进的原因。倘若不这样做会导致数据的使用效果不理想，并缺乏在智能、知识同化和成功经验分享上的协同作用。建议根据事件发生的时间顺序将数据收集工作分成以下不同的组成部分：

（1）钻井之前的基准数据；

（2）新井的基准数据；

（3）监测数据。

监测规划应被视为一个灵活的指导思想，应该保持持久不衰（也就是说它应该在适当的时间间隔进行更新）。

例2.2：水驱监测的另一种数据收集策略。 在已开发水驱环境下的监控需求是动态的。为了应对不可预见情况，一家公司采用以下方法：

（1）基本监测：最低限度监测需要为油藏提供有效的管理。

（2）扩展监测：其他监控需求是对基本监测工作的提高或扩展；所采用的技术可用于进一步研究由基本监测中检测出的问题。

（3）特设监测：不可预见事件所需的测量。

2.3.3 效果

对资产的所有组成部分必须建立效果预期，包括油井、油藏、油气田、设备和设施安装等。确定资产效果目标和期望，为未来的比较和分析提供了宝贵的经验。资产管理的最低预期包括以下数据流的汇编和主动管理：

（1）油田相关的地质图件，包括构造图、砂体等厚图和井位图；

（2）每口井的机械示意图，包括油管和套管的细节、井口装置数据和其他管道设备机械草图（封隔器、衬管、喷嘴、人工井底深度、井下安全阀、气举阀深度、泵深等）；

（3）每口井的岩石物理信息概要，包括地层顶部信息、生产层段、净产油层高度和砂体标记的相关信息；

（4）整个层段的裸眼测井曲线；

（5）原始生产数据和分配的生产数据及分配因素；

（6）岩石物性数据、岩心数据和岩心分析数据及岩石破坏数据；

（7）油藏流体性质，以及油藏和井的压力—体积—温度（PVT）分析；

（8）从现场监测得到的静态压力数据；

（9）每口井的支出授权（包括详细的说明）；

（10）包括井史在内的井况汇总表；

（11）现场研究资料、岩石物理研究资料、油藏资料和地质研究资料的副本；

（12）储量报告数据；

（13）设施、设备、工艺流程图（PFD）、管线数据和图纸。

图 2.8 为不同信息源分配数据所有权和责任的示例表格，此表对大多数公司的人事动态情况是有用的。另一种重要工具是编制一个关于"责任、解释、咨询、通知"（RACI）的图表，这样可以确保适当的利益相关者能获得责任方关于收集数据及解释的通知或咨询。

数据或监控工具类型	角色	主要职责											
		操作		钻井	石油工程				地球科学			设施	
		操作人员	维护保养	钻井工程师和钻机	石油工程师	油藏建模	现场石油工程师	石油工程技术	井场地质学	地质学	储层评价	设施工程师	设施工程实验室
生产测试及监控和数据采集系统	收集	×											
	验证						×						
	监控和评价				×							×	
	记录	×											
裸眼井测井，电缆地层测试和岩心	建议				×	×				×			
	收集			×					×				
	评价								×	×	×		
	记录								×	×	×		
套管井测井，压力调查，井径调查，岩石力学性质测井曲线内径仪/提捞桶	建议				×	×	×			×			
	收集						×						
	评价				×		×			×			
	记录							×					
采出液和井下固体样品	建议				×	×				×			
	收集	×					×						
	分析												×
	评价				×		×						
	记录												×
模拟模型	数据整合和更新				×	×				×	×		
	记录改变					×				×	×		
数据采集设备	建议				×		×					×	
	维护		×										
	安装和升级		×									×	
井干扰史	记录文件							×					

图 2.8　关于数据类型、角色和主要职责的例子

2.4 制订监测规划

一个精心设计和具有良好执行力的监测规划是所有方案，特别是补充开发方案的重要组成部分。这个规划应该为满足每个个体方案或领域的具体需求而定制，因为每个方案或领域有不同的特点，需要不同程度的评估和观察。但是大多数监测规划均有一些常见的基本要素。表 2.1 展示了一个监测规划所需的重要组成部分。

表 2.1 一个监测计划的关键要素

要素：
（1）现场信息
（2）战略绩效期望或设计基础
（3）最大的不确定性及其对项目指标的影响
（4）减少和管理与每个不确定性相关的风险数据采集计划
（5）角色和职责及沟通计划
（6）数据质量控制计划
（7）数据分析
（8）文件和报告

监测规划应结合表 2.1 中列出的所有要素，并指定每个要素的相应责任。计划应随着项目的逐渐成熟定期审查和更新。

关于对低压油藏注气井钻井监测计划的例子见附录 A。

2.5 其他考量

对于需要多步骤完成的计划，每一步都需要做出准确的决策，有些决策还需要严格的信息价值评估，这将在下一章中讨论。对于其他计划，适当的审查也是必要的。所有精心布置的计划都有一个共同点，就是需要考虑以下方面：

（1）短期目标和长期目标；

（2）运营和战略；

（3）原始资料和驱动事件；

（4）考虑测量参数的解析性和重复性；

（5）用多种技术方法来评估相同的参数；

（6）建立对采集数据集合的高度信任。

例如，一些岩石物性测量工具对井下环境是很敏感的。虽然可以对测量参数进行修正，但是估值准确性的不确定性会导致多余测量（重复测量），以及使用多种不同方法或技术来测量同一参数。核磁共振（NMR）测井就说明了这一点。它们可以用于评价束缚水；然而作为外围目标，也可在适当调整后获得渗透率的相关信息。多重渗透率测量方法，如岩心、中途测试（DST）、核磁共振等，可以为参数值评估提供更高的可信度及更合适的数值范围。

图 2.9 给出了一个简单的矩阵图，说明了哪种测量方法可为哪种参数提供信息。目前，有大量的工具和技术可用于给定参数的测量。这些测量的精度和重复性取决于环境变量。这种由于测量工具不同而导致测量质量的不确定性，在监测计划规划中应发挥重要作用。图 2.9 中所示的表格中的内容并非详尽无缺，但在考虑各种数据采集技术时，可为实践工程师提供一个模板工具。

信息来源	⇨	随钻地层评价				裸眼测井				岩心				动态数据					
数据分析 ⇩	特殊数据需求 ⇩	伽马射线	近井电阻率	中子—密度/声波测井	泥浆录井	核磁共振成像测井	电阻率测井	中子/密度测井	模块式地层动态测试	岩相研究	常规岩心分析	岩心录井，岩心描述	特殊岩心分析	生产测井仪	储层饱和度测井仪	永久井下压力/温度仪表系统(PDHG)	生产数据	示踪测井	数据源编号
工作数据采集（单位）	单元/岩性识别	4	4	4	4			4											5
	裂缝探测		4		4														2
静态油藏信息	气/油饱和度		4	4		4	4	4							4				6
	孔隙度测量		4	4		4		4											4
	油藏压力/压力分布								4							4			2
	渗透率					4	4												2
	井筒温度					4	4	4	4					4	4				6
	储层构造	4		4	4			4											4
	储层岩性	4		4	4			4											4
	裂缝探测		4		4			4		4		4							5
	裂缝方位									4		4							2
油藏动态信息	排水测量						4												1
	相对渗透率测量																		0
	绝对渗透率测量						4												1
	压力瞬变分析													4		4			2
	油藏压力监测														4	4			2
	干扰测试/联通性													4		4			2
	注气/排水性能						4								4				2
	井性能/完井效率													4	4	4	4		4
负责数据捕获（学科及名称）																			
数据责任（分析学科）																			

图 2.9 测量数据对多个数据源的交汇图；有助于解决规划数据收集时出现的冗余情况

练习 2.1：监测规划

设计一个带有简要解决方案的监测计划，方案以在注水开发时防止油藏压力下降为目标。

练习 2.2：减轻水驱酸化影响

对操作对象实施一项计划，通过建立一个工作流程以减轻水驱酸化影响。

一旦规划方案到位，各方面协调与执行的角色和职责便可被分配，收集哪些数据、何时收集及收集的频率则变成了相关的基本问题。第 3 章提供了如何看待成本价值权衡及如何做出决策的指导。

3 信息价值

一旦确定了满足资产目标和战略所需进行的步骤，数据收集就会发挥重要作用。基于第 1 章对监测的定义，如钻井、完井、水驱波及控制和井网类型平衡等工作使得某种特定类型、质量和数量的数据收集成为必要的步骤，以此来产生额外机会并做出准确决策。

由于恶劣的生产环境及能够参考的生产井资料很少，数据采集的价值主张一直受到高成本及较大的油藏不确定因素的影响，有时收集到的信息具有不确定性，甚至是不明确的，因此就有必要证明数据收集这种投资的合理性。包含多种风险成分在内的可量化成本效益分析，为监测计划进行必要的投资提供了价值基础方法。

数据结果的量化和相关决策构成了决策分析分枝的基础，被称为信息价值（VOI）。很多发表在石油文献及其他地方的论文中，针对油田开发前景、评价及油藏管理方面，阐述了流程、工具，以及信息价值的结构化评价例子（Warren，1983；Lohrenz，1988；Gerhardt and Haldorsen，1989；Demirmen，1996，2001；Coopersmith and Cunningham，2002；Coopersmith, et al.，2003；Newendorp，1975；Skinner，1999；Kikani，2009a；Tversky and Kahneman，1974；McNamee and Celona，2001）。

要真正实现一项活动或目标的价值，要么是付出一定的工作量，要么是追加投资，这是众所周知的。图 3.1 表示随着成本增加或自然状态下信息不确定性降低，信息价值增量在减小。在图 3.1 中，自然状态下不确定性的减小是通过 x 轴的成熟度评估描述的。换句话说，数据的边际效用在某个点后开始减小。

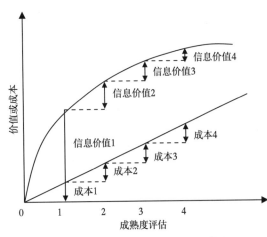

图 3.1　作为一个成熟度评估函数的信息边际效用（Demirmen，1996）

边际决策规则说明：某种商品或服务在其边际效用等于边际成本时应被消耗。

事实上当超过一定阈值时，随着成本函数的增加，附加数据的边际效用就会下降，所以获得早期监测的信息具有很大的价值（图 3.2）。与传统定值方法相比，早期了解导致性能偏差的根本原因就会尽早做出决策，从而纠正对项目指标影响的严重程度。

在本书中，与满足安全要求相关的测试和测量、强制性测试等内容并未得到解决，因为传统的信息价值技术无法应用于这些软测量上。与该类型相关的数据采集活动通常被认为是一种操作成本，而不是投资决策。

本章主要介绍在不确定性条件下决策的基本原则，特别强调量化信息价值的工具和技术方法。

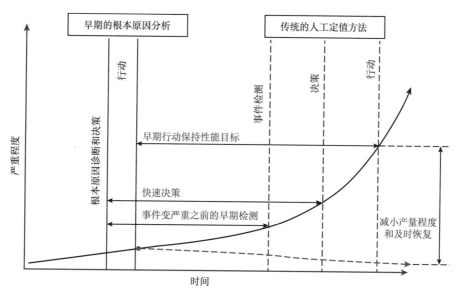

图 3.2　早期检测和采取的行动对性能的影响

3.1　决策制定

　　好的决策制定需要高质量信息、知识，以及对各种替代方案的了解。注意这里说的"信息"，指的是收集合理数据并将数据转换成与系统相关的、有价值的建议。在极为理想的情况下，人们将能够收集到完整的数据，用理想的解释技术将数据转换成完整的信息，从而做出相对明确的决策选择。然而事实上，收集到的数据是存在误差的，解释结果也是不明确的，而且利用数据外推得到的普遍结论也是不确定的。

　　应该花费多少钱才能获得高质量的数据从而做出相对明确的决策？换句话说，如果决策者得到更多的数据，是否会改变决定？或决策者是否能够把握住创造价值的机会？在对数据收集投资之前，了解该项目的价值驱动因素是什么、这些数据可能会带来什么样的价值、这些数据有助于解决或减少哪些不确定性，以及与数据质量本身相关联的不确定性又是什么，这些都是非常重要的。

　　倘若把这一章的主题放在决策制定的背景下，并探讨是什么使得决策制定如此困难，那么或许本章后面建议的方法可能更好理解。

　　导致决策困难的因素包括以下方面：

（1）战略意图模糊；

（2）选择方案过多，驱动因素不明确；

（3）不包含问题范围的框架；

（4）目标不明确和决策标准不恰当；

（5）不确定性的界定，概率分配，量化值；

（6）变量太多；

（7）吸纳所有的信息。

在远景评价过程中，数据收集是定位一个公司所做发展决策成败与否的关键。对于油田来讲，关键价值驱动因素的不确定性必须缩小到即使对事件没有全面认识，负面影响也可控的程度，使得盈利发展与风险承受能力相适应。类似的参数可以用于管理一个活跃的油田，开启二次采油进程，增加现场设备承载量，以及一系列其他决策。

因为上述概念具有可扩展性，可以应用于任何数据采集类型的决策制定。例如，一个资深的试井工程师常提出以下问题：

（1）井是否该做测试？

（2）面对测试过程中出现的不利中间结果应该如何应对？

（3）测试数据价值是多少？

（4）收集到的数据是否会将不确定性减少到一定程度，使得其他的决策变得更容易？

在风险和不确定性条件下，需要用成本效益分析来构建答案。

3.2 工具与过程

一般采用定性方法对数据收集进行决策。决策者会关注为何需要一种特定类型的数据，它会如何提高对于油藏的认识，它的优缺点是什么，以及将付出什么成本。随后从管理和运营中获得必要的认可，主要关注对产能和成本的影响。

时至今日，大量的工具和技术可用来协助评估信息价值（VOI）。这些工具通过划分优先顺序、评估、将注意力集中在手头的决策和价值创造等方法，为组织结构化决策的制定提供帮助。表 3.1 是一个简单的方向指南，可通过获得可靠信息来构造思维过程。表 3.1 展示了在收集有意义信息时的一些考虑及可能存在的缺陷。

表 3.1 获得可靠信息时的注意事项（Kikani，2009）

方法
（1）知道什么是重要的
（2）纠正它并使之明确
（3）立足于相关事实
（4）包括不确定性
（5）立足于已知信息
（6）在所了解的范围内
关键工具
（1）信息研究
①类似情况
②最优方法
③专家意见
④数学建模
（2）编码判断
（3）除去技术偏见
（4）影响图表
（5）敏感度分析

缺点

（1）忽略获得重要的辅助或支持信息

（2）忽视不确定性（因素）

（3）缺少相关性

（4）专注于所知道的，而不是什么是重要的

图 3.3 给出了一组分层工具集合。通过使用这些工具引入了一种结构，这种结构在强调以信息价值为基础的方法重要性的同时，保证了信息的清晰性和一致性。它阐明了决策过程各个方面是相互联系的。这些工具在决策分析中很常见，读者可以参考 Newendorp（1975）、McNamee 和 Celona（2001）关于这方面的详细信息。

如图 3.3 左上部分所示，问题定义建立了问题的框架或范围，以及假设条件和已知条件（例如：无排放，符合所有监管要求及战略目标，从而降低对难懂值测量的强调）。三角形的三个部分（从上到下）代表项目的已知条件、范围内条件、超出范围或是方案解决范围外更广泛的问题。有时其他一些项目或战术决策取代了范围内和范围外的部分。

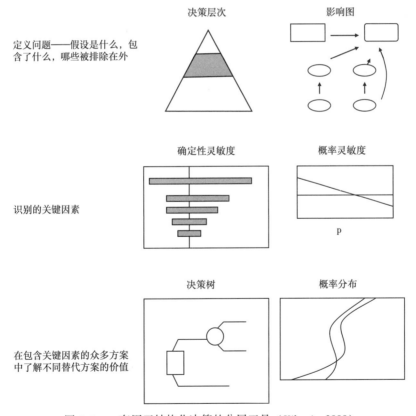

图 3.3　一套用于结构化决策的分层工具（Kikani, 2009）

一旦项目范围确立并获得许可，成功案例的预期结果就被分解成影响它的几个部分。而关联图则是一个极好的工具，可以用来构建影响结果参数的基本构造模块。

关联图解决了定义利益参数的优先条件和关系结构的问题。

例如：新钻井的目标可能是通过建立储量阈值来做出完井决策。这就需要识别出直接影响油藏决策的变量，那些影响储量的变量就是需要测量的变量。这些测量值包括存储和运输参数、泄油和产能指标。

帕累托图（Pareto chart）就是一种关联图（图3.4）。储层的先决条件是以一种系统和逐步的方式确定，以此识别基本参数。影像图的结果可以用于构建一个旋风图（Tornado chart），从而量化单个参数对于目标的影响程度，并按照项目指标重要性递减序列排列。

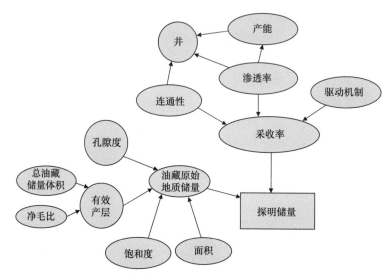

图 3.4　映射关系的影响图范例（Kikani，2009）

返回参考图3.3，旋风图中第二行显示了驱动项目指标最重要的参数。旋风图代表着确定性评价。某一参数值的变化对项目指标的影响可通过逐一计算该变量与其他变量的中间值来获得。图3.5展示了旋风图示例。

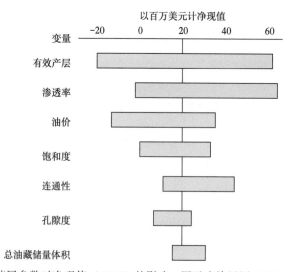

图 3.5　储层参数对净现值（NPV）的影响，图示为旋风图（Kikani，2009）

在该图中，净现值（NPV）被作为一个项目指标标注在 x 轴上，每个参数的影响依次标注在基准线周围（以 2000 万美元为基准的垂线）。其他测量参数值如采收率或原始地质储量（OOIP）也可按照这种方式标注。x 轴可以被认为是归一化成本或收益函数的量化。

旋风图有助于了解决策标准中给定参数的临界值。

根据参数对价值的影响程度，获取关键参数集后，就可以开始评估各种数据收集方案，以此来完成目标。一种测试或数据越能减小测量参数的不确定性，其成本与价值之比越好，尤其是当这个参数（如净现值、储量等）对最终结果的影响程度高的情况下，更是如此。

如图 3.3 所示，一旦确定了参数的框架、目标、相关性、指标（针对有价值的测量）和重要性，人们就可以着手通过决策树或其他类似方法来评估具有创造性和可行性的各种数据采集方案。

这些工具为促使项目成功的重要驱动因素提供了良好的视角，也方便了决策者之间实现有效沟通。

3.3 数据收集目标及备选方案

数据收集是决策驱动的。在决定是否收集某种特定类型数据时，必须设定明确且实际的最优方案。主要方案或次要方案应该根据不确定性和不利结果损失进行排序。利用目标的优先列表，就会得到合适备选方案。这些备选方案可能包括通过多种技术提供相同或相似信息的方法。

3.3.1 目标

以下准则对目标设定有帮助：
（1）目标应与未来的远景规划有关；
（2）目标要清晰、简洁、明确；
（3）目标应该最优化；
（4）应列出实现每个目标所面临的风险；
（5）应围绕每个目标建立相应的应急方案。

下面举例一些目标实例：
（1）确定井深 1000ft 油藏的平均渗透率；
（2）获得有效地下单相流体样品；
（3）确定油井的绝对无阻流量（AOFP）；
（4）确定油井某一深度处地震断层的性质和存在性；
（5）探明储量 4000×10^4bbl 的连通原油体积；
（6）确定水体强度和水锥趋势。

我们是否需要次要（外围）目标？次要目标的价值和必要性不可低估，其既可以帮助减少不确定性，也可帮助其他决策（完井、射孔、管柱设计）的制定。以下是一些测试方案的次要目标：
（1）用中途测井（DST）值调整测井渗透率；

（2）对开发井进行射孔、清井、返排等作业；

（3）收集适当样品进行原油分析和混合研究；

（4）流体处理设计与规划；

（5）评估最佳井眼尺寸和材料。

3.3.2　备选方案

现用一个例子来说明设定目标、生成备选方案和评价备选方案方法的含义。例子描述了资产战略和战术目标的联系，以确定备选方案。当油藏管理目标包含在评估方案内时，这些备选方案将收集它驱动的对应类型数据。迭代方法对选择合适的备选方案是十分必要的。

例 3.1：备选方案评估

深海开发需要考虑固定钻井平台的干式采油树。这些井深约 10000ft，最大井斜角为43°。其中有两个独立砂体的层位和连通性是不确定的。它们被厚 20ft 的页岩隔开。当前评估数据表明：页岩在该油层的其他部分可能已被侵蚀掉。砂体在含水层中具有相似的特性和侵蚀程度。预计两个砂体具有相似的初始生产（IP）速度和储量。

战略目标：减少井数以提高项目经济效益。

战术目标：主要目标：保持高产井生产能力，缩小关井时间。

次要目标：通过了解油藏和砂体连通情况，提高可预测性。

备选方案：

（1）通过二次完井使每一层连续生产；

（2）双层完井；

（3）滑套合采；

（4）带有整个表面合采控制的智能完井；

（5）带有固定尾管电阻率传感器的合采完井。

除第一个备选方案有可能违反高产能目标外，其他方案与战略目标、战术目标一致。每种备选方案都可有不同形式的数据采集方式，这些选择将根据成本及油藏管理价值水平的增加予以考虑。

3.3.3　数据要求

根据当今可利用数据和技术，可以测量许多不同参数。事实上，对于每一个参数，可用多种技术对它们的范围、精度、可用性和风险进行测量。表 3.2 显示了待评价参数和可用技术之间的联系。该表并非详尽无遗，仅是用于说明。每种测量技术提供不同测量精确度。可将渗透率测量作为一个例子来说明。所有应用技术——测井、岩心分析、使用地层测试器和中途测试等，均能够计算出渗透率，但是得到的范围、精度和规模将根据所使用技术而有所不同。并非所有测量结果都相等则代表此值为最终要使用的测量值。例如，通过给定技术测量得到的合采油层平均渗透率的"√"不适合应用于分层地质模型中，因为这个地质模型将被输入到油藏模拟模型中。

表 3.2 中的"√"代表数据是通过所使用工具获得，而"·"代表参数是可以确定的，但具有不确定性。

一旦确定了测得参数和工具（方法）之间这种联系，就可以制备一张表 3.3 所示的量化表。该表表明了当使用特定测量技术时，给定参数的认识程度将如何改变；还可确定哪种方法能够最大限度地减少给定参数不确定性。表 3.3 由分类变量（低、中、高）构建。然而就不确定性解而言，可以利用特殊工具分配数值，然后垂直求和，求得最大值。尽管此表看起来较完善，但需要考虑多种因素来填充特定测量值在低、中、高级别的性质。具体应考虑解析、精度、重复性、解释能力、影响工具准确性的环境变量等方面。

表 3.2　不同测试方法参数的确定（Kikani，2009）

参数	测井	地层测试	岩心	中途测试
孔隙度	√		√	
含水饱和度	√		√	
净毛比	√		·	
流体类型	√	√		√
流体性质	·	√		√
流体梯度		√		
渗透率	√	√	√	√
表皮系数				√
油藏压力		√		√
油藏温度	·	·		√
流入剖面		√		√
产能		·		√
流体接触	√	√	·	
纵向连续性		√		√
初始体积	·			·
边界				√
出砂潜能	√	·	√	√

表 3.3　不确定性解析选项（Kikani，2009）

不确定性	现有认知水平	未来认知水平			
		钻井	中途测试	延长测试	模拟
区域范围	中	高	中	中	中
有效产层	低	低+	低	低+	低
孔隙度	中	中+	中	中	中
饱和度	低	低+	低	低	低
采收率	低	低	低	低+	低+
渗透率	中	中	高-	高	中
表皮系数	低	低	中	中	低
原油性质	中	中	高	高	中
相展布	低	低+	低	低	低
断层	低	低	低+	中+	低

一旦了解不确定性的解析选项及解所达到的程度，就可以用最有希望的方法凸显出优质结果和优先测量结果来解决不确定性。

非常值得注意的是，这里所讨论的解析选项假设了成功案例方案，同时还必须确定这些测量的成功概率。这些概率将取决于地理区域、油藏条件、技术能力、操作能力及可用设备等。编制这样一个表需要的背景资料应包括模拟、最优方法、专家意见、实验和数学建模。后台数据的后续偏离应当作一个过程检查执行（表 3.1 中所建议的）。一些关于可靠信息采集的缺点，包括忽略参数之间的相互关系（例如，一个参数变化会导致另一个参数以一种已定义但未知的方式变化）。例如，水中残余油饱和度（S_{orw}）取决于初始含油饱和度。这种相关性可以通过实验室测量来建立。表 3.4 列出了从大量项目中获得的一些经验教训。

表 3.4　从通用数据评估缺陷中学习到的经验教训

忽略参数的相关性/依赖性
不确定性范围不恰当
不包括测量质量风险
未解释不确定性风险
保守的数据采集（无冗余）计入成本结构
风险应急预案成本未进行评估

3.3.4　扼要重述

图 3.6 表示为信息价值（VOI）的价值方面量化步骤简化流程图。在此阶段：

（1）已确定目标并划分优先等级；

（2）根据目标先后顺序，确定主要不确定性，强调了不确定因素的影响（利用不确定性水平和影响矩阵，如图 2.5 所示）；

（3）确定了量化每种不确定性参数集；

（4）参数集与测量参数的工具和技术联系在一起；

（5）确定了对每个参数当前状态的了解程度；

（6）说明了每种测量技术是如何改变未来信息状态的。

在图 3.3 中，特别强调的一组工具帮助量化各种测试、工具和技术备选方案所产生的问题。为评估所获信息的质量，可以提出大量问题来保持客观性。问题样本列表见表 3.5。

在这个阶段，已经优先考虑和获得了不同备选方案及其价值。考虑（岩心、测井、地层测试、中途测试）每种用于测量参数（如渗透率）的工具，其测量结果的失败风险应该被代入这套方案中。这将会引起对信息价值的计算。

信息价值的量化通过决策树对结果的离散完成。接下来介绍这方面的一些形式变量，再介绍整个过程从开始到结束的工作示例。

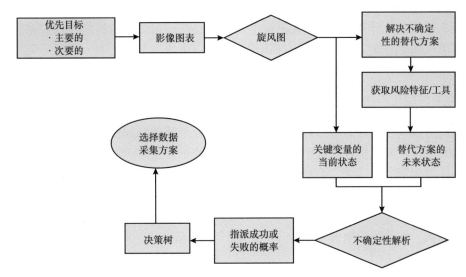

图 3.6　强调数据收集价值量化步骤的流程图

表 3.5　一份判定信息质量样本问卷（Kikani，2009）

信息质量的判断
获得重要事件的信息了吗？
信息的来源是什么？
如何调查信息来源？
如何认定专家？
信息的统计有效性如何？范围如何？
是否会获得其他信息？
如果给予更多时间，是否可以使信息有实质性改进？
信息是否是公正的？
过去有多么擅长评估这一因素？
信息是基于一种判断还是事实？
不确定性的主要领域是什么？
专家之间主要分歧的领域是什么？
对过去预测有多准确？
是否试图预测未来可能发生影响信息或决策的事情？
是否有关于低概率高风险事件的信息？
最艰难取舍的是什么，会有什么样后果？
如何权衡短期与长期？

3.4　信息价值基础

　　数据采集的一个基本原则是，只有信息改善或改变一个决策时才是有价值的。

　　数据和信息之间有很大差异。将数据转换成相关有价值信息需要很多中间步骤。由于某个测试或事件结果是不确定的，所以在正式决策时应对相关风险进行充分认识。

信息价值是一种量化方法，量化内容是为某项特定任务收集的数据使用及后续收益结果。它是从对成本分析和效益分析的基础上得出，并在一定范围内提供获得数据后对后续收益及在风险减少方面上升潜力的理性认识。它是一个决策分析工具，根据不确定性、潜在损失、错失的机会和结果概率来评估资本投资的价值。

3.4.1 完美信息和不完美信息

收集信息价值在于帮助做出好的决策。考虑将一个硬币抛起的情况。如果一个预言家能够准确判断是正面或是背面这个结果，这条信息的价值是多少？最终取决于最终结果的目标和边际效用。

但是，如果预言家在预测相同结果时，在注意事项中给出风力条件不变，或硬币上没有灰尘，那么这条信息的价值就会削弱，因为这并不能解决围绕这个结果的所有不确定性。

换句话说，结果的预期值（EV）作为一种合理测量结果，则完美信息（VPI）的值被定义为

$$完美信息值 = 完美信息预期值 - 不完美信息预期值 \qquad (3.1)$$

图 3.7 解释了这个抛硬币的例子。如果可以得到一些知识，准确预测抛出硬币的结果，该信息被称为完美信息。如果信息只解决了结果的一部分不确定性，但不是所有的不确定性，信息则为不完美信息。

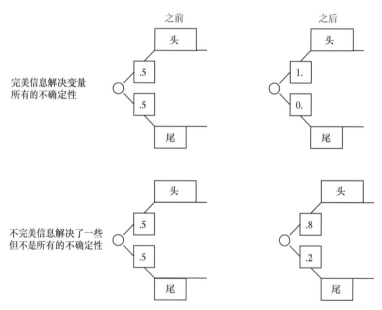

图 3.7　以掷硬币的例子来说明完美和不完美信息的概念（Kikani，2009）

如图 3.8 所示，通过推导，可以说完美信息值是不完美信息值的最大值。那么成本高于完美信息值的任何数据收集方案都应该被摒弃。为做出合理决定，应对信息价值的不确定性进行评估。接下来将讨论这些测量值的量化问题。

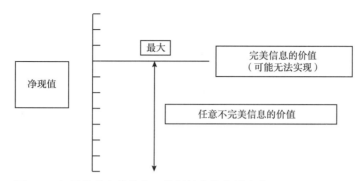

图 3.8 如果获得完美信息，数据的价值将最大化（Kikani，2009）

3.4.2 概率和统计

信息价值量化是非常有用的，因为它试图在决策制定过程摒弃情感因素。决策者在权衡数据类型重要性后，根据所需资金、操作困难和克服它们的成本，以及良好结果的不确定性，决定是否对参数类型的临界值不利。价值权衡的量化需要对概率论有良好的了解。

概率（P）：一个事件发生的可能性。换句话说，风险或不确定性被定量描述为数值概率或发生的可能性。一个事件或结果肯定发生的概率为 1，相反的事件不可能发生的概率为 0。

条件概率 $[P(E_1)|E_2]$：其他事件已经发生的条件下给定事件发生的概率。这是一个重要概念，当结果取决于之前结论时，使得决策树可被填充。上面表达式可以被理解为已发生事件 E_2 时，给定事件 E_1 发生的概率。

互斥事件：事件是互斥的，如果给定事件发生，则排除所有其他事件发生的可能，与独立事件不同。

独立事件：一个事件发生绝不影响其他事件发生或绝不受到其他事件发生的影响。

期望值（EV）：期望值的概念可以用来解释下行风险（和上升价值）。换句话说，它是一种将盈利能力估计与风险的定量评估相结合，从而产生风险调整措施的方法。一件事情发生期望值的概率 P 用下式表示：

$$\text{EV} = P \times \text{发生的值} + (1-P) \times \text{未发生的值} \tag{3.2}$$

对于一个连续概率分布函数：

$$\text{EV} = \int \rho_i E_i \tag{3.3}$$

其中，E 是与事件发生或不发生相关的值。

贝叶斯定理：当获得新的信息值时，贝叶斯定理提供了一种修正概率估计的方法。正如后面将要看到的，将决策分析树转换为信息价值树时，这个定理非常有用。

贝叶斯定理的数学定义如下：如果 E_1，E_2，$\cdots$，E_N 是 N 个相互排斥和详尽的事件，并且 B 是一个知道条件概率的事件 {即已发生事件 E_i 的概率为 $[P(B|E_i)]$}，绝对概率 $P(E_i)$ 也是已知的。假设事件 B 已经发生，对于其中任意一个事件 E_i 的条件概率 $P(E_i|B)$ 则可由下面公式计算：

$$P(E_i|B) = \frac{P(B|E_i)P(E_i)}{\sum_{i=1}^{N}\left[P(B|E_i)P(E_i)\right]} \tag{3.4}$$

例 3.2：联合概率和逆概率的计算（Kikani，2009）

在所有井中，大约 20% 的测试以失败告终；然而，并非所有失败都是因为设备原因，并非所有设备故障都会导致测试失败。如果 95% 的设备故障导致测试失败，只有 10% 因为非设备故障导致测试成功，计算事件发生的联合概率。此外，如果设备故障将导致计算测试的概率失败。

下面给出概率是相互排斥的值。E_1 表示该测试失败的事件，E_2 表示该测试成功的事件。

测试失败的概率 = $P(E_1)$ = 0.2。

测试成功的概率 = $P(E_2)$ = 0.8。

测试失败（E_1）由于设备故障（B）的概率 = $P(B|E_1)$ = 0.95。

测试失败（E_1）设备完好（B'）的概率 = $P(B'|E_1)$ = 0.05。

上式中，$P(B') = 1 - P(B)$ 是 $P(B)$ 的补集。

测试成功（E_2）由于设备故障（B）的概率 = $P(B|E_2)$ = 0.10。

测试成功（E_2）设备完好（B'）的概率 = $P(B'|E_2)$ = 0.90。

表 3.6 显示了运用上述贝叶斯定理所得的联合概率和逆概率。逆概率回答了这个问题——如果设备出现故障，测试失败的最大可能性是什么？如果设备正常运行，那么测试失败的可能性又是什么？图 3.9 和 3.10 以图解的形式说明了相同的计算结果。

如果设备出现故障，测试失败的概率是 70%，而如果设备正常运行，测试失败的概率只有 1%。

表 3.6 联合概率和逆概率的计算（Kikani，2009）

事件	概率	条件概率	联合概率	逆概率
E_i	$P(E_i)$	$P(B|E_i)$	$P(E_i) \cdot P(B|E_i)$	贝叶斯定理
E_1	0.2	0.95	0.19	0.19/0.27 = 0.7
E_2	0.8	0.1	0.08	0.08/0.27 = 0.3
合计	1.0		0.27	1.0
E_i	$P(E_i)$	$P(B'|E_i)$	$P(E_i) \cdot P(B'|E_i)$	贝叶斯定理
E_1	0.2	0.05	0.01	0.01/0.73 = 0.01
E_2	0.8	0.9	0.72	0.72/0.73 = 0.99
合计	1.0		0.73	1.0

表 3.6 第一行计算结果如下：

如果设备故障，测试失败的概率如下：

$$P(E_1|B) = \frac{P(E_1)P(B|E_1)}{P(E_1)P(B|E_1) + P(E_2)P(B|E_2)} \tag{3.5}$$

$$P(E_1|B) = \frac{(0.2)(0.95)}{(0.2)(0.95) + (0.8)(0.1)} = \frac{0.19}{0.27} = 0.7 \tag{3.6}$$

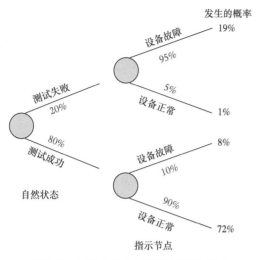

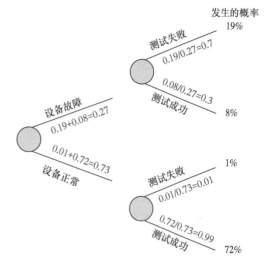

图 3.9 例子 3.2 中对自然状态的描述（Kikani，2009）

图 3.10 将例子 3.2 中的节点反转来评估发生的条件概率（Kikani，2009）

练习 3.1：计算

表 3.6 中第二行的计算留给读者。

3.4.3 概率评估

基于概率技术或方法在将可能性分配给不确定结果方面具有内在的主观性。对于一个详尽的样本或试验，概率论是非常有效的。对于单一或偶然事件，合理的概率分配具有不确定性。概率分配不仅从定量评估角度来看很重要，从组织和各个团体中相互沟通的改善角度来看也很重要。表 3.7 列出了通常用于表达事件将要发生的可能性术语。拥有一个跨职能团队中每个成员的意见将是有意义的，这对于团队运作也是一个非常值得的尝试。

练习 3.2：概率的认知

独自填写表 3.7，然后与你的团队讨论相关看法。

为概率赋值有很多推荐方法，比如：行业最优方法、专家观点、与利益相关者面谈等。

表 3.7　表达发生可能性的常用短语

表达或短语	最小概率	最大概率
"这有可能"		
"有很好可能性"		
"有一个公平机会"		
"有一个明显可能性"		
"这不会发生"		
"可能会发生"		

然而，上述每一种方法都具有内在偏见。这些偏见可以划分为（Tversky and Kahneman，1974）以下几种：

（1）认知：源于对认知经验法则的不合理利用。

①确定和调整：专家可以在确定初步估计后不断进行调整，但通常是不充分的。

②可用性：事件概率与可用信息成比例上升。

③代表性：不仔细考虑一般信息时。

④隐性处理：涉及未阐明假设。

（2）动机：奖励或惩罚的概率，可能会导致偏见。

> Benson 和 Nichols（1982）通过一个实验来测试人类动机的偏见，最终结果以定量形式表示。在实验中，受试者对概率进行评估，首先没有设置偏见激励，其次加上偏见激励，同时附加可信动机。在有偏见任务中，受试者策略性地报告了分布特征的操作组合。主导策略包括向上移动模式和向左重新分配概率、向上少量移动模式和向右重新分配概率、向上移动模式并收紧分布。几乎所有受试者在开始时均有提及该模式的位置，表明他们首先确定他们的偏好分布，然后操纵其他特性来表达自己的偏见，当然这需要可信度及其他相关内容。

由于这种主观性，决策树（在下一节讨论）有时反过来被用来回答问题——什么样的概率分配将会使数据采集成本等于数据价值？这种盈亏平衡概率可用于确定数据收集工作的价值驱动因素的重要性、处理达成一致的意见和共识，同时考虑结果的范围。

校正结果的时候，面谈和评估的系统过程，最终发展为概率评估，这个概率评估用于信息价值计算中。

3.5　决策树方法

对已做选择进行分析来获得更多信息的最好方法莫过于决策树。一个标准决策树的关键假设是已识别的不确定性参数是不相关的。倘若情况并非如此，则需要应用更加复杂的蒙特卡罗法技术来评估结果。

利用决策树，可以评估一些备选方案，例如：

（1）选择若干个行动方案中的一种或推迟决策，以获得更多信息；

（2）对从测试中获得的信息进行模拟，以此表明几种结果中的一种；

（3）在获得数据后，确认初始决定是否是最佳方案。

图 3.11 给出了决策树示意图。如上所述，通过重排决策树，就可以解答很多不同的问题。

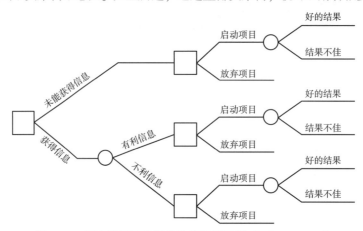

图 3.11　用决策树评估信息价值的示意图（Kikani，2009）

例 3.3：用决策树来判定是否需要进行中途测试

通过一个合理配置的决策树，可以回答以下问题：

（1）进行中途测试的价值是什么？

（2）控制一个不确定结果的价值是什么？

（3）就价值而言，什么样的成功概率是成本适中的？

（4）为了在测试过程中降低风险，可以做出什么应急预案，以保证所期望的成功概率可以实现？

（5）应该何时进行地层测试与中途测试的对比？

在描述决策树时，一个变量表示一个决策变量或者一个不确定变量。由正方形框（称为决策节点）发出的决策选择表示为"树枝"。不确定性节点由一个带有分支的圆形节点表示可能的结果。决策树通常根据决策和不确定性按时间顺序设置。第一步是找出所有的决策和不确定性，并分配合适的概率（遵循前面所提到的评估和除偏做法）。

决策和不确定性节点（首先出现的）的顺序决定了贝叶斯定理是否会被用来计算条件概率（如前所述）。

图 3.11 说明了如何表示可用选项及所选选项的一些可能结果。通过给好结果或坏结果、积极结果或消极结果的成功概率赋值，可以将决策树转化成一种量化工具。一旦以这种方式将树填充，一个给定分支的期望值（EV）可以通过使用期望值方程重算。

$$EV = P_S \times 积极结果的数值 + (1 - P_S) \times 消极结果的影响 \tag{3.7}$$

对于决策节点，决策节点右侧的期望值决定了选择决策树的那条路径。

在图 3.11 中以正方形框表示决策节点，则当决策树收敛时要将决策的期望值列出。以最高期望值为基础，可以做出一种选择。提出适当的行为方案时，附加价值驱动因素通常会考虑这个定量结果。有关决策树结构和评估的详细信息可参阅 Newendorp 在 1975 年发表的文献。

例 3.4：问题框架设置

在现有范围进行备用井钻探，其驱动机理主要为衰竭式开发附加弱水驱。岩心分析资料较少，测井记录陈旧，多年来只收集了一个岩心。预计在不久的将来可以实现注气储存。目前在该地区发现了一些稠油聚集区。是否应该收集该地区有关稠油的岩心？

解决方案

在这种情况下，决策变量"是否进行取心"。该决策是基于事件发生的不确定性及其概率。首先要找出所有的不确定性，这将会影响对储层状态的判断能力（例如油藏中包含的焦油层）。

影响精确结果的不确定性包括：

（1）在已知稠油聚集位置钻新井；

（2）钻遇砂体埋深应在稠油目标范围内（大概接近油水接触面）；

（3）用所选方法进行取心；

（4）从岩心上观测稠油的证据；

（5）与其他参数的对比和测量。

每一个不确定性都会导致一个连续产出，可利用来自这种不确定性评估的离散结果。例如，待钻井（决策尚未做出）的位置将是"在已知稠油区域的附近"或"远离稠油区域"。岩心收获率的不确定性可分为三个离散结果：完全回采、部分回采和无回采。决策树将初具雏形。最终的决策树如图3.12所示。

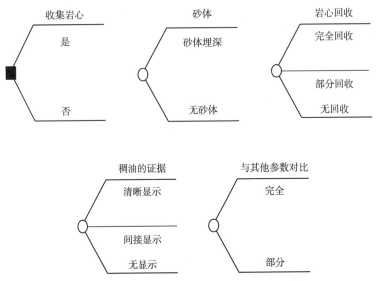

图3.12 决策树中决策和不确定性节点按时间顺序的展示

决策树是以时间顺序构建的。人们可以通过提问的方式评价决策树：通过获得的信息期望得到什么改善？经常使用的另一种方法则是通过交换不确定性节点与第一决策节点的顺序（即将不确定性节点前置），将决策树转换为一个信息价值树。

上面的例子说明了一个决策树按照时间顺序构建以及评估的过程。决策树为进行测试而做出的决策收集信息价值，并根据测试结果，获得油田开发结果的预期值。

例3.5：是否进行测试?

由于测试结果将在一个新盆地进行，HuntForOil公司可以做出决策是否要继续该盆地的开发。

对于该公司成功测试的记录和公司发展成果的历史关系，可用50项测试结果表示，统计见表3.8。

表3.8 Hunt ForOil公司的50项测试结果

测试结果	开发成果	
	"轰动"	"灾难"
"巨大的成功"	20	5
"悲惨的失败"	10	15

对于一个"轰动"的成功，净现值为200万美元。如果它是一个"灾难"，该项目将蒙受80万美元的损失。如果测试后，该油田并未开发，将损失30万美元。测试的成本是23万美元。

绘制和评估一个决策树，以此来评估是否进行测试。

首先评估相应的概率：

$$P_{(巨大的成功)} = 25/50 = 0.5$$
$$P_{(轰动)} = 30/50 = 0.6$$
$$P_{(轰动 | 巨大成功)} = 20/25 = 0.8$$
$$P_{(灾难 | 悲惨的失败)} = 15/25 = 0.6$$

根据适当的决策和不确定性，树的布局示意图如图 3.13 所示。

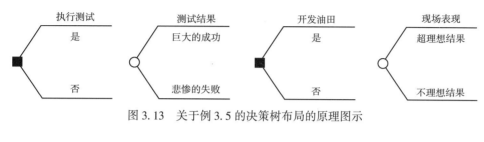

图 3.13 关于例 3.5 的决策树布局的原理图示

$$决策 \begin{cases} 执行测试 \\ 开发油田 \end{cases} \qquad 不确定性 \begin{cases} 测试结果 \\ 现场结果 \end{cases}$$

用适当的概率、成本及期望值来表示完整的决策树如图 3.14 所示。

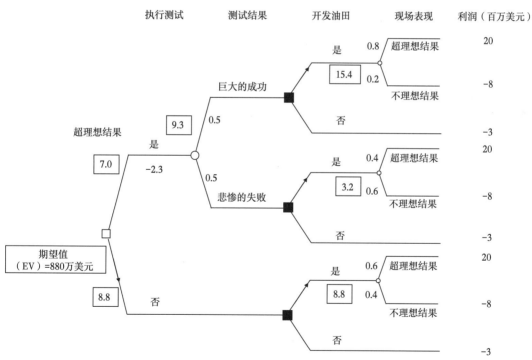

图 3.14 扩展决策树概率和预期值（EV）的计算

下一个例子根据连续事件驱动的方法及定量评估选择结果的方法来强化构建决策树的概念。这里需要选择的是：是否需要测试油藏中两个区块？

例 3.6：信息价值的计算（Kikani, 2009）

目标：决定是否需要进行二次完井测试。

问题：在清除掉滑动套管中的砂后，Indecisive 油区的 Confuser1# 井停产。在井中存在两种完井方式：一是在深 9911ft 的砂体处；二是在深 9954ft 的砂体处。

限制：如果在底部区域（9954ft）成功完井，它会在 3 年后枯竭，在此之后，可以在浅处完井。然而，测井数据显示底部区域没什么特征。

决策：是否应该测试 9954ft 区，或者直奔 9911ft 区？下面的现值现金税后收入（PVO-CIAT）数据包括测试每个区域的成本（表 3.9）。

表 3.9   两种完井方式的 PVOCIAT 数据

砂体深度（ft）	测试成本	概率 P_s	税后值
9954	2500 万美元	0.3	1.6 亿美元
9911	2500 万美元	0.4	2.7 亿美元

注：如果延期 3 年则需 2.5 亿美元。

由于油井的机械配置，选择先对顶部区域进行完井、再对底部区域进行完井的方式并不可取。

图 3.15 是一个针对该问题所做的决策树（不包括可能选项的完整列表，但说明了解决问题的方法）。基本的选择是测试 9911ft 区或 9954ft 区。对于 9954ft 区域，选择测试较浅区域。运用成功概率和成本，可以得到每个分枝的预期值，从而选择出最高期望（EV）值所对应的方案。

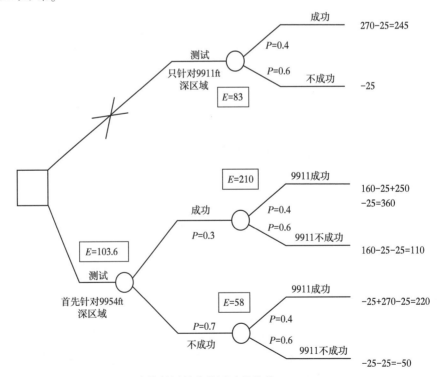

图 3.15   决策树评估完井测试的价值（Kikani, 2009）

在树的右边，列出了每一个特定选择投资。在 9954ft 区测试结果成功的前提下，9911ft 区对应的测试成功净收入可按下式计算：

16 万美元（对 9954ft 深的成功测试）+25 万美元（对 9911ft 成功测试，但推迟生产）－5 万美元（2 个测试成本）= 36 万美元。

在几个备选方案中做出选择时，预期值（EV）分析是十分有价值的；但是它并不能有效地代表风险蔓延，应谨慎使用。

生产中已经有大量决策的例子，它们都与岩心收集、运行测试及重新完井等技术性质相关。下面的例子将展示在设置钻井平台之前，钻一口备用井的价值（用于描述目的）。这个例子说明了在决策树中，如何使用贝叶斯定理来计算条件概率。

例 3.7：钻一口探边井的价值

目标：在设置一个平台前进行探边井测试的价值是什么？

方案：在设立一个生产平台前需要做出一个经费支出承诺授权书。由于对勘探区域大小的极大不确定性，使得很难做出决策。以下选择是可用的：

（1）设置一个大平台；

（2）随后设置一个小平台作为第二平台；

（3）开钻并测试探边井。其成本与概率见表 3.10。

无论是大油田还是小油田，其整体概率数据可以转换成条件概率。若一个大油田是已知存在的，表 3.11 中第 3 列的条件概率可以合理转化为成功探边井的概率。同样，若已知为一个小油田，就可以确定成功探边井的概率。条件概率可通过总条件概率归一化，见表 3.11。这实质上是利用了贝叶斯定理，若探边井成功实施，据此可以计算其为一个大油田的条件概率。

表 3.10　例 3.7 中的成本与概率

成本	
大平台的成本	0.8 亿美元
小平台的成本	0.48 亿美元
第二个平台的成本增量	0.72 亿美元
钻探和测试成本	0.04 亿美元
概率	
一个大油田的概率	0.4
一个小油田的概率	0.6
探边井的可靠性	0.9

图 3.16 展示了这个例子的决策树。需要做出的基本决策是：是否设置一个大平台、小平台，或收集更多数据。图中最上面分支说明，如果设置一个大平台，成本支出为 0.8 亿美元。如果设置一个小平台，则有 40%概率说明这是个大油田，那么需要另外设置一个平台额外花销 0.45 亿美元。所以，第二个选择有两个与它们相关的分支：价值和概率。

表 3.11　关于例 3.7 条件概率的计算（Kikani，2009）

概率	风险	条件概率 $P[(事件 B|E_1)]$	联合概率	修订后的风险概率 $P(E_1|B)$
探边井数据显示为大油田				
E_1=大油田	0.4	0.9	0.36	0.36/0.42 = 0.857
E_2=小油田	0.6	0.1	0.06	0.06/0.42 = 0.143
合计	1		0.42	1.000
探边井数据显示为小油田				
概率	风险	条件概率 $P[(事件 B|E_1)]$	联合概率	修订后的风险概率 $P(E_1|B)$
E_1=大油田	0.4	0.1	0.04	0.04/0.58 = 0.069
E_2=小油田	0.6	0.9	0.54	0.54/0.58 = 0.931
合计	1		0.58	1.000

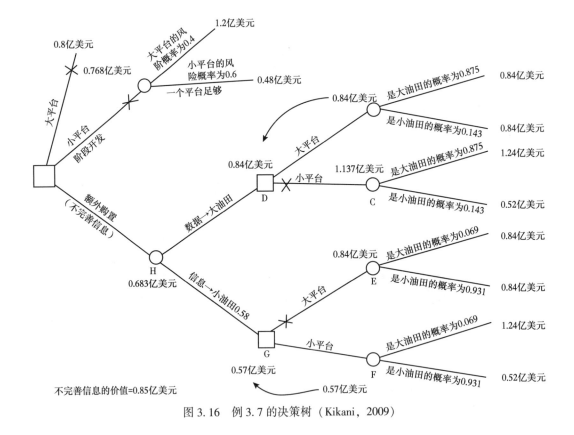

图 3.16　例 3.7 的决策树（Kikani，2009）

　　第三个分支意味着倘若可以采集到更多数据，则可以表明该油田的大小。根据这些结果可以设置平台大小。但即使已经设置平台之后，油田也可能会证明为大油田或小油田。由此逻辑得到每个分支都填充了表 3.11 中的估计概率。通过计算期望值（EV），可以从右侧对决策树进行逆向计算。该决策树最后退回到每个决策点。从图 3.16 中可以看出，在这种情况下，选择收集更多数据，期望值成本是最小的（0.683 亿美元）。接下来最好的选择是首先用小平台设备分阶段开发。这种选择的期望价值是 0.768 亿美元。这表明与设置小平台相比，收集额外数据的价值是 0.085 亿美元。

注意到例 3.7 中是一个成功探边井的概率，未必是一个成功的、可靠的和可解释测试的概率。一个成功试验结果的概率取决于多种因素的概率，例如：

（1）一个好测试的概率；

（2）精确、可靠、适当数据的概率；

（3）准确、正确解释的概率；

（4）决策时将油田的部分数据外推的概率等。

因为去分配这些因素的概率很难，可以评估一个完美的测试值。这样做可以提供测试值的上限，从而得到期望值。但是基于其他一些考虑，这个上限值可能会不够准确。

这个过程是可扩展的，还可以应用到以数据收集为目的的、包括一些应急规划在内的决策层次结构中。例如，假设一个测试将耗资 650 万美元。作为测试计划的一部分，井已打好，但是它的位置过高，而且砂体厚度小于预期厚度。是要修改测试油井的决策呢，还是继续采用原来的计划？

例如墨西哥湾早期一个深水项目评估计划中所采用的更具操作性的决策。压力瞬态测试设计可用于近海深水油井，并需要用砾石充填。如果在测试过程中砾石充填出现故障，将会多消耗两个钻机工作日，而且需要进行新井测试。重新进行砾石充填再测试或直接停工，哪个更有价值？基于信息价值，这个决策就是应急规划的一部分。

3.6 小结

在一个合理框架内对收集的信息进行决策是很有必要的。信息可以有偿购买或收集，其中，当信息已知时，可以用来评估对创造价值的权衡决策。一些框架工具，如问题框架、帕累托图及旋风图版可以将问题分解成一些基本部分。

可以遵循下面步骤来系统地评估信息价值：

（1）没有更多信息时，理解当前的认知状态（基线值）；

（2）用已知事实、决策和不确定性来评估问题，这种分类有助于理解问题的内部结构；

（3）评估备选信息，以解决步骤（2）中的不确定性；对于每一个不确定性，确定数据收集的决策和备选方案；

（4）在无法获得更多信息时，构建决策树和评估期望值；

（5）按时间顺序建立不完美信息的决策树；

（6）将每个不确定性反转决策树作为初始节点，从而得到一个信息价值决策树；

（7）应用贝叶斯定理计算相应的条件概率；

（8）评估决策树，并计算不完美信息、无信息与期望值之间的区别，就数据收集做出决策。

本章介绍的结构框架，可用于大的开发决策和中间试验的决策，以及应急计划和替代评估。适当的概率分配是信息价值评估的关键。建议读者考虑决策树中使用的概率变化时决策的敏感性。如果需要改变决策的概率在其评估不确定性范围内，则应谨慎行事。

4 钻井系统与采油系统

本章为典型开采设施的地面部分提供背景情况。在生产设施的功能目标设计期间，这些背景情况将激发对集成测量系统价值的一些想法。本章并不打算涵盖设计理念，或者一些设备细节的有关内容，其目的是为监测设备的必要性和利用奠定基础，以进行适当的监测（监控）和安全生产实践；本章还讨论了一些现场问题，如配产和计量问题，以此来了解收集到的数据的误差范围，以及这些误差是如何影响未来预测的。

采油系统

在第1章中，图1.3和图1.4展示了一个比较典型且通用的采油设备块状流程图和简易的采油过程流程图。采油设施的基本设计基础主要取决于系统压力、流体特性、流体速度、注入介质和现场处理的要求。其他注意事项还包括设备使用时间、扩展要求、化学剂注入、采出液处理需求，油井维修计划、泵送、设备及作业流体的要求。

4.1 地面设施

通常情况下，在油田开发的生命周期中，由于油藏和油井性能的不确定性，地面设施的设计很少是最优化的。在油田开发初期，产能可能被地面设施的能力所限制，而在油田开发末期，又有可能受到流体处理能力的限制。图4.1表示在一个油藏整个生命周期内，

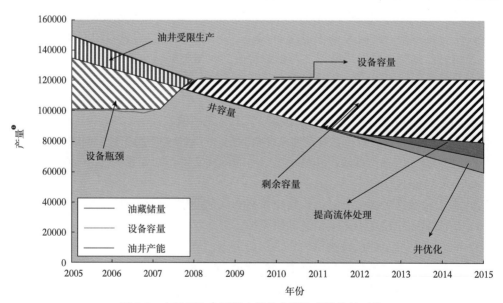

图4.1　在油田生命周期内优化典型生产设施的时机

---

❶ 原著未交代单位。

在典型生产设施中，设备、油藏和油井产能之间关系的示意图。根据原始油井设计，油藏储量可能高于油井产能，因此油藏在约束井的条件下生产（如图4.1中蓝白相间部分所示）。去除设施的不利因素（设备瓶颈）后可以获得更高产量（从经济方面考虑），但是随着油井和油藏产能下降，剩余设施容量可发挥作用（如图4.1中黑白相间部分所示）。油田随后在剩余设施容量条件下生产。在油田开发周期的后期（如图4.1中黄色和绿色填充部分所示），优化油井性能或提高流体渗流能力可使得产能增加。

对于很多现代项目，在油田开发设计基础确定之前（后评价），建造和使用设施所需的漫长交付周期不允许过分缩小储层的不确定性。这可能导致生产系统被一种产出流体（油、水、气）所约束。而这些约束也可能受设备大小的限制，有时是由出口管道干线、其他过程或者相关性能要求造成的［例如卸载原油的雷德蒸气压（RVP）条件、天然气燃烧限制、原油混合需求和污染物水平等］。

尽管这些约束条件由生产设备引起，但仍可以通过仔细监测和制造消除经济瓶颈的机会来优化油藏性能。例4.1中举例说明了预先计划的重要性，包括监测及设备设计基础的全周期需求。

例4.1：预先计划的重要性

基本情况：考虑在一个稍微欠压深水环境中油藏的分阶段开发，其最大的不确定性是油藏的连通性。为了减小在储层连通性不好的情况下，投入大量油井开采油藏的风险，一种3年租赁的浮式采油船、储存和卸油船（FPSO）作为早期生产系统（EPS），是开发第一阶段的首选方案。选择海面下六口井回接到FPSO中（图4.2）。海平面下这个模板是一个六槽的多头管系。双流线从FPSO敷设到海底管汇以进行清管，并且还安装了单独的测试流水线。来自每口井的跳线连接到海底管汇。为了便于测量，在该装置中管汇被设计成

图4.2　4.1例中早期生产系统（EPS）示意图

可将来自任意井、流经测试管线的流体方向改变。

分析：虽然这个设计看起来可满足生产目标和常规测量，然而在解决油藏连通性的不确定性方面，这个系统的不充分性存在争议，而这正是选择阶段开发的主要驱动力。例如，在这个生产配置中，不能进行井间干扰试井。另外，在多口井中不能同时实现对流速的测量，除非泥线和井下设备仪表补充了整个系统设计中的不足。收集相关数据的另一种方法就是用钻机进行测试，但是大多数情况下这种做法是不经济的。

> 油藏近期和长期开发过程中，在设计生产设施及其详细功能的时候，应将最大限度地减小地下不确定性考虑其中。在今后发展的各个阶段，这种集成观点可以创造重要机遇。

当确定生产设施功能目标时，在设计过程中，监控、取样和监测要求是有价值信息的输入。这种输入将形成一个最佳的监控和数据采集系统（SCADA）、适当的数据带宽、智能数据存储和设施访问系统。井下投入往往是该过程中最少考虑的。最初的设计考虑是相容的，重复讨论的情况很少发生。

一个典型生产设备中的基本元素包括：油井、管线、采油（注入）管汇、分离器和工艺设备、泵和压缩机、计量仪器、储存容器。

每个油气设备的作用都是为了维持安全生产、尝试完全控制、实现流体体积和压力的精准计量。本章将对生产设备中每一部分都做简要介绍。

4.1.1 油井

现介绍油井井口系统，油井井下部分将在之后介绍。因为不受控制的井流后果是非常严重的，特别是在海上，所以自动安全系统和测量系统是至关重要的。图4.3介绍了典型的具有手动阀构造的采油树装备。阀和传感器系统的设计主要是为了在任何情况下都能始终保持对整个油井的控制。

一个或两个同轴主阀通常置于油管头悬挂器法兰的上面。为了给流体进入油管提供通道，这些阀门都是完全打开的。打开程度可调节的阀门被称为翼阀，通常用来控制产量。压力传感器被安装在井口和翼阀上，主要是为了测量油管压力和套管压力。活塞制动的闸阀被用作地面安全阀。在整个过程中，这些阀门大多位于整个井的下游，如出油汇管、吸入管、排出管或压缩机的支路，以及销售管道的入口。

总阀和翼阀可以随时打开或者关掉油流。如果通过人工举升进行油井开采，可用环空或者环形阀排气或注气。

4.1.2 管线

在生产过程中，流体通过主阀和翼阀流入管线中。管线是管道系统的一部分，连接着多种装置和容器。在海底管线配置中，管线可以是管汇和油管之间可弯曲的跨接管。

在井口，第二个翼阀和抽汲阀通常是关闭的。油嘴（受限制）安装在翼阀的下游或与管线连接点的上游。节流阀控制流动速度，将井口压力（油嘴下游）降低到较低的管线压力。在特定环境中，如海上平台的卫星井或偏远井，油嘴通常被安装在管汇入口，而不是在采油树上。这为节流阀的控制和维修提供了便捷通道（Golan and Whitson，1991）。

在高速流动油井中，通过逐渐关闭可调节的节流阀，然后关闭翼阀和主阀门来进行关

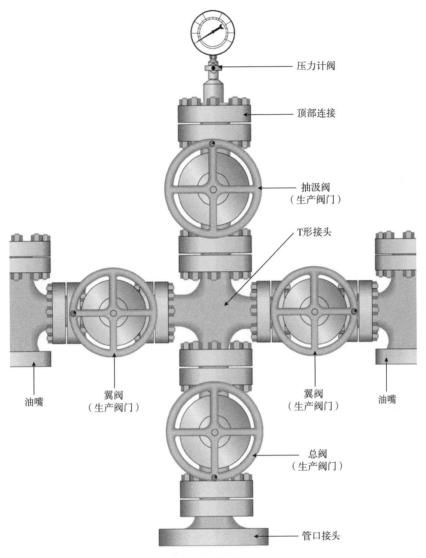

图 4.3　典型采油树装置简图（Bradley，1987）

井是一个很好的尝试。这种非瞬时关井方式，对一些特定的测量地下参数测试的解释会造成影响，这点应牢记于心。

4.1.3　生产管汇

图 4.4 展示了油井井口与流动实验设备和分离实验设备之间的联系。单井连接着管汇。将单井的流体引流到计量分离器或生产（采油）分离器时，需要充分的灵活性。由于多级式分离设备很常见，所以低压油井可以灵活地直接流向低级分离器。值得注意的是多级分离阀对于维持这种灵活性是有必要的。止回阀是首先安装的阀门，目的是防止由于上游操作问题导致下游出现压力波动。在仪器、仪表和测量系统的设计阶段，就应考虑生产系统的管线安装问题。

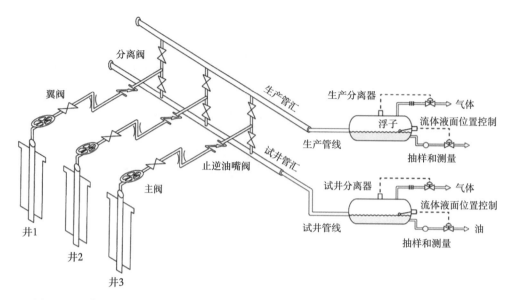

图 4.4　生产路线、测量系统和分离系统的示意图（Golan and Whitson，1991，有改动）

4.1.4　分离器和工艺流程设备

在各个阶段中，为了降低各个阶段流体压力而安装有多个串联的分离器。在分离器里，流体停止流动的过程中，水沉淀到底部，气体上升到顶部。分离器受液面控制器（LLC）和压力控制器（PLC）的控制调节。在流体输出线上的控制阀控制着流体液面位置，如图 4.5的地面分离器测试系统布局所示。气体管线中的回压调整器用于控制分离器的压力。如果液化石油气（LPG）装置不是工艺流程的一部分，那么气体就会直接流入集气管线。当溶解气从油中分离出来之后，在储罐中测量流体表观速度。分离出来的气体通过安装在

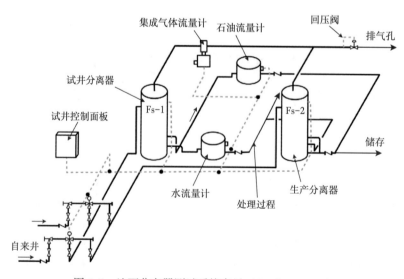

图 4.5　地面分离器测试系统布局（Bradley，1987）

排气管线上的计量计（通常是一个板孔流量计）测量，同时体积流量在标准压力和标准温度条件下获得。一个串联的石油流量计通常用来测量分离器中油流速度。流量计应该被安装在流体液面控制器的上游，从而减小石油流量计中自由气体量（Bradley，1987）。存在自由气体时，石油流量计读数通常不准确。

计量的统计量应该尽可能与分离器出口量接近。

多相计量已获得业内认可并被广泛应用，已经产生大量新的技术。关于计量的更多细节将在之后介绍。

原油和天然气最初的分离、稳定和净化所需工艺设备取决于原油类型、合同条款及其他环境和逻辑等考虑因素。液化石油气生产系统、去污系统及回注系统都需要现场完善的流体处理过程，本书不做详细介绍。

4.1.5　泵和压缩机

从分离器中分离出来的稳定石油和低压干气分别用泵输送和压缩，然后管线中的流体进一步被运输。气体的分级压缩需要考虑很多因素，如烃露点、脱水作用、级间冷却等。一整套控制测量方法对于安全和高效率的操作是必要的。在气体管线中对温度控制以避免跨孔压力大幅度下降，从而避免水合物的生成。通过加压测试得到的测定点可以对流体性能进行有效的工艺模拟，以及提高组分生成预测能力。

在油田中，泵在使用过程中有很多作用，包括作为运输系统和自动防故障液压系统，注入腐蚀剂及防止地面管线和油井中有其他流体流入。在油田中的注入系统和气举系统主要使用泵和压缩机。注入系统通常是一个基于需求的系统（如需求阀门允许所需体积液体或气体进入井中）。除了有效测量网点的确定和校正，注入流体的配置（气或水）可能很复杂，而且相当不准确。

> 对于一个有效的配置和监测系统，压力、温度、进口和级间的流量测量，泵和压缩机的排量是至关重要的。

在下一部分会介绍计量仪器。本书不介绍储存容器和存储罐。有兴趣的读者可以参考Bradley 于 1987 年所著的手册书。

虽然生产系统是建立在这些简单的、以项目功能目标为准的规则之上，但生产设备的布局比上面介绍的要复杂得多。

4.2　地面生产监控

生产系统中大多数测量都是在地面上执行的。基本原因有三点：
（1）便于接触；
（2）低成本和服务功能；
（3）更小的空间约束性。
井下测量将在本书第 6 章中介绍。

4.2.1　试井

试井是一个测量地面上单一流体（油、水、气）流速和压力的过程。在日常操作中，井中流体频繁地直接流入测试管汇和测试分离系统中。测试分离器可以是单级的，也可以是多级的。流体被测试之后，又按路线回到生产系统中。在测试系统中，流体测量的准确性可以通过应用修正系数来提高。因为在测试分离器中，压力和温度不是在标准条件下测得的，所以修正系数是必要的。瞬间进入储罐时缩小了油的体积，并增加了气体的释放。一方面，收缩率实验是用测试分离器完成的，另外，收缩系数是根据实验室压力—体积—温度（PVT）测试确定的。通常情况下将油田测试中的系数校正到标准条件下。

如果没有特殊情况，油井会在常规条件下连接测试系统。对于分离器，作业时的压力和温度应该尽可能地接近实际生产系统的温度和压力。油井迂回持续时间是由生产系统的稳定性和流速的波动性决定的。在测试分离器中，测试一般持续 1~48h，由于测试液面高度上升和温度变化，同时测试结果被平均，导致气油比在波动。观察白天温度变化（40~50℉），以及观察测试过程中气液比的变化是很普遍的。因此，温度测量是试井过程中很重要的一个部分。对于温度测量来说，其首选位置应该在分离器之前的管线上。图 4.6 描述了在一个新钻的气井中试井的例子。仔细跟踪 1~30min 时的生产速度、井口压力及井口温度，提供试井稳定的指标。其他参数为油藏性质和特征提供了一系列完整数据，如油嘴尺寸、套管压力及井底数据。

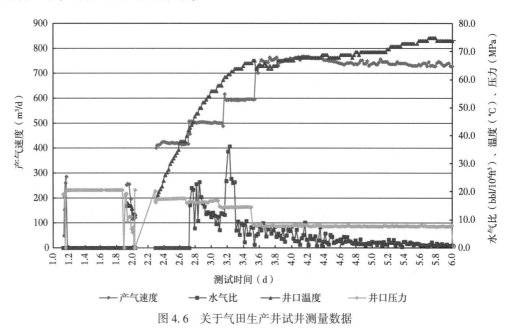

图 4.6　关于气田生产井试井测量数据

测井时间主要受控于：

（1）平均值附近的波动速率；

（2）气油比（GOR）稳定性（统一泄油面积的建立）；

（3）热稳定性（在稳态流动情况下流体流入油井井眼，以及油井中热能损耗已经稳定）；

（4）油井生产速度（每天产出流体低于 100bbl，对于高产能油井要求的测量周期是 48h，其中 4~8h 的测试时间是足够的）。

试井频率（f）受控于：

（1）油气田中井的数量（$n_w \propto \dfrac{1}{f}$）；

（2）油气田中试井油罐的数量（$n_b \propto f$）；

（3）生产机理（是锥进、指进、流体挥发性、驱替机理及流体百分数的函数）；

（4）油井递减速度（系数 $b \propto f$）。

当油井在不测试时，它的流速视为与测试最后的速度一样。这样做有一些不足，但是在实际应用中效果显著。更多复杂的趋势外推技能可能应用于产生中间速率值；然而，它们增加了另一种潜在错误等级，因此通常会避免这种程序。

在试井期间，除了平均油流量、含水率及气油比，这些测量中的每一个数据范围和标准误差都应该被记录下来。这样可以促进生产数据测量中置信区间估计值的分析，以及在油藏模型调试和预测程序中不确定性的后续合并。

因为大多数准确、频繁的测量是在输油监测点对总体原油速率进行测量，只有比值算法用于单井流动速率计算。这些井的流动速率是在整个油田速率的测量和不常见油井的测试中获得的。

生产配置：在大型作业油气田，大多数油井的流速及含水率是由成比例的分配方法决定的。好的分配系统的标志是建立追踪油井到测试分离器频率的方法和实际测量机制。同时举例说明了如何在油气田中实施控制装置技术。介绍测量不确定性的更多复杂的不确定装置及技术在附录 B 中给出。读者可寻找方法去提高这种技能，进一步考虑水和气体流速测量的特性。

例 4.2：生产装置技术

在图 4.7 中，通过单个运输监控系统，计算多个油气田系统中每口井每个月的净产量。

系统描述：在油罐区域，调和油的运输监控出现在出油管线上。油田中的油罐每天测量，而且测量环境通常比周围的环境更热。在三分之二的油气田终端处理设施上到油罐区的排水线过程中有很多独立的水表。每一个采集系统通常为多口井服务。

在每个油田中分配给每口油井的净产量是通过分段向后配产而实现的。在输油监测系统中，测量准确度最高的是实际营业额。输油监测系统中数据返回分配给采集系统。个别采集系统的容量随后返回分配给各口油井。该程序展示了以下两个步骤，其他步骤可以通过生产系统配置进行增加。

$$收缩率 \ \eta_s = \frac{每个月的营业额 + 库存变化量}{\sum 每天总的生产额} \qquad (4.1)$$

$$每天生产量（油气田 C）= 每天最终生产额 - A - B \qquad (4.2)$$

式中 A——脱水和处理设施后，油气田 A 中所测得的生产量；

B——脱水和处理设施后，油气田 B 中所测得的生产量。

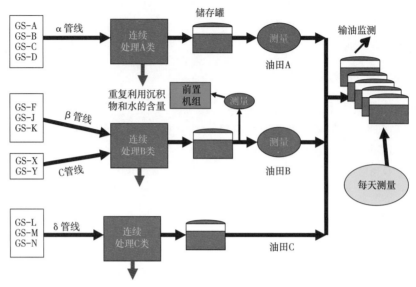

图 4.7　多个油气田终端及出口系统示意图

每个月净产量来自：

$$油气田 A = \eta_s \times \sum A \tag{4.3}$$

$$油气田 B = \eta_s \times \sum B \tag{4.4}$$

$$油气田 C = \eta_s \times \sum C \tag{4.5}$$

$$油气田 A 中理论油井分配系数 \eta_w = \frac{油气田 A 按比例每个月的净产量}{\sum(所有试井 \times 作业时间)} \tag{4.6}$$

理论油井分配系数实际上计算油气田 A 的生产量与试井测量期间整个系统产量的比值。一旦理论油井分配系数确定，可以得到油气田 A 中油井每个月净产量速率：

$$油气田 A 中油井每个月净产量速率 = \eta_w \times 试井速度 \times 作业时间 \tag{4.7}$$

上述讨论分配系统中，基于不确定性分配方案更加合理的一个隐含假定条件是系统中所有的测量具有同样的分辨率和精度。这是极少见的情况，考虑分配方案中的不确定性更加恰当。

在这种类型分配程序中，水、气和气举速度被分配给一口基于来自所给定井测试的含水率和气油比数据的已知井。然而，这样依靠油井流速测量方法是最准确的。在这种分配方法中有某些关键的假设，可以通过以下方法得到改善：

（1）提高测试频率；

（2）在系统中加入更多的中间阶段测量；

（3）增加试井测量长度；

（4）详细记录油井作业时间因素。

如果分配系数大幅度偏离 0.8~1.2 的范围，这些问题都需要考虑。业内平均分配系数是 0.85。这意味着在大多数作业中，油井井口处的油井流速被过高地记录。

　　油井流速测量方法是通过最终销售高质量的财政计算确定的，但气和水的测量结果质量较差。在罕见的试井测量中，得到含水率和气油比。然而，由于系统中有多个渗漏点（一些水蒸发变为气体，一些作为乳状液的油流动，在没有测量的情况下被舍弃）及准确性较低的测量方法，它们承受更大的错误。

　　Theuveny 和 Mehdizadeh（2002）说明了一个油气田案例，对于连续的记录，可应用多级测量方法及不同油井测试参数的影响，例如在精确速率测量中就最大不确定性最小不确定性而言，评估了测试长度和测试频率。观察图4.8，由于油井流速快速变化，用于分配测量油井流速之间的相对差别很大。只有在长期测井之后（72h），这个误差才会变成0。另外，图4.9说明对于一个确定周期试井（12h），测量频率必须增加到每隔几天进行一次测量，从而明显地减小标准误差。虽然这口油井并不是处于高速稳产的系统里，当油气田中油井在气举系统中有较大变化时，油井流速快速变化时，应该引起注意。

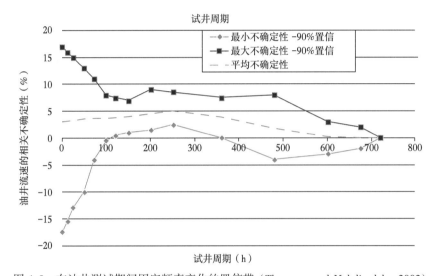

图4.8　在油井测试期间固定频率变化的置信带（Theuveny and Mehdizadeh，2002）

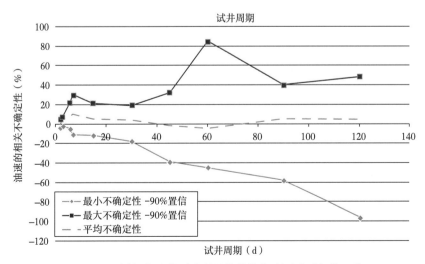

图4.9　不同频率油井测试误差的趋势作为测试时间的函数

练习 4.1：体积误差和测量频率

假定生产井产量每年以15%的速度递减。在刚开始第一年，生产速度是100bbl/d。如果每个月在月初测量采油速度，相较于每个月进行一次测量和每半年进行一次，假定每个月进行一次测量是连续的，每个月的测量值是不变的，在所计算的油体积中计算误差百分比。练习中，假设测量值都是准确的。

答案：2%，3.8%。

关于油井测试的一些事实

（1）准确性和代表性。

①大多数油井测试都是通过在井口取样的油与水进行两相测试分离器进行的。

②高速油气井通常情况下是稳定的，并可以相对简单地作为井底沉积物和水的样本。

③因为管线尺寸、测试装置尺寸、分离器的反向压力等，当一些流动状态与平时流动状态不同时，必须对油气井中的液体进行测试。

④对于低速间歇性气举油井来说，油井测试质量是不同的，因为：一是在间歇流井中，获得可靠的井底沉积物和水样本有困难；二是在建立与正常规定路线相似的测试条件时有困难；三是井间干扰会引起通过普通管线时井间流动情况不同；四是油井测试中的错误会导致井中所有流体的分配错误。

（2）计算停钻时间。

①在实际情况中，油气井不进行"开井"或者"关井"。伴随着关井需要消耗大量的时间来让油井稳定，并且应该包含油井效率计算。

②操作干扰或者维修可以影响油气井（如在气举压力条件下，气体压缩问题导致递减并影响油气井产量，但不是统一的）。

（3）在测试期间油井测试的准确性。

①对于大多数分配系统来说，这个假设是常用的。当井况不再快速变化时，这个假设是合理的。

②当油井性能改变时，有规律的油井测试是很重要的。

③至少每个月进行一次油井测试是必要的，但是设备或操作约束有时会阻止油井测试。

（4）收缩量分配的测量。

①终端测量久经考验，并且通常具有可靠性。这些测量是在作业中波动相对较小的、除去水的油流中进行的。

②终端油罐区域是可信赖的，并且测量值是准确的。

③海上测量通常不准确，因为在流体中，含水率的读数需要校正。对于集输系统测量和测试分离器流体测量是准确的。

练习 4.2：油井测试分配

一种终端设备支持三种海上油气田，即 Fifer、Fiddler 和 Edmund。一个具有270000bbl能力的原油储集罐，每六天装载一次，终端测量每天计量。在设备中，储存原油罐的直径是29.9ft，并且测量位置的高度每天上升8ft。测得进入终端的原油是51000bbl/d。Fifer 和 Fiddler 有它们各自的出口端仪表，分别测得生产速度是23000bbl/d 和15000bbl/d。Fifer 有四口生产井给予支持，这些井的生产速度分别测得为7200bbl/d、8000bbl/d、3700bbl/d、

6600bbl/d。计算油气田的收缩系数、油气田分配的日生产量，以及在 Fifer 油气田中每口井的分配速度。

（油气井的收缩系数：90.2%；Fifer 的生产速度：5858bbl/d，6509bbl/d，3010bbl/d，5370bbl/d。）

练习 4.3：油井测试分配的不确定性

对于练习 4.2，假设参考销售记录的不确定性是 0.5%，Fifer 测量的不确定性是 2.5%，Fiddler 测量的不确定性是 4.0%，Edmund 的不确定性是 5.0%。

应用附录 B 中的不确定性分配图表，重新计算分配的油气田生产速度。

（Fifer：21392bbl/d；Fiddler：13406bbl/d；Edmund：11202bbl/d）

4.2.2 砂层监控

出砂会对生产系统造成严重破坏，并且处理砂的花费是很高的。主动和被动的砂层监控都是合理的。在砾石充填油井中，对于检测灾难性油井的故障是必要的，而且在储层砂体运动条件下，伴随着流量控制的连续监控是有必要的。通过合理表征所产出的固体，监测完井的完整性和放大油流（打开油嘴）速度的效果，以及强制性的压降生产操作步骤是确保油气井完整性的又一需求（McAleese，2000）。

砂体检测

有大量可利用的砂体检测系统。其中一个比较普通的是管线中的侵入式探索。随着在液流中探索，砂砾的影响可以通过大范围的单相或多相的流动状态准确地被检测到。如今，非侵入式的扩频声波传感器已经越来越普遍。这些探测通常介入常规数据采集系统中，从而根据油气井流动速度获得连续的出砂速度。一般地，这些检测需要根据控制的当地油气藏注入液流中的注砂量来校准。Nisbet 和 Dria（2003）给出了一个现代感应系统的案例。墨西哥湾的操作员结合一个声波传感器和一个滑流装置，从而选取液流中夹杂的固体样本，以及现场显微镜分析识别采集到的固体。按照预定计划，在生产系统中设计了取样系统及校正系统。如果超过声波传感器中的预设值，可开始进行取样。

记录侵入式砂体检测系统所有示值通常代表单位物理量，如 lb/d。即使有恰当校正，可以发现这些示值有很大的相关性，真实砂体体积没有必要考虑。分离器、油罐和含砂过滤器中的固体量更好地代表了真实产出砂体量。

另一种砂体检测技术包括一个腐蚀性的砂体检测系统（Braaten，et al.，1996）。这种类型的系统不需要现场校正，同时可以更好地应用于海底环境。它可以在单相或者多相应用中使用，同时不需要较低阀门限制。另外，直接从探测元素中读取的腐蚀速度（称为配给标记）即为油管本身腐蚀显示。通过自身检测因素的腐蚀，这种腐蚀导致循环阻力增加，从而探针检测出砂量，测量值可连续测得。

4.2.3 流体取样

从测试分离器中可以分离得到气、油和水的样本。一般情况下，测试分离器只有两相。分离器下游样本中含有沉积物和水，可以决定含水率。测试分离器中的气液样本在实验室可被独立地分析。在分离器温度下，分离液体的泡点压力应该与分离器压力相符合，这样能够很好地检测样本质量。然后流体重新成比例的结合是通过在分离器中对物相体积的测量来显示的。适应油气藏压力和温度的重组流体代表着油气藏中的流体。应用这种液体进行的实验可定义油藏相行为。如果油气田中的色谱组成分析数据可利用，那么就可以估计一些流体参数。

在热力学状态方程模型的帮助下，测量的实验室数据与之相匹配。因此，产生预测流体相行为的模型，并且用于性能预测中。

采样位置

采样位置的选择取决于流体性能和油气井的流动环境。如果井口压力高于泡点压力，应在油嘴上游的井口或尽量靠近井口取样，井底（井中）位置或分离器重组的取样也是可以完成的。

对于重组取样，气体样本应该：

（1）通过孔板上游收集，而且应该尽可能地接近分离器管汇；

（2）在出油管弯曲处，不应该立即取样；

（3）取样点应该超过气体管线的中心。

类似地，对于输油管线上的分离器，取样点应该尽可能地接近分离器管线的出油管线。一般情况下，应该取三个分离器样本，以便进行交叉检测并选择最好的样本。必须在取样之前彻底地冲刷管线。抽空取样获得气体样本，活塞取样或者水（甘醇）驱替法获得液体样本。

4.2.4 流量测量

典型的测量可以分为三种：输油监测、分配、过程测量。

明确目标是很重要的，因此对于每一个测量应用，测量精度也是重要的。对于每一组流量测量，测量设计的要求不同，所选择的设备决定操作流程和花费。

4.2.4.1 输油监测

输油监测相当于一个收银机。例如，每监测 $1000ft^3$ 需 4 美元，一个四项测量每天监测 $1000 \times 10^4 ft^3$，一年收入 146000000 美元。因此，正确的测量过程是非常理想的，以便在交易中实现公平。对于输油监测则更加重要。理想情况下，输油监测测量要求绝对准确，并且其测量的不准确量是 $\pm 0.0\%$。然而，流体测量参数具有误差，而且测量系统的总不确定性一直存在。如今的技术允许使用者具有 $\pm 0.5\%$ 的准确度。

4.2.4.2 分配

分配测量最重要的特征是保持设计和整个分配测量程序的连贯性。大多数的分配测量仪器被安装在接近油井井口未加工的管线上，或者在测量准确性不能简单地设计和保持的汇集点处。然而，如果所有的分配表设计和程序都是相似的，分配表中的部分误差可以在计算过程中消除。分配表中预期的测量不确定性明显高于输油监测表，一般在 $\pm 2\% \sim 3\%$ 的范围内。在大的输油监测合同中，基于测量概率性分配和流体成分驱动的不确定性已经成为常见现象。这种类型测量假设系统中参数的不确定性和在概率的 S 形曲线中，估计置信水平上的分配约定。

4.2.4.3 过程测量

根据不同目的，通常分配和监测测量的要求要比过程测量的要求更加严格。例如，测量的控制类型主要是寻求设定点的变化，所以绝对的准确性并不是关键。一些操作系统可能只要求±5%以内的准确率。设计、花费及操作程序将很大地依赖于程序要求。测量装置的花费和过程测量的仪器花费，普遍少于分配和输油监测。

4.2.5　速度测量

有效的测量分离器有不同类型。它们通常被细分为间歇式测量仪、正排量测量仪和流量仪，包括标准质量测量和质量流量测量。

4.2.5.1　间歇式测量仪

其工作原理是通过原油的循环体积、隔离和预定体积的排放。排放量记录在计数器中。这种类型的测量仪对于砂体和其他外来材料来说是有用的，而且比更常用的正排量测量仪效果更好。用相同程度的准确性，其测量范围在 0 到最大的流速之间。因为这些测量计是真实的容器，它们要求更大的空间，且比较重。

4.2.5.2　正排量测量仪

这是量化的设备。它们如此命名是因为感应元件在测量周期被代替，通过作用在原件上流体的水利作用。在每一个测量循环中，已知量被代替，因此，有必要计算循环次数。在通过正排量测量仪时，气体将随流体被记录（Bradley，1987）。

4.2.5.3　流量计

有效的流量计是建立在不同的测量规则上的，准确度也不同。体积流量计，例如孔板、涡轮、旋涡和超声波测量决定着气体流动速度；质量流量计，例如热质量和科里奥利测量计直接测量质量流速，而且不要求密度测量或估算。然而，当需要体积流量计测量流速时，对于质量和体积流量测量要求密度测量或估算。整体的体积流量或质量流量是通过随时间整合流速计算而得。

4.2.5.4　孔板流量计

对于天然气流量测量，孔板流量计是最常用的设备。孔板流量计是一个没有移动部分的简单设备，图 4.10 是一个孔板流量计示意图。当安装后，它几乎不需要维修。孔板流量计是一个有压差的流量计，其中包含孔板流量限制装备，孔板是一个支撑装置，支撑着上游管道和下游管道，流量控制装置、测压孔、热采井温度及气体取样孔的更多细节可参考石油测量标准手册（ANSI/API2530，1994）。

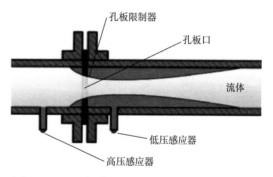

图 4.10　测量气体流速典型的孔板流量计示意图

当有流体通过孔板时，流速（动能）增加，压力（势能）减小。压力减小（压力差）与速度平方成比例。已知气体流动区域决定体积流量速度。基本的守恒方程和连续性方程可以写成一个平方根关系，就不同的压力差 Δp（单位：Pa），静压力 p_f（单位：Pa），和体积流量速度 q（单位：ft^3/h）。

$$q = K\sqrt{\Delta p \cdot p_f} \tag{4.8}$$

测量系数 K，可以调整尺寸单位，并且包括一个流量系数，这个系数调整压缩性质、测压孔的位置、速度变化图（雷诺数）及气体扩张引起的密度变化。

孔板流量系数值的不确定性、压力差的测量、静态压力、温度、相对密度、测量管、孔板尺寸和所有的流量记录设备，有助于计算孔板流量计总的不确定性。

±0.60%的准确度可以获得清洁的干气，所有的测量设备和记录设备在合适的流动状态下进行恰当的校正。然而，在油气田操作条件下，认为测量误差超出1%~5%的范围。普遍认为孔板流量计的流量调节比是3:1或者4:1（最大流量与最小流量之比）。表4.1说明了影响孔板流量计准确性的其他参数。

> 测量检查和流量设备校正应该被定期且有规律地实施，通过合同、管理代理、公司规定或者工艺要求和环境而定。

表 4.1　影响孔板流量计准确性的操作参数

上游长度不足
孔板弯曲
孔板不集中
脉冲流动
板上压力表头的位置不正确
孔板上的灰尘、基质、固体和水合物，以及仪表长度
孔板周围泄漏
当压力相等时，压差不等于0
设定和操作流程记录设备不合适
校准设备没有良好的工作条件和认证

4.2.5.5　涡轮流量计

涡轮流量计是拥有移动部分的速度测量设备，并且也许是最常用的流体测量计。它有一个可以感受流体流动速度的旋转部件（ANSI/ASME，MFC-2M，1983）。流体推动装置开始旋转，且旋转的速度和流体的体积流量成正比。旋转装置的运转是被机械感应或电感应。低压条件下，空气或者水通常用于校正涡轮流量计。对于高压天然气的应用，如果流量计在基本操作条件下进行校正，那么可以提高测量的准确性。图4.11是涡轮流量计的简化示意图。

与孔板流量仪的标准不同，涡轮流量仪允许在实际操作条件下进行流量校正。在指定的流量范围内，一个维护良好的涡轮流量计的不确定性为±0.25%。涡轮流量仪已经被证明是精确的、可信赖的，且可进行连续测量的装置。涡轮流量仪的调节比是10:1。

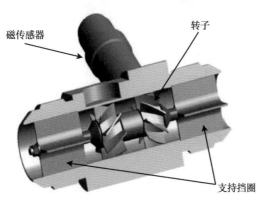

图 4.11　测量油速的涡轮流量计的截面部分

磁传感器　　转子　　支持挡圈

4.2.5.6　超声波测量仪

超声波测量仪有较大的调节比、双向性和高的准确性。一个"飞行时间"的超声波流速测定仪应用了两种位于流动中的超声波传感器。每个传感器可发出和接受脉冲。在流动方向上，传来的脉冲到达相反位置的传感器所需时间少于反方向上的脉冲（多普勒效应）。测量时间的不同可以用于计算流速。已知管道直径和截面面积，就可以计算出体积流量。流量计也同时测量流体中的声速，这是独立于声音测量的。这个资料也许可以利用，如在估计气体分子量或者液体比热容时，一个多路径流量计可以得到测量范围在±0.5%内的准确度。图 4.12 展示了超声波流量计的简图。

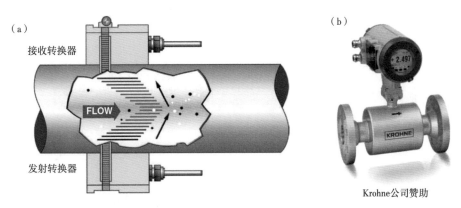

图 4.12　超声波测量计结构的剖面图（Dynasonics，2013）与超声波流量计的模型

超声波流量计操作优势多，例如作为非入侵式，可使压力降最小。它是双向测量，在天然气储存设备中有显著特点。超声波流量计的花费虽然较高，但一般不会增加油管直径的比例，因此超声波流量计对于较大的管线尺寸更为适合，更加适用。无论如何，流量计的准确性对于流量剖面较灵敏。相比较于孔板流量计和涡流流量计的准确性，多路径超声波流量计正考虑应用于天然气的输送应用。

4.2.5.7　文丘里流量计

图 4.13 是一个地面文丘里流量计的简化示意图。当达到最小压力损失时，或者悬浮粒子在流动中可能引起问题时，文丘里流量计是一个可用于流体和气体的流动测量的压差流

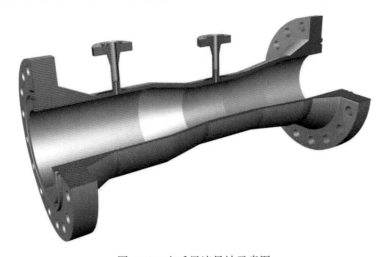

图 4.13　文丘里流量计示意图

动设备。它包含汇聚的和分散的圆锥，被一个圆柱形喉道分开。在上游和圆柱形喉道中测量压力。散开的圆锥允许速度逐渐增加，因此减小了压力损失。用于计算流动速度的方程式和孔板流量计相似。文丘里流量计也可以包装好后用于井底，并形成永久性井底流动测量系统的基础。文丘里测量的准确性随着气体或者含水率的增加而减少。

流动测量设备不仅可用于原油、气体、产出水和注入速度的测量，还可以广泛应用于油田进行少量注入，例如化学物质和抑制剂混合体系。选择这些流量计的结构化方法是可行的。图4.14表明在选择过程中流程图考虑的相关因素。

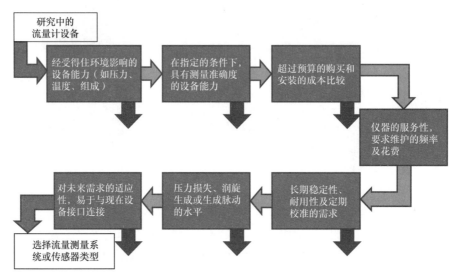

图 4.14　流量计选择方法（Meinhold，1984）

4.2.6　多相计量

地面多相流量计（MPFM）越来越流行，是因为其拥有管线内部流量测量的能力，相比于两相分离器和三相分离器，它减少了必要的空间容积来决定相流速度。新的多相计量技术已经在不断发展，有可能在未来被更新的产品所取代。在该行业中，通常用于多相计量的三相流量计是 Roxar 公司的产品 MPFM2600，斯伦贝谢公司的 Phase Watcher 和 威德福公司 Red Eye 含水计量。三种设备中都应用了不同的测量技术。获得高准确度测量的关键是设备频繁的校正和连续不断地进行测量维修。

对于这些流量计来说，管线条件下总的质量流量通常由风险设备决定。

Roxar 公司的 MPFM 使用电容和感应传感器，决定液流混合物通过管道的电容率（相对介电常数）。有100%水和100%油的合理末端校正允许对于混合电容率判定做出正确的工作准则。比较一对相似的电极之间的信号，统计的交叉相关法用于计算时间转换；时间转换适用于计算气体流速。因为多相流动中存在滑流，是可以应用这个技术的。

总体质量和体积流速计算对于相持率确定的双能 γ 射源来说，斯伦贝谢公司的多相流量计使用了压力和温度传感器，在文丘里喉道中对流体性能进行模拟和压差测量。γ 射源双能水平的应用为探测器提供了不同的谱线。对 γ 源双重能量的应用给出了决定测量质量的三个不同阶段之间的三角关系方案。混合密度也是根据 γ 射线的衰减测量计算得来的。

对于流经油管的流体总质量流量测量，Phase Watcher 自带一个集成的文丘里装备。还开发了其他几种利用 γ 射线光谱测定相含量的仪器。

威德福公司的 Red Eye 是一个独立的含水流量计，它是以靠近红外区吸收光谱为基础。油、水和天然气的吸收特性是独一无二的。同时可以测到四个波段；这些波段可在不同的应用中得到优化。因为信号是基于水分子的，所以测量结果与水的含盐度无关。

不像压力和温度的测量规格，多相测量计不能"装后不理"。所有管线上多相测量计需要带有数据的流体性能，从而将管线转化为标准条件。因为油气井或者储层中流体组成随时间而变化，要随时输入更新流体性能信息，从而维持测量计的准确性。与供应商保持密切联系是很重要的，从而提高设备性能，而且需对服务人员连续咨询以解决测量问题。管线温度测量将提高校准，并增加测量的准确性。

应该意识到，随着流体中气体增加，这些多相仪器性能降低。因此，对于预期的高含气率和高含水率，在分离器下游安装测量仪器是一个明智的提议，通过两相分离器提高对含气量的测量，并通过管线中的装置得到高准确性的含水率测量。结合一个压缩的气体/固体圆柱气旋（GLCC）分离器，它可以通过管道中多相测量仪将气体体积减少到 30% ~ 40%，在油气田生产过程中，对于流体成分达到预期改变提供最好的选择。拥有更好的数据处理新技术在高气体含量（达到 85%）条件下提高测量的准确性。

多相测量计的明显优势如下：

（1）减少了设备占用空间；

（2）当生产井能够通过多相流量计连续测量流速，新完成的井可以通过生产分离器路径进行返排、清洗和启动后修井；

（3）在单井或多井中，可以连续测量地面流量及含水率，从而优化原油最大产量；

（4）需要更好的校准地面流量模型并与地面模型进行耦合。

这些仪器整体质量流速的不确定性随着气体体积分数函数变化，不确定性的范围是 1% ~ 5%（2δ 的范围），且绝对含水率不确定性范围是 ±1% ~ 2.5%。为了获得清晰的分辨率、准确性和可重复性（细节参考第 5 章），要求供应商提供阶段体积流量测量的不确定性是明智的。生产性能操作范围和 PVT 数据的质量，对于校准和满足测量性能目标是重要的要求。

4.3 油气井系统

油井是连接地下油藏的唯一入口。它们不仅将油气藏与其他区域隔离，还提供生产管道，而且允许直接和间接静态和动态测量。

油气井系统是相当复杂的，而且旨在优化多个功能目标。从监测角度来看，在油气井生命周期内，对于什么可以或不可以测量，油气井的设计是至关重要的。在油气井设计中，没有包括未来的测量要求，可能会限制获得需要的或预期数据的能力。

对于着眼于测量和控制的油井井控、监测，以下部分的重点是给读者提供完井类型、特点及完井所需辅助内容的理解。

4.3.1 钻井

在项目钻井阶段，可以获得有价值的储层信息。这些信息不仅可以有效地用于设计，并且更好地了解储层及其特点，以及储层周围的地层。钻井过程中收集的主要数据可分为：

（1）地质技术（钻压、钻井速度、钻井液相对密度、孔隙压力）；

（2）钻屑（油气显示、孔隙度和渗透率估计值、岩性描述）；

（3）岩心测量（流体性质和岩石性质）；

（4）钻井时的地层评价（电阻率、中子孔隙度、地层密度、γ射线、声学测量及地层压力）。

钻井过程中获得的一些数据间接有助于油田开发规划与设计的信息。随钻测量是指定向钻井测量在现代对应的测量，随钻测井（LWD）在20世纪90年代后期推广，指的是随钻有线质量测量。早期的油藏评估技术早已被超越，因为随钻测井技术可靠性的改进，不仅可以提高实时地质导向测量，还可以收集更有价值的地层评估数据。测量标准有电阻率、γ射线和中子孔隙度。

电阻率测井仪已成为LWD工具标准。真实的地层电阻率和钻井液侵入深度可以通过LWD进行测量。在大斜度井应用LWD测量的数据已经取代电缆测井所得的数据。

γ射线随钻测量诞生于20世纪70年代。LWD和伽马测井曲线之间的主要差异是由地层γ射线测井的光谱偏移和测井速度引起的。

中子孔隙度（ϕ_n）和容积密度（ρ_b）通常结合在一个接头里一起运行。使测得的容积密度与测井测量的数据相近一直是LWD工具设计师最具挑战性的难题。中子测量也容易受到一系列环境的影响，尤其容易受到运行工具速度的影响。尽管如今已经有很大的进步，但测井和LWD方法仍会因为不同的曝光时间和环境因素而产生差异。表4.2中进行了总结。

表4.2 测井和随钻测井地层评价（LWD）测量结果比较

属性	随钻测井	测井	备注
深度控制	方位测量出的分层边界更快	下套管后在裸眼运作γ射线	5~10ft的常见错误
γ射线	光谱偏移对钾离子更灵敏	需要修正孔眼直径差异	一般比较好
电阻率	可更好地侵入测量	各向异性影响较小	可以校正图表
中子密度	抵消差异	水基钻井液泄漏会引起黏土水化	页岩中测井导致低密度

4.3.2 油井的设计

在建设油井阶段，定义油井的功能目标和优先事项是十分必要的。在考虑定义油井的目标时，考虑油井所需的某一机能作为不确定性或就使用概率而言。可以通过决策分析模型来进行经济且折中的评估。在设计阶段，通过结构化思维设计来考虑油井的使用寿命。注意事项包括结构的完整性、数据采集、控制、维修护理、配件、漏失和二次完井。图4.15显示了一个油井的设计决策过程中的简单示意图。储层和油田的参数（表4.3）确定了油井的目标功能。表4.3最后一列的注解简单说明了为什么选择另外一种方法。

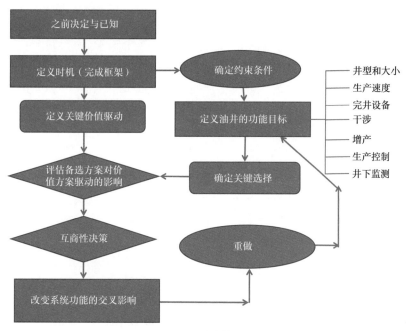

图 4.15 设计决策流程图

表 4.3 油气井功能和选择

功能	选择	注释
油气藏发展	海上/陆上	随着水和井深的增加，安全和设备方面的考虑明显更复杂
采油树配置	干/湿	油气井的测量和维修成本更高；垂直井的实用性和监测成本
腐蚀控制	化学剂注入/管线	远程护套相对于化学剂注入，需要价格昂贵的管线
侵蚀速度	递减率、增加管线大小、地层砂胶结	经济大小可能决定井的大小和速度。需要考虑将来的低利率和举升问题
砂层控制	减少控制和砾石填充	
监控设备	永久系统、随钻测量的配置	环形空间要求，永久性计量表所需的旁路和随钻测量适当深度的配置
油井类型	垂直井、斜井、水平井、多分支井	决定基于地层学、油气藏特性、接触距离及经济井所需的储层接触
完井类型（1）	单井、双井	混合决定、分层压力、衰竭特征、含水层
完井类型（2）	氢氧、套管	地层完整性、完井伤害的经济影响
生产效率	混合型、非混合型	采收率、计数、监测需求
增产	水力压裂	低渗透率储层、局部伤害及防砂要求
	酸化	
	压裂和挤压	
人工举升	气举	储藏压力、天然气可用性、所需和生成压力、地层的气油比、流速
	井下泵	

4.3.3 完井

图 4.16 表示不同完井方式的简化分类。裸眼完井技术除在陆地应用外，已经很少使用，因为它难以控制和调整，并且不容易补修。下套管完井就是射孔、预先开槽或预射孔衬管式。随着井下生产控制能力的提高，多层完井已变得相当普遍，可以是多层混合完井或非混合完井。在出砂风险高的情况下，使用砾石充填完井。压裂充填完井裸眼砾石充填或套管井砾石充填变换使用。

水平完井和多层完井中有时相当复杂，需要满足安全要求，达到一定的修井能力，并且井下配套设施也十分复杂，包括传感器、控制阀和选择性生产能力。

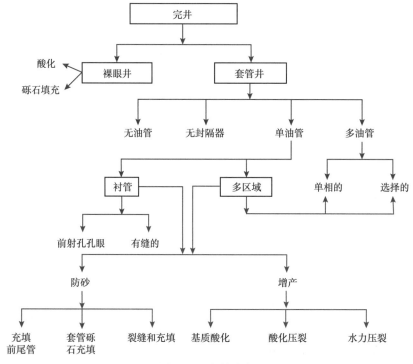

图 4.16　完井分类

4.3.3.1　完井时的考虑

因为一系列原因，油井产能指数随时间下降是很常见的。除了储层相关原因，如结垢、堵塞、微粒迁移都会导致油井产能下降，需要采取补救措施。在完井设计中，一个谨慎的法是在不进行完井情况下提供增产方法。通常这对采用酸化和无支撑剂的酸化压裂是可行的。水力压裂（支撑）是否可行在于完井设备剖面图和减小的内部直径。如果完井包含地下泵（电气潜水泵或杆式泵），不拔出泵不能实现增产。

设备故障也需要油井的干预，干预频率和成本应在油井设计中考虑。这种监控的生命周期成本，不包括重大故障停工，这可以避免资产危机。典型的失败可能包括：

（1）无法移滑套；

（2）地面控制的油井井下安全阀失效；

（3）套管挤毁（盐类物质运动、应力变化、压实等）；

（4）油管泄漏；

（5）封隔器故障；

（6）人工举升设备的相关故障（泵和阀）；

（7）长久运作的监测系统故障（湿连接、进料塔板、电缆或计量表）。

在初步完井时，完井过程中每一件可能出现故障的设备和相应的维修计划都应该制订出来。

4.3.3.2 完井辅助设备

完井辅助设备对于确定完井计划和满足油藏特殊要求十分重要。监测设备的设计和可靠性依赖于油井的其他外围设备。辅助设备一般包括装在油管上的流量控制设备。

装在油管上的配件有滑套、定位短节、伸缩接头、偏心轴、抽汲潜艇、防磨接头等。

流量控制的配件有（这可能用钢丝被固定在油管中）流量耦合、堵塞器、均衡固定阀、循环塞等。

大多数油井在完井时至少有一个油管。其他配件如流量耦合器、循环设备、防磨接头、封隔器是螺纹旋进和运行或尾管完井管柱的一部分。另外，油管和其他包括从油藏到井口的流体控制的完井设备和对油井的设备服务。

4.3.3.2.1 封隔器

封隔器可在生产套管内部和油管外部之间的地方提供一个密封塞。封隔器不阻挡正常的生产流动。装在油管上的封隔器可以是液压的，也可以是机械调节的，并且可以收回、分离。安装一个分离器，压缩力是应用于滑片与弹簧之间的轴柄。这导致滑片向外移动夹紧外壳和密封元件的扩张。一些深海油井使用"悬浮"封隔器密封组件，因此随着生产井温度升高及停井期间的冷却，出现油管移动，长的油管可以扩展 20~30ft，深度参考点并不是一个固定的深度，这解释了井下压力计数数据的变化。

4.3.3.2.2 定位短节

这些都是厚壁管件内部加工较短部分，设有一个锁紧的型面。在锁定轴柄中的配置里，每一个地下定位短节中的控制装置是锁定和密封的。锁定轴承形成了密封，因为短节的配置和钻孔（例如，X 短节要求 X 锁定配置，类似于 R 短节）。特别地，这些是结合使用有线安全阀：

（1）封隔器上面，从而进行油管压力测试；

（2）封隔器下面，在射孔上进行封堵；

（3）在多层完井和油管柱的底部，设置井底压力仪表。

有三种定位短节，分别是停止阀、选择阀和井下阀。

4.3.3.2.3 堵塞器

设计堵塞器是为了封堵塞子上面或者下面的油管压力。使用这些应用需要降低油管压力或者塞子上面的循环压力。

4.3.3.2.4 流量耦合器

管道中的一小节相对于其他管柱来说，其管壁更厚。它们通常用于油管柱中延迟酸化失效。一个经验建议法则包括装置上面和下面的流量耦合，限制了标称油管内部流动面积大于 10%。

4.3.3.2.5 滑套

在单个或多个油管柱完成时，滑套用于建立油管和套管之间环空的连通。其他应用包括平衡隔离地层与油管柱之间的压力，以及指引从套管到油管的一种或选择性完井流动。这些套管通常用于转化使用有线工具。在智能完井中，滑套的表面远程驱动可以是水力的，也可以是电力的。

4.3.3.2.6 偏心工作筒

这是一种特殊的带有与流动室相平行的特殊容器。它通过中心提供完整的连续流。对于管柱来说，平行流动相互抵消。这种偏室用于室内许多流动控制装置。偏心工作筒主要应用于室内气举设备。这可以用于长期有线安装存储式压力计。

本章对现代油气井和生产系统有了基本理解。在油气井和储层监控系统设计中，本章给出了相关的理解。由于井下测量的本质，其可靠性、准确性和能否长期使用，对项目成功是至关重要的。这些属性是与设备相关知识、它们的功能和操作特性紧密相连。

下一章将介绍井下装置的测量原则，这些原则在油气井中传递，在井的合适深度锁定。

5 井下测量原理

在油田开发过程中，资源测量的重点是从勘探和评价阶段，逐步转变到开发和二次采油阶段。评价的目标也相应地发生了变化，从确定地层岩性和进行油气评价转向改善储层特征、寻找剩余油区域和评估流体运动状态。

在油田开发过程中，任一阶段都有许多特性需要被评估。但是，最基本的特性只与沉积特征、岩性和流体特征有关。表5.1中列出了其中一些特性，它们划分为原始型、动力型和连续型三种。

5.1 测量特征

回顾一个油田的开发历程，只有在油藏投入开发以后，才能对其有足够认识，在此认识的基础上，才能设计出最佳开发方案。这种错误认识导致决策者在不明确实情时仍会做出关键决定。因此，存在一个疑问：能否在最佳时间和适当规模下测量出合理的数量。

大多的地下测量是侵入性质的，在生产井或者注水井内进行。这里需要仔细考虑测量对象和测量时间这两个问题。表5.1说明了井筒测量标准的现状。多数测量是区域规模的测量（如井眼附近、井筒内和井筒周围），这些操作都是间歇性的（即在需要时或者是间断的）。最理想的状态是在任何时候了解系统所有参数和变量，这样可以实现有效的操作和进行最佳管理。这种理想状态需要的测量是连续的、全方位的，当然，实际情况往往很难如愿。

表 5.1　测量的基本特征

测量	类型	测量特征
岩性	原始	岩石和矿物在仪器上的反映
地层	原始	岩性的变化及其相关性
有效厚度	原始	孔隙度及流体饱和度
流体识别	连续	密度、光学或声学差异
流体分布	动力	区域的信息和解释
岩石特征	原始	声波、电阻率、电磁性质
相分布	原始	区域测量方法或区域信息
储层的连通性	动力	当地和区域的信息解释
孔隙的连通性	动力	解释
储层能量	动力	多种测量和解释
透射率	连续	本地测量和区域的相关性
井流分流	动力	多次测量
井眼状况	连续	声波、图像、电磁和机械

决策结果受测量的质量、测量频率（它提供可靠性和时序特性）及解释稳定性间接影响。对于一部分测量，只需要知道数据的趋势来预测结果。而对于另一些测量，则需要知道它是何时偏离了设定点（此时精确量化并不重要）。还有一些测量，为了保证准确结果的精确性，重复测量是必要的。

5.2　测量类型

任何一个热力学系统都是由强度和广度两个特性定义的。

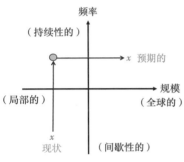

图 5.1　数据延迟及精确度的现状和理想状态

强度属性（也称整体性质、强度或者强度变量）是一个系统的物理性质，它不依赖系统的规模或者系统中物质的数量而改变（即尺度不变）。

相反的，一个系统广延性（如数量、变化、参数）直接与系统的规模和所包含的物质数量成比例。

例如密度是物质的强度特性，因为密度不因物质的数量变化而改变。同理，电阻率和渗透率也是强度量。质量和体积是度量物质数量的物理量，因此它们是广延量。

油藏测量既包括强度量测量，又包括广延量测量。

总的来说，除非与物质的基本数量、长度、年代和体积有关，否则直接测量的参数往往不是想要的结果。大多数测量都是间接的，间接的含义是"对系统参数改变引发的结果给予响应，通过这种响应可以解释或者反演出所需量。"

例如，通过测量饱和岩石的电阻率可以解释岩石中流体的分布。同理，石英晶体自然频率的变化受周围围岩压力的影响，通过测量频率可以获取压力参数，考虑围岩温度会微弱影响自然频率的变化，可通过频率补偿技术对测量进行修正。

测量可以分为多种方式，一个简化的监测可分为静态属性、动态属性和小体积取样观察的方式（图 5.2）。岩石物理评价都在油井下套管之前（裸眼测井）和下套管、完井之后（成为套管井测井）进行，属于静态性质，这将在下一章中详细讨论。动态特性是指在生产过程中处理变量，而样品反映的是勘探评价或者开发阶段的岩石或者流体的物理性质。

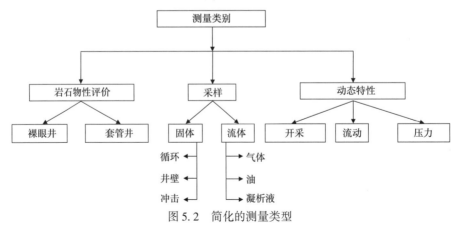

图 5.2　简化的测量类型

大多数样品通常是在钻井阶段或者二次采油、三次采油阶段取出的。

5.3　测量质量

　　数据的测量必须绝对可靠或者相对可靠。数据是预测油藏动态的关键，如精确度、精密度和重复性等测量特性至关重要。依靠变量改变测量其他数据，需要具有良好动态特性的测量系统（如分辨率）。同时，当比较测量仪器或其不同生产年限时，仪器固有的内部校准特性显得尤为重要。

　　对于设计测试和测量来说，了解仪器的特点是测量准确的关键，这种做法是可靠的，因此，有效趋势、求平均值和解释应在合理的成本下进行。

　　在没有关于实验测试不确定性评估报告的情况下，使用测试数据进行决策往往致使测试人员压力较大，因而倾向于认为该数据是正确的。

　　在没有测量不确定性报告的情况下，不应该提供测量结果。针对没有定义和没有测量不确定性报告的结果，建议不要采取任何措施。因此，也要求供应商和销售商提供的仪器质量有保证。

　　仪器质量的基本特征包括测量不确定度的表征和定量确定测量置信度的过程控制方法。

5.3.1　准确度

　　准确度是对仪器能力的度量，真实地表现了所测数据的价值。这个术语与分辨率无关，然而，准确度永远不能超过仪器的分辨率。当知道参数的精确值后，知道准确度是很重要的。对于校准了的仪器，准确度通常被定义为满标的百分数（%FS）。

　　依据误差界限，压力表精度的计算如下：

$$精度 = 平均二次误差 + 高斯误差 + 重复性 + 温度误差 \times \mathrm{d}p/\mathrm{d}T \qquad (5.1)$$

　　其中，平均二次误差表示实际施加压力和在校准期间测得压力的差值。换句话说，它是平均均方根曲线拟合的均方根误差校准数。

　　高斯误差是指在恒温条件下，满量程范围的压力增大值和压力减小值之间的最大差值。

　　重复性被定义为在任何给定压力下，超过两个满量程的任意两个连续测量之间的最大值。

　　温度敏感性被定义为在所施加的温度变化中，未校准的压力测量变化的比率。

　　温度误差是由仪器的测量误差造成的。

　　准确度，如前面所定义，是用于比较两种测量仪器或方法，并且得知测量值与精确值的误差。因此，知道平均油藏压力是关键，假如是 5psi，测量的准确度就具有重要的特性。石英电子计的测量准确度为 0.01~0.02%FS。

5.3.2　精度

　　这是一种仪器稳定性的度量，以及仪器在同一输入信号及没有环境变化和其他因素变化的条件下重复测量得到相同结果的能力。其公式如下：

$$精度 = 1 - \frac{\left[x_n - \bar{x}_n \right]}{\bar{x}_n} \tag{5.2}$$

式中　x_n——第 n 次测量的值；

　　$\bar{x}_n$——n 次连续测量的平均值。

例如，压力计监测显示 100psi 的稳定压力，而和测量值有 0.1psi 的差异。该仪器的精度则是 1−0.1/100=99.9%。

图 5.3 通过大量的测量值绘制了准确度和精度之间的概率分布差异。

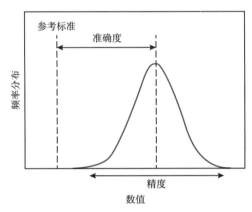

图 5.3　准确度和精度之间的关系

5.3.3　重复性

重复性反映了在相同条件下，进行相同测量结果的接近程度。重复性好表示随机误差小。

5.3.4　再现性

再现性和重复性非常类似，除了测量是在不同条件下进行（例如不同实验室或不同地方）。大多用于定性地指示仪器的稳定性和动态稳定性。

5.3.5　分辨率

一个测量仪器可以可靠地检测出输入信号的极小变化。当提到一个仪器的分辨率，必须考虑其相关的电子设备和指定一定的分辨率采样时间（通常为 1s 到几秒）。因为分辨率衡量的是连续测量标准偏差之间的差异（噪声水平特征），它依赖于采样速率。图 5.4 说明了为什么采样频率对测量仪器分辨率有影响（Schlumberger，1994）。

因为测量仪器的分辨率可以被连续测量的标准偏差之间的差异所衡量，平均测量时间或采样频率也会对分辨率产生影响。图 5.4 显示了较高的测量频率、较大的标准偏差，导致分辨率降低。平均时间 10 倍的变化使分辨率得到 $\sqrt{10}$ 的提高。值得注意的是，仪器本身可以以更高的采样频率进行评价，这比通常获得的 1~10 的第二个数据还高。典型的石英电子计的分辨率是 0.0001%FS（例如，100psi 的测量压力下，可以检测出 0.01psi 的压力变化）。

影响仪器性能的其他因素还有仪器的稳定性和测量的稳定时间。仪器的稳定性受偏差的影响,这种偏差是指输出值随时间的推移,与压力无关的浮动变化值。另一个因素是如何在温度和压力发生快速变化后使仪器稳定。稳定时间通常被定义为检测出1psi的实际压力所需的时间。

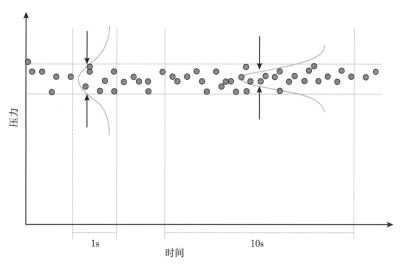

图5.4 分辨率和采样频率(Schlumberger,1994)之间的平衡

5.4 仪器可靠性

可靠性是指有关措施的一致性或可重复性。在日常生活中经常说,"我有一辆可靠的汽车"或"我从一个可靠的消息来源听说的",意思是说这些都是值得信赖的和可靠的。当测量多次得出相同的结果则被认为是可靠的(假设测量对象并没有改变)也体现了重复性和再现性。

关于可靠性的基本理论被称为真实分数理论,这个理论假设每一次测量都是由两个部分组成——真实性能(分辨率、精确度和准确度)和随机误差 X:

$$X = T + e_x \tag{5.3}$$

简单的真实分数理论并不适用于所有情况,因为它很可能在系统中产生系统性偏差。将偏差细分为随机误差和系统性误差,给出公式:

$$X = T + e_r + e_s \tag{5.4}$$

对测量不确定性或变化的评估,相关变量可以通过以下方程计算出:

$$Var(X) = Var(T) + Var(e_r) + Var(e_s) \tag{5.5}$$

5.4.1 随机误差

非可预见性对测量样品参数造成的影响为随机误差。比如,聚会上饮料的消费量取决于个人的心情,这就是一个随机因素。有些人可能会因为感冒喜欢温暖的饮料,而其他人可能会喜欢含酒精的饮料，另一些人则可能胃不舒服，倾向于柠檬饮料。如果情绪影响了他们的选择，则可能会人为地夸大一些饮料的消费量或贬低另一些饮料的消费量。

因此，随机误差在整个测量样本中不具有任何一致的效果。这意味着，随机误差的分布总和应为 0（提供的测量样本数据足够大）。

随机误差的重要性质是它使数据发生变化但并不影响平均值。

因而，随机误差有时被认为是干扰因素。图 5.5 说明了随机误差不会影响样本的平均分布，只影响可变性的事实。

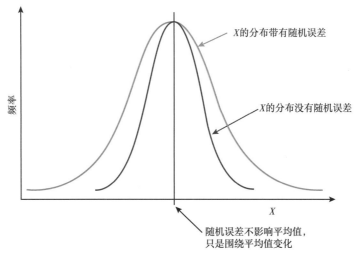

图 5.5　随机误差对样本分布的影响

随机误差通常包括高斯分布误差或正态分布误差。误差分布可以由连续分布函数来描述：

$$F(x) = \frac{1}{\sigma\sqrt{2\pi}} e^{-[X-\mu]^2/2\sigma^2} \tag{5.6}$$

式中　μ——平均值；

　　　σ——总体标准偏差；

　　　X——总体数；

　　　$F(x)$——X 值出现的频率。

样本的标准偏差可以用下面的求和公式计算：

$$\sigma = \lim_{n \to \infty} \left\{ \left[\sum (X_i - \mu) \right]^{1/2} \right\} \tag{5.7}$$

式中　X_i——从样本中抽取的第 i 个数据；

　　　n——用来计算标准偏差的数据个数。

图 5.6 是高斯随机误差随平均值和标准偏差变化的分布图。如果对图像区域进行积分，会发现对于某一工具如果高斯随机误差在 $\pm 1\sigma$ 或者 $\pm 2\sigma$ 范围内，将近 68% 的值将符合要求；如果范围是 $\pm 2\sigma$ 或者 $\pm 4\sigma$，将有 95% 的值符合要求；如果范围是 $\pm 4\sigma$ 或者 $\pm 8\sigma$，将有

99.7%的值符合要求。

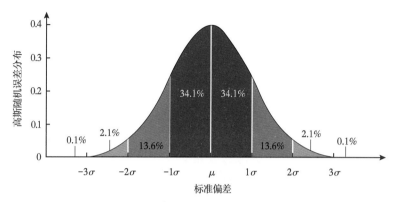

图 5.6　基于 Jeremy Kemp 原始图的高斯随机误差三个标准差分布图（维基百科，2013）

精益化处理或者六西格玛过程在石油工业中的应用比较普遍，通过消除对输出结果精度影响不大的步骤和事件来实现过程最优化的处理方法对系统部件进行分解和对重复部件进行优化。

> 对于有限的小容量样本，t 统计量用来纠正样本标准差，用来匹配无限样本确定的置信区间。

这是一个重要的概念，就像设计测量系统的可靠程度一样。它可以确保测量值的变化在允许范围内，而不是超出允许范围。正如前面章节中提到的，地面分离测量和配产系统可以用此概念进行流程改进。这个概念的定义是由 Christianson（1997）提出的，他提出了一种提高试井测量质量的方法。这种提高是通过改变每次试井频率和持续时间达到消除随机误差的标准。这将在本书第 7 章的数据质量评估部分进一步进行讨论。

5.4.2 系统误差

系统误差是由影响样本变量测量因素引起的。例如，在一个独立磁场环境下进行电性测量，所有结果都将会受到系统影响。不同于随机误差，系统误差往往一致（全为正或全为负），系统误差有时被认为是测量偏差。

误差或偏差在试验数据中通常无法观察到。这些既可以从根源上产生，又可由其他来源引起。校准是去除和改正测量数据或者测量仪器较大系统误差的最好方式。其他技术如重复测量也经常用来检验数据的合理性。

表 5.2 给出了五个类型的偏差（Dieck，1995）。系统误差有信号和幅度两个参数，它们都用来对误差进行分类。可以看出，已知信号的大偏差可由校准除去，而未知幅度的大误差要通过确保测量环境没有偏差（如不应在弯曲处或者狭窄处测量流速）来降低。未知幅度的小误差通常包含在不确定性分析中，并给出了这些误差的范围。

偏差限值可通过多个独立的方法和特殊校准方法（已知偏差原因的校准）进行估算。图 5.7 显示了系统误差改变了样品集的分布频率。从分析角度来看，这种系统性偏差会导致对基本物理过程的理解错误和产生较大的预测误差。

表5.2 偏差

误差大小	已知信号和幅度	未知的信号和幅度
大	校准	通过假设模型和环境变量
小	可忽略的偏差范围	未知信号——在不确定性分析中增加一个偏差限
		已知信号——添加偏差范围

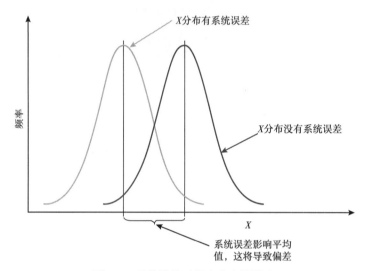

图5.7 系统误差对样本分布的影响

数据调节是一项有效技术，如果将其作为仪器基本原理的一部分，那么将会使当前的硬件设备更加可靠。更高的可靠性有助于提高系统的正常运行时间，减少生产流之间不必要的干扰。

正如之前提到的，大部分较大的系统误差可以通过校准或工程改进方法除去，小的和未知的强度或信号误差，则被认为是偏差而对其进行估计。下面提供了估计偏差的方法：

（1）在不同设备和估计方差（分布）情况下进行估计测试；

（2）在作业环境中执行就地校准；

（3）使用多个独立方法。用观察到的差异（平均）进行偏差估计；

（4）对于特定的已知原因偏差，用特殊的校准方法可起作用。

5.5 测量频率

数据采集速率通常由成本、数据管理、动态数据的变化率及内部进行随意设置的一些因素等决定。数据的刷新速率取决于数据是被存储在井底仪器内存中还是被实时传送到地面。它也依赖于传送的带宽和同时监测的参数个数。然而，从根本上来讲，数据的收集速率应基于以下两个标准进行计算：

（1）如果地下的信号是连续的，多大的采样率（或频率）能对离散信号做出有效的解释？

（2）什么采样速率将允许连续信号的重构？

在信号处理方面，这是信号模拟—数字转换的一个重要课题。Nyquist 定理（也称为 NyQuist-Shannon 定理）指出：需要一个最小的采样频率进行完美的数据重构。简单地说，Nyquist 采样定理指出"采样频率至少应是包含在信号中最高频率的 2 倍"：

$$f_s > 2 \times f_c \tag{5.8}$$

式中　f_s——采样频率；

　　　f_c——在分解信号的最高频率。

采样定理为信号重构提供了充分条件，但不是所需的唯一条件。在本质上，该定理表明：当那些频带受限的模拟信号取样速率等于或高于 Nyquist 速率（大于 2 倍的最信号中的最高频率），数据就可以从样品的无限序列中重构。这是一个实际情况的理想化模式，因为它仅适用于采样时间无限的情况。这种理想化模式在实践中运作良好，但是任何时间限制的功能皆不可能完全受限于频带。

在低于 Nyquist 速率情况下取样会产生混淆现象。在处理数据和进行平滑或移动平均值时，混淆现象值得重视。当一个信号被用不足以捕获信号变化的速率离散的采样，这种现象就开始出现。现实生活中所经历的车轮效应（汽车轮子是反向旋转而汽车正在向前推进便是一种改变现象的混淆或者虚假现象的混淆。

例 5.1：车轮效应

假设一个 8 辐条的车轮转速为 3r/s。我们使用 24FPS/s 的最大采样率。Nyquist 定理告诉我们，当频率超过 12FPS/s 的速度时，就会出现混淆现象（在这种情况下，光暗之间会转换）。每帧都进行采样，车轮等于转过一个辐条，因此，车轮会表现为停滞状态。

$$\frac{(3r/s) \times (8\,辐条/转)}{(24FPS/s)} = 1\,辐条/贴$$

假设车轮旋转速度 2.5r/s，该速率低于 Nyquist 速率，所以会出现混淆。那么，辐条不再静止，取而代之的是以（2.5r/s/3r/s）的速率转动（等于两个辐条之间间隔的83.33%），如图 5.8 所示。大脑可以用两种方法解释它：一种方法认为车轮前进约83%或认为车轮倒退约17%。大脑更倾向于第二种解释，辐条向后移动的速度看起来比实际速度慢。在任何数据采集系统和处理算法中都应该避免第二种解释。

> 在数据采集设计时，应考虑采样频率的影响，捕获速度设置至少应是被捕获样本预期变化的 2 倍。

5.6　硬件特性

随着复杂解析模型和计算机技术的更新，数据解释已经显著改善。在油藏动态诊断测量中，解释技术越来越要求精细化和细微化。

针对油田复杂的、有风险的，甚至在部分方面粗糙的管理方式（不能像可控的实验室环境一样）来说，高精度、可重复测量在操作上提出了更高的挑战。这就要求通过硬件和

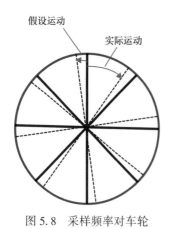

图 5.8 采样频率对车轮
运动产生混淆

测量技术的进步进行弥补。使依赖测量环境的一些不确定性、低于理想质量数据的潜在影响有所减小，通过严格控制运行环境、开展剩余数据采集，使用多种工具测量相同或类似数据的方法可以减小上述影响。

在严酷的远程条件下，硬件技术和操作经验可以帮助控制复杂协议、过程和测量技术的设计在合理管理成本内。基本的测量设备是相同的，但是井下测量工具和使用的配件取决于完井、井的类型（勘探、评估、开发）及应用类型。

油井井下测量环境特点是空间狭窄、井径小、含有腐蚀性流体、高温和高压。这些对测量仪器的设计和耐用性提出了挑战。一个典型的测量系统由传感器、环境校正或补偿传感器、模拟信号的模数（A/D）转换器、数据存储设备、遥测系统、信号发生器（记录设备如中子、γ 射线等）、信号处理系统组成。

在前面章节所讨论的仪器分辨率或精度，针对整个系统的质量而不只是传感器本身。图 5.9 给出了墨西哥湾多个油田的压力变化幅度。值得注意的是，信号在 0.1h 后变化相当小，这与油田实际情况有关，同时说明也需要高分辨率的测量仪器（Kikani, et al., 1997）。

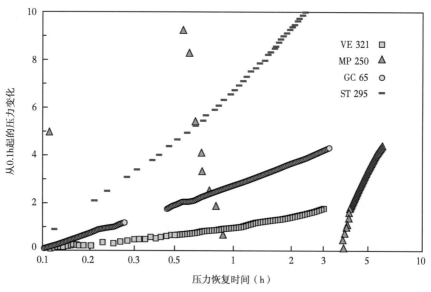

图 5.9 压力信号变化幅度（0.1h 后）

5.6.1 传感器

传感器是将一类能量转换成另一种能量的仪器。传感器术语通常指的是传感器或检测器，而转换能量的任何装置都可以归为传感器。传感器按照应用类型可分成感应器、致动器或组合型传感器等类型。感应器用一种形式检测参数，但用另一种形式汇报参数（如电脉冲），而致动器是将一种能量转变成运动。

5.6.2 环境校正/补偿

补偿测量是仪器对环境的影响做出解释或者消除环境因素影响。例如通过对不规则井眼、钻井液类型和井眼尺寸的认识，进行碳/氧测井的校正；又如利用压电传感器进行环境温度补偿的压力测量。

5.6.3 A/D 转换器

传感器需要产生模拟信号和数字转换设备。转换的保真度取决于存储的字节数和取样频率。Kikani 等（1997）讨论了字节丢失或存储不足对测量质量的影响。用高字节处理器和进行数字化测量可以解决以上问题。

5.6.4 数据存储设备

数据存储设备是可以存储数据的存储器芯片。这些设备可以是井下测量设备，也可以连在计算机上，或者作为地面处理系统的一部分。硬件公司使用软件算法进行分类来决定原始数据是存储还是丢弃。随着计算机内存越来越大，早期的是否存储和存储什么的问题已被用什么备用系统、如何提供实时访问、基于互联网的访问是否可以更好地管理工作流程，以及什么类型的用户整合图形界面可以更有效地采集数据等问题所替代。

5.6.5 遥测系统

当数据被传送到地面存储器或传输系统时，井下遥测过程是一个必需的环节。图 5.10 给出了测量系统的简单分类。遥测系统可以是有线系统或无线系统，对于有线系统，它可以是电气或光纤，而对于无线系统，传输可能会以电磁学和声学耦合的方式被感应。更多细节将在本书第 6 章中讨论。

5.6.6 信号发生器

信号发生器是井下测量所必需的，信号响应强烈的储层区域具有特殊性质。这些可以是机械、化学、电、光或放射性的性质。可以用校正过的探测器探测到传送的信号，这种探测是基于单一或者多个参数的反应。为了保证测量系统高效地工作，信号发生器必须具有一定的强度，特定的类型和持续的信号三个特点。探测器可以探测到信号或者粒子通过储层（利用放射源和闪烁探测器）的衰减量以及它们与地层岩石或流体反

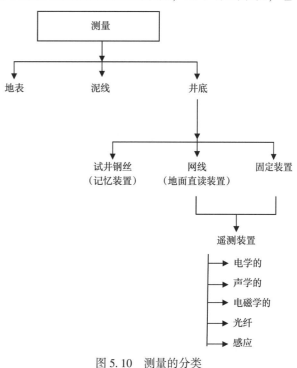

图 5.10　测量的分类

应后的改变量（利用中子发生器和 γ 射线的捕捉设备）。

5.6.7 信号处理系统

数据质量的好坏很大程度上取决于信号处理的方式。通常，石油工程师是不熟悉原始数据或信号处理过程的。测量是具有非常高的采样率或具有统计性质的，信号处理系统会通过复杂的交叉关系分析或执行简单的生长平均算法或摒除多余信号的方式，与用户定义的频率进行匹配。例如，如果采样需要 2s，但测量频率是每 0.5s 一次，处理系统将忽略前三个点并只记录第四个点。

类似的，当一个数字采样系统被设置成信号幅度改变到一定程度时进行数据采集，则信号处理系统在出现符合要求采样点之前，将忽略其他采样点。此外，信号处理系统用时间来标记测量的数据（例如，它们有一个内置的微时钟，使数据增加了时间信息）。从海底控制器传出来的多道传递信号，时间标志会有微小的偏离量，可以查询多个仪表在较小时间内的偏移。光纤系统需要更先进的光电处理单元，以便可以在一条光纤上获得复杂的高水准命令，而弄清原始数据是否通过地下、地表或存储单元来处理是前提条件。

对于某些先进的测井技术，测量工具是有用的，因为它的信号处理算法具有高度精确性和专业性。

常见的信号处理系统有两种：第一种是对接收到的信号进行处理，并和被测对象保持绝对依赖关系；第二种是同时观察参考信号和被测信号，以确定两者哪个更强烈地依赖于被测对象。

5.7 测量原则

大多数静态测量或动态测量是间接测量技术，这种技术是转换器将测量数据（如温度、压力等）转换成一种和测量数据直接相关的能量（如应变、电阻变化、电容变化、光学特性变化、晶体的谐振频率变化或一些类似这样的变量）。光纤测量应用广泛，以上这些测量技术采用光纤测量皆能实现。

5.7.1 温度

每种材料都以某种方式反映温度的变化（即密度、颜色、电阻率、热导率的变化）。以下是温度测量的四个基本原则，温度通过以下方式变化：

（1）体积膨胀：固体或流体由于温度变化会发生膨胀，物质对温度变化的敏感性是其很重要的特性之一；

（2）电压变化；

（3）电阻变化；

（4）辐射（非接触式）变化。

纤维聚焦波导光的光/波动变化也被用来作为温度测量的一种传导方式，这部分将在之后单独详述。在上述传导方式的原则上，分别产生了以下设备分类：

（1）机械装置（如温度计、双金属带、压力式静电加速器）。

（2）热电偶（包括用热电堆来增加灵敏度）。

（3）热电阻设备包括电阻式温度检测器（RTD）、热敏电阻。

（4）辐射（红外和光学高温计）。

表5.3给出了选取设备的几个因素。油田最常见的设备是热电阻设备，这里给出与热电阻装置相关的原则说明。其他温度测量技术见McGee于1988年发表的文献。

根据RTD功能原理，材料的电阻率会随着温度可预测地发生线性变化或重复性变化，这用于纯金属或某些合金是最适合的。这类设备主要用于管道和管内的空气、液体温度的测量。测量电路的发热会导致测量结果不精确，需要通过补偿机制进行校正。

热敏电阻是对温度敏感的半导体，可以对很小的温度变化显示较大的电阻变化，因此，提高了测量的灵敏度。这些电晶体设备都具有非线性温度——电阻特性。这些设备展现出快速的反应时间（可以进行快速动态测量），具有良好的稳定性，通常成本较低还具有可更换性。这些设备线性温度范围有限（通常是100~200℃）并且会因为过热而导致测量结果不准确（McGee，1988）。表5.4展示了热电阻和热电偶温度测量设备的特性。

表5.3　选择温度测量设备应考虑的因素

温度范围
响应时间
线性
稳定性
敏感性

表5.4　热电阻和热电偶设备之间的特性差异

参数	热电阻	热电偶
范围	−200~850℃	−190~1821℃
	−328~1562℉	−310~3308℉
准确性	±.001~0.1℉	±1~10℉
响应	缓慢	快速
稳定性	<0.1%的误差/5年	1%的误差/5年
线性	良好	一般
敏感性	强	低

练习5.1：温度测量原理：学习机械方式、热电偶（珀尔帖效应）和辐射（红外/光热解）设备测量温度的原理。

5.7.2　压力

压力测量原理已经很成熟，有很多的测量仪器可用于压力测量。本小节研究的重点是井下测量仪器和测量原则。以下相关技术应用在石油工业中：

（1）弹簧或机械；

（2）电阻或者Wheatstone电桥；

（3）电容；

（4）压电效应；

（5）光学。

图 5.11 列举了各种测量技术和类型。

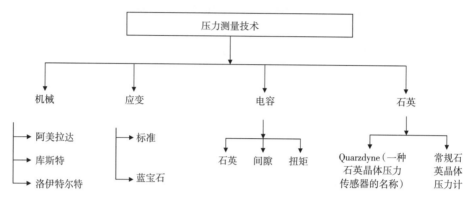

图 5.11　压力测量技术分类

5.7.2.1　机械压力测量设备

机械压力测量设备通常作为电子测量装置的备用，只有在高压、高温环境（>20in 和 350℉）下，电子测量误差较大时，才使用机械压力测量设备。这些年来最常用的压力机械测量设备是阿美拉达（Amerada）型测量计。其工作原理是用一个球形或螺旋缠绕的"弹簧"管来释放增加的压力。这个过程和触针相连，可直接在地面仪器刻度盘上读取数据，或者通过用镀铜箔在圆柱体上划线的方式来画图。受机械时钟控制的圆柱体提供了压力—时间图。图 5.12 是球形缠绕和螺旋缠绕弹簧式机械压力计的简图。

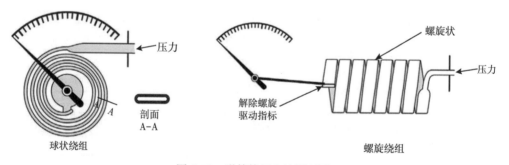

图 5.12　弹簧管压力计原理图

在大多数工作环境中，机械测量是比较准确的，因为它们不需要任何额外的能量来源，而且在其他测量具有很高概率失败的情况下，可作为备用选择。机械测量的最高有效压力是 25000psi，最高有效温度是 500℉。机械测量的精度多在±0.2%FS 范围，分辨率可控制在±0.05%FS 范围（Bradley，1987）。因为其具有较高的灵敏度、较好的线性和较高的准确度，因此被广泛应用。

5.7.2.2　应变测量仪

标准应变片粘贴在金属板上，并和一个平衡的惠斯登电桥电阻电路连通。由于金属板在压力下发生变形，电流的不稳定产生净流量。通过测量该净流量并且利用电子电路放大该电流，生成一个可存储的读数。电流对温度比较敏感，从根本上来说，应变计所使用的材料的物化性能决定了其自身的分辨率（15000psi 的测量分辨率是 0.2psi）。新型蓝宝石应变计测量功能更全面，不但提高了测量精度和分辨率，且成本较低。蓝宝石晶体测量仪的高温稳定性使应变测量重新得以应用。在这种测量仪器中，蓝宝石晶体容器被改造成内空结构，通过将应变电桥电路以薄膜的形式附着在晶体的表面进行压力测量。蓝宝石压力表的分辨率类似于传统的应变测量仪器（10000psi 的测量分辨率为 0.1psi），但它的动态响应和稳定性大为提高（Schlumberger，1996），应变计非常结实，常在多种捆绑测量过程中作为备用设备。

5.7.2.3　电容测量仪

电容测量仪是基于电容变化的原理，就像压力在平板上变化一样。应力引起电路电压变化，这种变化可以被测量并传送到相应设备。图 5.11 给出了不同类型电容测量计改变电路电容的方法，它们皆对测量方位比较敏感，容易受到振动影响。石英电容测量受热瞬变的影响，需要基准传感器来弥补这一缺点。图 5.13 给出了石英电容测量仪的结构原理图。值得注意的是，压力过程和基准压力都会使电路的敏感性增加。下一节将会着重介绍石英晶体的原理。

扭矩电容计的工作原理是：基于扭转效应在柱体上产生微小压力，这种微小压力可以被电路电容测量到。

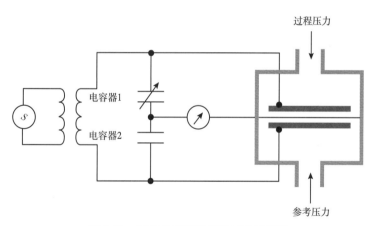

图 5.13　石英电容测量仪的结构原理图

5.7.2.4　压电效应

石英的特殊切割部分有天然频率或谐振频率。石英振动时共振频率发生变化，这种高精度的变化是压力的函数并且可以被检测到。由于谐振器的压力敏感性很低，人们通过第二基准石英晶体来改善其不足。第二基准石英晶体被置于真空空间，防止压力变化对其影响，但是可以感应油井内温度。因此，该晶体用于弥补温度对仪器影响的误差。这一原则有几个不同的解释，但都是为了提高测量仪的坚固性、重复性、灵敏度和稳定性。这些测量仪是迄今为止最准确、具有最高分辨率的测量设备。其可测量压力上限高达 20000psi，可分辨 10000psi 压力下的 0.01psi 的压力变化。因为电子器件对温度比较敏感，在较高温度下其性能较差。通常所使用的仪器可靠温度为 350℉ 以下。特殊仪器也可在高温条件下使用（410℉ 以下），在这种情况下，使用备用仪器也是一种常用的选择。

为避免两个晶体之间的传热时间滞后，补偿石英器（CQGTM）具有偏移角为两种振动模式的单个石英晶体，一种振动模型对压力特别敏感，而另一种对温度非常敏感。图 5.14 给出了一个石英传感器的剖面图。

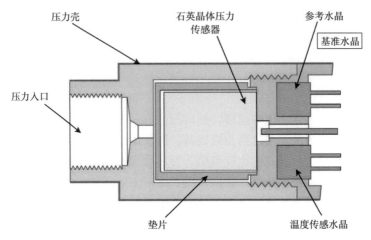

图 5.14　石英晶体压力计的示意图

5.7.3　流速

地表流速测量在前面章节中讲过。井下测量原理与其类似，但因仪器必须在井下环境进行测量，所以受到更多限制。除了测量技术，井下测量困难是因为空间狭窄、多相流、众多的流态（环形、泡状、段塞流等）和仪器干扰，这些因素都可以改变流态真实情况。

井下流体测量基于以下三个主要原则：

（1）机械性。

涉及流体流动推动叶轮的旋转进而转化成流速，这实质上是一种速度的测量。考虑的因素应包括仪器管道横截面的覆盖率（流动代表性）、仪器允许流速（浮力效应）、横流处理（负旋转）、响应的线性度和分辨率（低流速）。对于多相流，可使用不同的技术分别测量不同相态。

（2）压力性。

如第 4 章所述，文丘里型装置也可用于测量表面的流速。根据伯努利测量原理可知，在一个稳定流动中，沿流线流动的流体的各种形式的机械能总和在流线的所有点上是相同的。

这与计算飞机速度所用的皮托管原理是相同的。对于文丘里流量计，压力测量是对流体上两个不同点的测量速度，依据伯努利方程计算流速，伯努利方程假定压力，速度和重力压头的总和是恒定的。上游测量压力受流量限制影响，下游流量也会受到限制（主要用于校准）。利用上述原理，单相流的测量结果可以非常准确，常见的井底永久测量系统也利用了上述原理。这种仪器 10:1 的调节比都是可行的。在井下应用过程中，套装的文丘里流量计看似不同，但其基本原理是一样的。

（3）光纤基础。

这将在第 5.9 节中介绍。

5.7.4 声学测量

地下环境声学测量有两个原则：一是被动探听（噪声测井）；二是主动传输和接收（声波测井）。

5.7.4.1 被动探测

被动探测是类似于潜艇所做的工作，将背景噪声的变化与事件相关联。在井筒中，噪声测井用于检测流动模式的变化、地层破裂、多相流动、地层砂的移动、流体收缩扩容等。

紊流中的能量受噪声影响而消失，噪声的振幅与流速和压降有关。此外，所产生的噪声频率特性与流动类型的详细信息有关。

被动测量是通过灵敏的接收器和井下放大器进行的。该测量是通过压电石英晶体测量电压变化，这种变化可以通过电缆传送到地面。在处理过程中，带通滤波器用于分离背景噪声，并进一步放大信号变化。解释和认识白噪声是把数据与油井中的物理现象或活动联系起来的关键。

5.7.4.2 主动传输和接收

在声波测井中有三种主要类型声波。它们是纵波、横波、斯通利波。

纵波，也称初波或 $\bar{P}$ 波，它沿平行于粒子位移方向的井眼传播，$\bar{P}$ 波的速度与固体体积模量和剪切模量有关，它们的关系如下：

$$v_c = \left(\frac{K + \frac{4}{3}\mu}{\rho}\right)^{\frac{1}{2}} \tag{5.9}$$

式中　K——体积模量；

　　μ——弹性体的剪切模量。

剪切波或次波（S波）传播方向与粒子运动垂直。对于各向同性弹性固体，横波速度由下式计算：

$$v_s = \left(\frac{\mu}{\rho}\right)^{\frac{1}{2}} \tag{5.10}$$

横波在井下地层速度通常大约只有纵波速度的一半到三分之二。斯通利波沿井壁传播，它本身是井壁与井筒流体相互作用的结果。图5.15为典型的声波传输模式，本书暂不讨论和解释斯通利波的传播和衰减。

最简单的测量方式是利用放置在固定距离的声波发射器和接收器来实现。波速与各种井内液体，井身结构、近井储层和流体性质有关。一般不是直接测量传播速度，而是测量

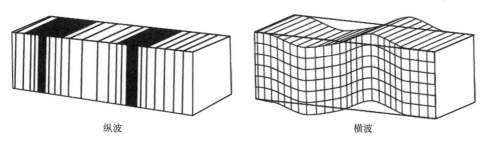

纵波　　　　　　　　　　　　横波

图5.15　音速波传输模式

声波传到接收器的时间。接收器记录临界折射声波（沿井壁）传播（图5.16）。

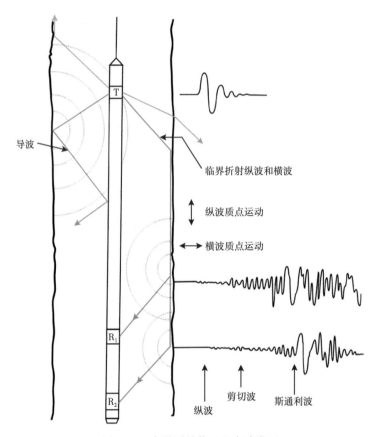

图5.16 声学测量装置和声波类型

　　通常，声学测量的是岩石弹性特征（模量）、声波孔隙度、水泥胶结质量和烃类检测。每个数据都受钻井设备、井眼环境、井眼不规则性和其他参数影响。这些参数必须被分离出去或者进行校正，因此，测量设备和声波解释都相当复杂。

　　测量是通过单一接收器记录声波到达时间，利用先进的测量技术，整个波列可用阵列接收器记录为深度函数。图5.17给出了利用多排接收器记录的一个完整的频谱波列，标出了纵波、横波和斯通利波的不同到达时间，右边图形表示处理后的三种波形的深度转换测井数据。

5.7.5　放射性测量（γ射线）

　　在油井中，天然和人工诱发的放射性测量都经常使用。地层中天然放射性是由岩性决定的。伽马射线放射形式主要源自三个基本的放射性化学源：钾40（K40）、铀238（U238）、钍232（th232）和子元素。页岩或黏土具有较高放射性，而清洁地层放射性较低。存在这些元素的典型储层见表5.5。图5.18显示了γ射线在放射性元素中天然能量的分布情况。可以看出相对钾而言，钍和铀可能难以区分。通过调谐能谱可以提高这些元素的检测水平。

　　同理，可以将放射源和检测器放在同一个油井中，开展储层诱发放射反应。可利用产

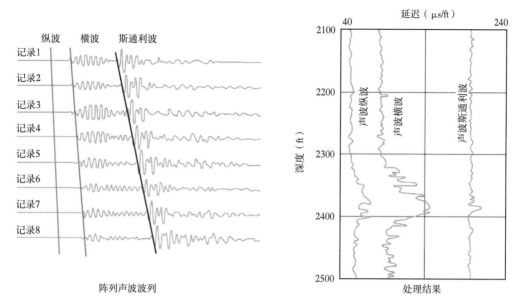

图 5.17　八个接收器显示不同波形达到时的全谱波列

生的衰变和 γ 射线检测油井中流体流动、窜槽及管流。

　　γ 射线测量中，标准的盖革缪勒计数器灵敏度低，不经常使用。常用的探测器是由碘化钠（NaI）晶体和光电倍增管耦合组成的闪烁探测。γ 射线穿透碘晶体时，产生微小的闪光，闪光被转换为电脉冲并被光电倍增管统计。利用 API 标准单位对这些计数率进行校准，并形成记录。其他探测器晶体（如铋或钆）等也经常用，这些晶体都有较高的敏感性，在其他监测中也有所应用。

表 5.5　有利于放射性元素存在的储层环境

钍（Th）	不溶于水
	与页岩和重矿物相伴生
铀（U）	通常不与泥页岩相伴生
	水和油中溶有盐矿
	出现在烃源岩中
钾（K）	与典型的页岩伴生
	可在钻井液/修井液中见到

　　在一定情况下，对放射性元素的检测是不充分的，比如下面几种情况：

　　（1）在油井中使用多种放射性示踪剂且每一种都要检测；

　　（2）识别具有天然放射性的元素，如 K，Th 和 U。

　　在这种情况下，使用伽马射线光谱测定法，利用光谱分析工具可以对入射 γ 射线能谱进行评价。

5.7.6　中子测量

　　中子测井方法可对地层、套管和储层特征进行评价。储层特征由监测源，检测和解释

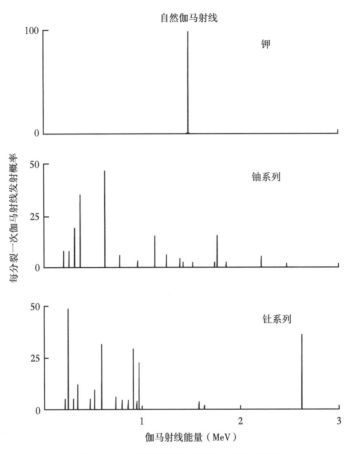

图 5.18　天然放射性元素的 γ 射线能谱

相互配合来定义。中子测井方法可用于测定孔隙度、含水饱和度、剩余油饱和度、气体检测、监测水油界面或气油界面和岩性指标。

　　从测量原理角度来看，仪器通过密封中子管产生中子，脉冲中子工具再以电脉冲的形式定期发射中子。然而，它们确实含有氚，可作为产生氚的密封中子管的一部分。

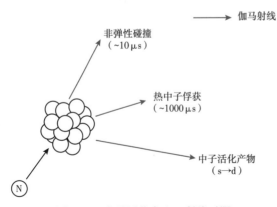

图 5.19　中子活化产生 γ 射线时限

　　在中子测井中，利用化学源例如镭—铍（AMBE）进行高能量中子连续放电。被发射的中子与井液、套管、储层流体和岩石相互作用，发生散射和衰减，生成可以检测的伽马射线。地层中各种化学物质决定了射线衰减和捕获程度。检测部分和发射部分方法类似，然而，检测设备非常复杂，油藏各种特性与这些射线的延迟、振幅及捕获时间密切相关。图 5.19 表示流体和岩石的中子活动定时产生伽马射线。

通常在理想情况下，中子测井工具能测量高能中子进入地层后到发生衰变时传播的距离，它是岩石基质和孔隙流体的函数。实际上，测井仪器并不测量这个距离，而是测量距发射源固定距离（检测器）的中子密度，该密度与孔隙和流体特性所引起的减速长度有关。图 5.20 给出了中子爆发时间序列、伽马射线计数率的产生和衰变示意图。控制序列捕获总计数率，为了达到校正目的，多个突发允许计算背景计数。每个服务公司都有不同的发射和测量序列。

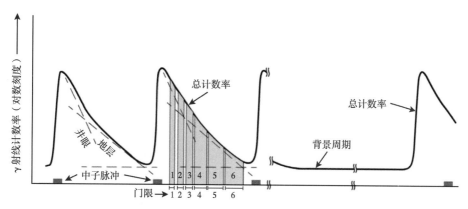

图 5.20 中子测井脉冲和检测原理图

5.8 光纤测量原理

光纤测量是目前主流的测量技术。光纤几乎被应用于各个领域，很早以前，光纤技术就被人们研发并主要应用于电信行业的宽带、高保真、低功耗传输系统中，而应用于传感器领域则比较晚。光纤测量有很多优势，一旦解决了加工、包装和其他相关操作问题，它的应用将会全面展开。表 5.6 列出了光纤传感器相比其他传统测量技术的一些优点。为使光纤测量技术有一定实用价值，介绍了该项技术的基本原理，并对该项技术在油田的应用进行了探讨。

光纤一般由玻璃、塑料或塑料复合玻璃组成，由于具有强烈的聚光功能，光的传播距离长。最常见的光纤直径是 0.25~0.5mm。纤芯直径通常介于 8~62.5mm，并且有镀层，镀层是光纤最外部分，一般厚度约为 125μm。半导体二极管激光器或发光二极管（LED）可作为光纤的引导光源（图 5.21）。光可被传送 50km，在传播过程中会有 10% 的强度损失。在 0.4dB/km 的典型衰减中，波长接近 1300nm 的波进入光纤，经过 50km 的传播剩余 1%，损失 20dB。衰减用分贝损失量来度量，计算公式如下：

$$分贝损失量 = -10\lg\left(\frac{输出能量}{输入能量}\right) \tag{5.11}$$

光纤信号的低损耗是由于在传输范围内信号频率基本是独立的，而对于同轴电缆，信号损失随着传输频率的提高（UDD，1991）显著增加。

表 5.6　光纤传感器的优势

不需电源
质量轻
截面小
不受电磁干扰
在高温下可操作
带宽大
耐振动和冲击
电和光多道传输

5.8.1　传输原理

光在光纤芯内以非常小的角度进行传播，通常是 5°~10°。纤芯和镀层之间的折射率差通常只有约 1%，纤芯和镀层的折射率差异致使光纤内的光进行全反射传播。图 5.21 是光通过光纤传播的示意图。

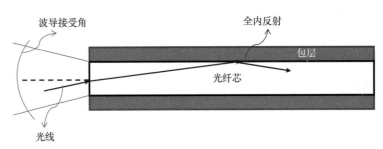

图 5.21　通过光纤的光传输

因为光纤的传输是通过光线实现的，在做计算和设计时，利用的是光的波动性原理。通常传播应用的波长在 750~1550nm 之间。

5.8.2　传感原理

光纤不受环境影响，可以在各种环境下传输信号。如果光纤中光的相位、波长、强度或者极性方面特性发生改变，这种变化之间相互独立且与测量变量（如应变、压力、温度、噪声）直接相关，就可以使用光纤作传感器。光纤传感器系统真正先进的地方是：一方面光纤可以作为一个传导介质（如电力系统的信号载波），另一方面还可以作为传感器。此外，由于光纤本身就是一个探测仪，光纤上任何一点都能被监测，自身就会形成一个连续的测量系统。图 5.22 说明了光纤如何用于单点、连续点和多点测量，这种测量依据的是反射原理。

以下为两个光纤的传感机制：

（1）内部：光滞留在光纤中，外力改变光的性质。

（2）外部：光纤中的光传出光纤，被修正后返回光纤，通过光电检测仪器检测其变化规律。

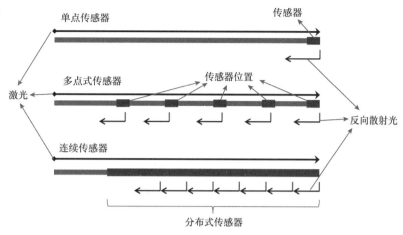

图 5.22　光纤测量系统的配置方式

表 5.7　光纤测量技术的质量评估

	强度	干涉性
灵敏度	较低	高
复杂性	简单	复杂

对光的相位、频率、极化强度或者振幅变化进行测量和修正，这些测量通常细分为强度测量和干涉性测量。表 5.7 给出了测量敏感性和复杂性与这两个属性之间的关系。

内部测量通常用于石油工业领域。通过测量可以得到如压力、温度、应变、噪声和流速等参数。最常用的方法为布拉格光栅法。布拉格光栅是内在传感器元件，可以通过紫外光电子能谱放入纤芯。光栅可对小部分纤芯的折射率进行周期性调节（UDD，1991）。当激光通过光纤，特定波长范围内的光通过光纤被反射回来（称为向后散射），其余频谱的光则穿过光纤保持不变，向后散射的光被仪器检测出来（图 5.23）。当光栅引入与温度变

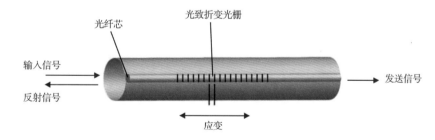

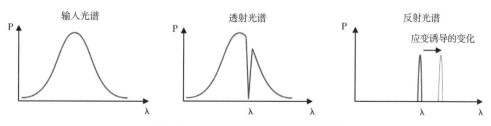

图 5.23　布拉格光栅透射和反射光谱

化相关的应变机制后，反射回来的波长变化与温度就有了直接的关系，利用这个原理，就可以对温度进行测量。

多布拉格光栅可以使不同波长向后反射的光印刻在同一光纤上，因此，同一光纤上可以建立多个传感器。

分布式传感应用微小差别原理，当一个短光脉冲利用光纤传输时，通过光纤传导的光由于瑞利散射产生损失，从而引起纤芯内光折射率的微小变化，部分向后散射的光被光纤小孔重新捕获而回到光源。分布式温度传感器采用拉曼散射原理，对温度变化的敏感性有所增强。这个过程产生了一个宽频带的能量，这个能量由斯托克斯（低级光子能量）和反斯托克斯（高光子能量）组成。反射光中的反斯托克斯与斯托克斯的强度比例与温度是密切相关的。知道光纤中光的传播时间和速度便可知道其确定位置，从这个位置可以捕获向后散射的光信号。

对于多相流测量，必须要结合基本测量、信号处理和动态计算等方法。从本质上来讲，流量测量工具是由一个压力（温度）测量部件和一个流量测量部件组成。流量测量单元完成两个基本测量：混合流体速度和混合流体中声波速度的测量。知道流体组分（油、水、气）在原始压力和温度下的密度和相应声速，便可以确定各相流速。

声速测量原理是基于跟踪穿过布拉格光栅传感器阵列的噪声来实现的。流动改变如气泡的产生、扼流圈流量及紊流中湍流的形成所产生的内在噪声都可以进行追踪监测。多个位置产生的压力不稳定现象为声速的测量提供了充足的可分辨空间和可分辨时间。测量速度用的是交互相关技术，这种技术对随时间变化的流体性质进行轴向位移测量，用对流扰动压力提供的信息计算整个流体速度，对流扰动压力是利用一系列传感器测量时间的滞后性计算得到的（Kragas，et al.，2001，2002；Unalmis，et al.，2010）。

图 5.24 给出了利用光纤流量计计算两相流流速的简单流程图。

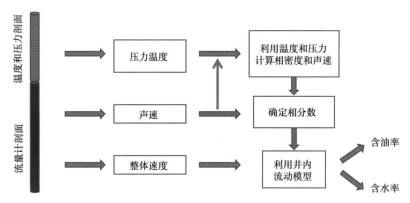

图 5.24　使用光纤流量计计算两相流流速

5.9　校准原理

校准是测量仪器与高精度标准仪器比较后进行的检测、关联、调整、校正和精度记录。

测试过程中的校准，是在规定条件下，将一个已知被测量数据输入传感器并记录相应的输出，每次校准都有明确的误差范围。允许偏差通常由测量单位、范围百分比或读取百分比表示。

通过检查校准范围内的几个点对仪器进行校准，校准范围是一个用上限和下限表达测量范围的数据区域。仪器量程和校准范围不一定相同。例如，压力传送器铭牌上的范围为 $0 \sim 750$psig，输出电流是 $4 \sim 20$mA，其校准范围可以在 $0 \sim 500$psig 之间。仪器校准具有以下特点：

（1）通过多个点对仪器输出值进行检查；

（2）每一次校准都应具有确定的误差；

（3）应标出测量误差和输出误差（如 ± 2psig 与 0.1mA）；

（4）测量仪器与校准仪器的准确度比应为 $4:1$（随着现场校准仪器精度持续提高，这个比例维持起来也很困难）；

（5）所有的标准应通过完整比对（如校准仪器本身应校准到一个更高水平等）达到一个合适的标准（国家标准或国际标准）。

应根据仪器的分类来设计校准频率，仪器可分为以下三类：

（1）关键性仪器：这些仪器的测量误差会影响产品质量或经济效益；

（2）非关键性仪器：这些仪器具有较强的操作性功能；

（3）参考性仪器：当怀疑有错误时，此类仪器用于验证对错。

除了分类，校准频率还取决于产品使用史及制造商的情况。例如，对于一些实验室分析设备，在每次使用之前都要校准。存在下列情况时，必须进行校准：

（1）新仪器；

（2）进行修理或修改后；

（3）超过规定时间；

（4）多次使用之后；

（5）执行一个重要的测量之前或之后；

（6）突发事件之后（如设备振动、振动暴露）。

仪器有三种测量可靠性的措施，可靠性被定义为仪器测量事物的可信程度，可靠性不是仪器本身属性。三种测量可靠性的措施如下：

（1）稳定性测试：在同一仪器上进行相同的测试，得出相同的结果；通常利用一个相关系数进行稳定性定义，当相关系数小于 0.7 时，认为仪器变得不可靠。

（2）等效性测试：在同样的时间对不同仪器进行相同的测试，得出类似的结果。测试结果通过评判相关系数来度量。

（3）内部一致性：每个测试部分都产生类似结果，并且每个部分的测试结果都是正确的。

例 5.2：基于校准的输出灵敏度

假设一个压力表的铭牌测量范围为 $0 \sim 5000$psig，具有 $4 \sim 30$mA 的输出范围。工程师决定从 $0 \sim 2500$psig 的范围校准仪器。仪器的输出灵敏度将会发生怎样变化？

$$原始输出灵敏度 = \frac{(30-4)}{(5000-0)} = 0.0052\text{mA/psig}$$

重新校准输出灵敏度为（因为输出范围保持不变）：

$$重新校准输出灵敏度 = \frac{(30-4)}{(2500-0)} = 0.0104 \text{mA/psig}$$

本章研究了测量设备的基本特点，可以用来分析测试数据与测试对象的误差。同时还研究了石油行业常用测量系统的测试原理。下一章中将讨论利用这些测试原理获取目标数据的仪器和仪器配置。

6 测量设备与程序

在前面章节中讨论了传感器的测量原理和仪器的准确性及误差。本章将讨论用于不同标准的测量工具。其目的是让读者更熟悉工具与环境条件约束下的极限产量之间的关系。可按照测量用途、在油田生产周期内的最佳使用时间和适应特定需要的设备变型对测量进行分类（Louis, et al., 2000）。同时，本章对运行程序和最优方法也进行了讨论。虽然很多公司提供了各种类型的工具或技术，这里我们只讨论一种特定类别的工具。

6.1 数据收集与考量

大多数测量工具对井筒环境都非常敏感。环境变量包括钻井液、完井特性、井眼条件、井筒不规则性和温度。因此，必须很好地掌握测量设备与环境的关系。

> 测量设备对环境影响的精确补偿总是具有一定的不确定性。这可能导致数据质量不理想。在运行环境中精确控制、收集更多的数据，并使用多种工具以测量同一参数以减轻潜在的影响。（Kikani, 2009）。

在恶劣、偏远环境下，硬件技术和操作程序要求所设计的复杂协议、程序和复杂的测量技术在可控成本内。虽然基本测量设备保持不变，但所使用的井下工具仪器系列和组件都取决于完井和井的类型（勘探、评估、开发）及监控目标。

6.2 工具运载与定位

非固定安装的生产线设备通常采用模块化设计，使得组件可以添加或替换。运输工具通常被称为探测器。这些工具能够通过以下四种方式的任何一种传递信息：
（1）连续油管或钻杆（管道输送）；
（2）电气线路（e-线）由重力输送；
（3）牵引车（动力驱动）；
（4）钢丝绳输送。

为了节省成本，通常是几个测量工具连接在一起的测试管柱或一个测试工具可同时进行多个测量。为了测量剖面或深度，在井眼中通过向上提拉工具来（在张力下）更好地控制深度。

测量工具被固定在井筒中心或偏心位置，或固定于测量设备的支座上且与油井井壁接触，图 6.1 为在井眼中测量工具理想化位置示意图。依靠多个机械臂或扶正器实现支架隔开或偏心。例如，侧向测井和声波装置都在中心位置，地层测试工具则是偏心位置，感应工具是在特定支座上运行。测量工具不在钻柱上运行，而是在指定深度锁死的一个螺纹套接剖面上，防止工具在持续生产过程中飞出井筒。在裸眼测井或套管测井中，深度控制是至关重要的，测井电缆拉伸的不确定性应予以考虑。

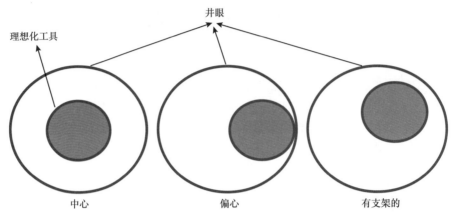

图 6.1　井下测量工具的位置：偏心率通过机械臂和扶正器测量

6.3　遥测传输

遥测传输设备模块日趋完善。对于试井钢丝传输仪器，数据存储在井下存储器，在工具被拉出井口时收集。该设备的动力由电池提供，也是实用程序模块的一部分。过去 10 年里，电池技术有了显著进步，现在的电池技术可在高温高压条件下广泛应用。电池的寿命一般取决于收集数据和储存数据的数量，或者是操作环境。即使在 10s 一次的高频率数据采集中，电池也可以持续完成超过 3~4 个月的压力和温度的测量任务。

对于管道传送设备，地面读取数据可通过各种有线技术和无线技术来实现。数据也可存储在井下存储器中，作为暂时关井或试井资料的备份。

通过井下探头收集间歇性信号的方法也是可行的（图 6.2）。井下探头可以通过电缆下放到井底需要测量的区域，并结合无线电技术一起工作，锁存电感耦合工具（LINC®）斯伦贝谢装置可以下载数据和传达指令给相应设备，数据在探头出井后接收。利用这种方法，在早期分析阶段油井井下数据就可以持续收集，直到既定目标的实现。电感耦合系统如图 6.2 所示，该通信系统是通过电磁波传输而没有电接触。在这种情况下，声波传输设备也能用上（McAleese，2000），数据可以横跨封隔器、阀门和其他井下装置被发送到井下探头上。

在无线通信系统中，声波和电磁发射被利用越来越多。在再生器的协助下，无线声波传输可以通过油管向井下传递到 10000ft 的深度（Doublet，et al.，1996）。类似的，电磁方法（EM）已经可以通过套管和油管本身发送信号（Brinsden，2005）。井筒流体和油管的金属材质会对部分测量产生限制。声波和电磁法具有固有的数据质量问题。因此，在地面必须进行冗余传输数据的再检查，以保证其准确性（Kikani，2009）。EM 传输技术已经被证明在距离超过 10000ft 的传输中，可不使用再生器。由于电源为这些设备供电，因而，测量设备要求必须是可充电的。

对于电缆运载设备，电缆同时被作为电源线和数据线。这使得数据在地面可以实时读取。表 6.1 给出了每种工具传输和存储方法的常用选项。

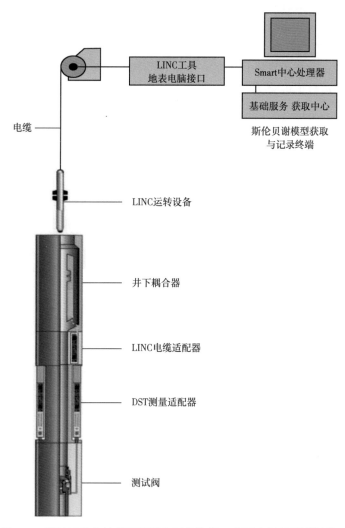

图6.2 通过无线电从井下探测头下载数据（本图由斯伦贝谢提供）

表6.1 不同种类运载配置的遥测技术特点

	管道传输	钢丝绳	有线电	管线运移	可回收性
遥测技术	动力	电池	电池/地表	地表/电池	井下
	内存	井下	井下地表	井下地表	井下/从井下探测头上下载
	传动装置	—	电磁波	EM/电磁波/声波	井下探测头的间断性信号（声波/电感/EM）

6.4 测量设备

本节讨论用于不同油井井眼环境的测量设备组件，设备通常分为裸眼井型和套管井型。从理想化分析角度来看，裸眼井测量设备的安全性将面临挑战。套管井环境下，测量解释的难度大是因为要考虑套管、水泥、砾石充填等带来的设备复杂性和产生的不确定性。在套管井环境中，还可以在流体流动的动态过程中采集数据，这样更需要考虑设备的安全风险。

有些测量设备在一个项目进行到某一个特定阶段时，发现了更具体的使用方法和更多的实际应用。一个项目可以分为勘探、评估、开发或生产阶段。表 6.2 给出了根据每一个阶段的不同特点需要采用的不同测量设备。

表 6.2　油田不同开发阶段的关键测量任务

阶段	任务	测量
勘探	评估开发前景和风险	流体特性 岩石力学
	评估不确定储量	孔隙度、渗透率 流体接触面 产油层、岩层厚度 结构
详估	降低主要储量的不确定性	储层质量 接触带
	建立开发区块	区块划分 流体相态
	确定生产参数	储层大小 连通性
开发	最大限度提高产量以降低损失	渗透率 异常环空压力
	问题诊断和修复	管道泄漏 含水率
	优化资源回收	产能、注入量压裂特征 砾石充填质量

6.4.1　测试管柱组合

在油藏勘探和评估阶段，对初始流量实施动态监测最常见的技术是钻杆测试（DST），该技术所提供的关键信息可用来评估一个油藏的商业开采可行性，并提供数据以确定储层开发策略。此外，这些测试还能得到完井结构、增产措施及油井产能信息等。用于裸眼井和套管井的 DST 测试工具组件有着显著差别。裸眼井和套管井的不同结构导致设备间最主要区别在于安全性和循环阀的操作。海上油田在井口处有一个快速断开的接口以防止紧急情况的发生。

不论何种情况，如果某区域没有任何生产设施，就需要一些地面生产设备来完成监测。如图 6.3 所示，由很多设备组成仪器串。该设备需要控制三个关键压力：水压压力（由封隔器隔离）、缓冲压力（由循环阀分隔）和地层压力（由测试阀分隔）（Kikani，2009）。

DST 系统成功的关键在于压力仪和在测试管柱中控制地层流体流动的测试阀。在裸眼井情况下，阀门的开关随着钻杆操作而运作。在套管井情况下，由钻井液在该环形带所产生的微小脉冲信号差异驱动制动器来开启和关闭阀门。通过预先设定的环压脉冲循环地打开和关闭测试阀。现代测试阀直接由地面电信号操作而不是钻井液脉冲。一个典型的套管井测试管柱组合如图 6.4 所示，射孔、密封和测试工具都是井下仪器串的一部分。

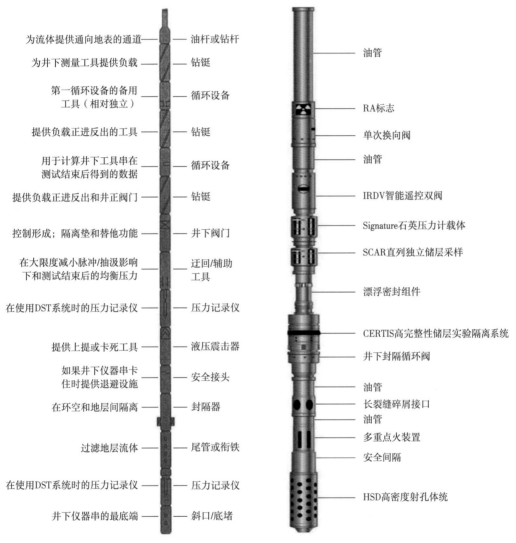

为流体提供通向地表的通道 —— 油杆或钻杆
为井下测量工具提供负载 —— 钻铤
第一循环设备的备用工具（相对独立）—— 循环设备
提供负载正进反出的工具 —— 钻铤
用于计算井下工具串在测试结束后得到的数据 —— 循环设备
提供负载正进反出和井正阀门 —— 钻铤
控制形成；隔离垫和替他功能 —— 井下阀门
在大限度减小脉冲/抽汲影响下和测试结束后的均衡压力 —— 迂回/辅助工具
在使用DST系统时的压力记录仪 —— 压力记录仪
提供上提或卡死工具 —— 液压震击器
如果井下仪器串卡住时提供退避设施 —— 安全接头
在环空和地层间隔离 —— 封隔器
过滤地层流体 —— 尾管或衔铁
在使用DST系统时的压力记录仪 —— 压力记录仪
井下仪器串的最底端 —— 斜口/底堵

油管
RA标志
单次换向阀
油管
IRDV智能遥控双阀
Signature石英压力计载体
SCAR直列独立储层采样
漂浮密封组件
CERTIS高完整性储层实验隔离系统
井下封隔循环阀
油管
长裂缝碎屑接口
油管
多重点火装置
安全间隔
HSD高密度射孔体统

图 6.3 裸眼井中钻杆测量工具串的组成
［来自 McAleese（2000），转载自 Elsevier］

图 6.4 典型的 DST 钻杆测量
工具串组成（本图由斯伦贝谢公司提供）

6.4.2 电缆地层测试器

无论是在评估还是开发阶段，裸眼测试技术已经成为非常有用的技术。比较常见的应用设备有重复地层测试器（RFT）、模块动态测试器（MDT）、储层特征测试仪（RCI）、油藏描述测试器（RDT）和多相流测试仪（MFT）。设计这些现代化工具主要用来进行测量压力、收集流体样品，或在油气井短期运行时测试多点瞬态压力。该设备的多功能版本还可以测试连通的垂直储层间垂向的储层干扰。从这些设备中得到的数据用途广泛，包括：

（1）确定流体接触面；

（2）确定压力梯度；

（3）收集未被污染的洁净流体样品；

（4）垂向隔层特征描述；

（5）确定渗透率。

模块化设计是这类工具最大的优点。图6.5显示了一个MDT仪器和多探头装置。除公用模块（即液压和动力筒），其他模块是根据间距、位置和数量不同而配置的。根据流体和井眼条件，设备可以选择性地安装在油井多个位置。在每个位置上，从钻井液柱钻孔壁的合适密封垫到地层流体，测试数据通过可编程的速度传给预测室（斯伦贝谢，1996）。利用高质量的压力表测量压降，表征近井眼环境特征。同时，可以对初始压力进行测量，并对生产中的油井进行短时瞬态测试，以提供近井带渗透率。多层测试可以用于初始压力的测量和油井运行中的短时瞬态测试，以测量近井带渗透率，图6.6表示地层电缆测量设备的管道系统示意图。

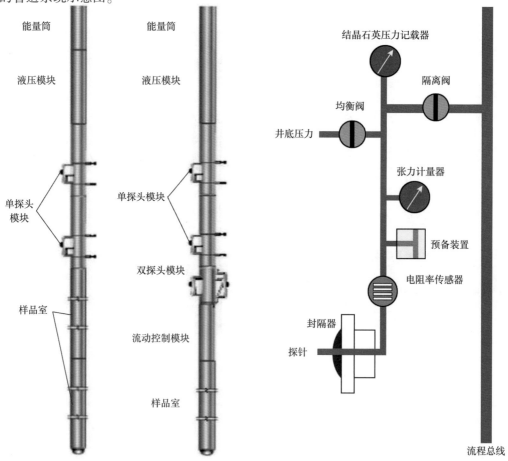

图6.5　地层测量设备单双探头的结构
（Schlumberger，1996）

图6.6　地层测量仪器铅管系统的示意图
（Schlumberger，1996）

　　其他可用的装置包括一个安装在井下的双封隔器模块（如 6ft）和收集流体样品的 DST 测试设备。

　　因为运行多个 DST 测试设备费用昂贵，而且随时伴有流体流出，井下取样中未受污染的流体样品就成为了解流体的关键。复杂管道流体识别工具的出现，使污染的液体被遗留在钻孔中，而未开采储层时产生的流体被分流到样品筒内。不同公司运用不同的技术来分析井下流体。该工具可以测量流体密度、成分、气油比（GOR）和 pH 值。斯伦贝谢公司的现场流体分析器（LFA）示意图如图 6.7 所示。测量的基础是可见光和近红外光学吸收光谱法。LFA 模块采用可见光和近红外光量化吸收来测量储层中和钻井液在输流管的流量。光穿过流体传送到 LFA 分光计。光通过流体后被吸收的量取决于流体的组分。水和油可由它们独特的吸收光谱检测。LFA 模块中的第二个传感器是气体折射仪，可以用它来区分气体和液体。光在可见和近红外区域被吸收的现象，可用于流体辨别和量化，折射率的变化可用于检测游离气体；另外是否存在甲烷可用于污染监测和气体检测。

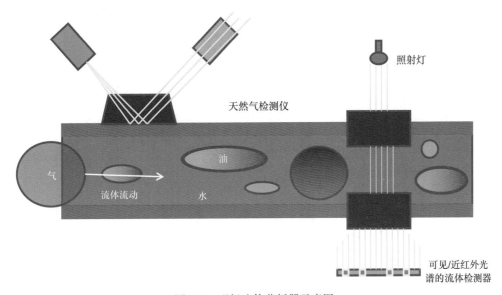

图 6.7　现场流体分析器示意图

　　图 6.8 为测量压力梯度、流体识别、污染等级和 pH 值的综合测井的例子。这种类型的显示面板可以方便地对比和了解井下流体。最左边的面板显示地层测试工具将恢复压力作为井深的函数，油和天然气的压力梯度清晰可辨。值得注意的是，同一面板中过高的压力有助于超饱和效应的理解和协助控制数据质量。中间面板显示各深度的流体混合物伽马射线（GR）光谱图。该流体混合物按颜色编排，便于直观观察。LFA 数据在处理流体密度、浓度、污染物水平、荧光水平和 pH 值等方面也容易相互关联。这种汇集工作流程的评估对多证据基础评价是至关重要的。

　　哈里伯顿使用核磁共振（MRILab）装置，提供了一个直接测量磁共振参数 T_1 的技术。包含了原油污染物对 T_1 的反应。通过解释这些 T_1 测量值，可以确定什么时候可以获取一个未被污染的样品，并储存在 RDT 样品室中。T_1 和 T_2 为弛豫时间，它们和储层流体的自扩散系数 D 可直接描述重要的流体特性，如 GOR 和黏度。井下测量流体性质可快速得出

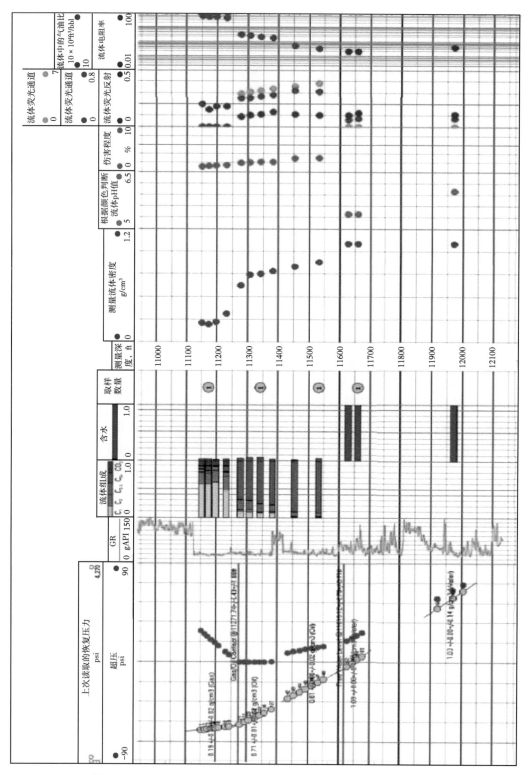

图 6.8　利用 LFA 地层测量仪器所得到的复合测井剖面图（本图由斯伦贝谢公司提供）

结果。地面样品的运送和分析可能需要几个月，所以井下测量流体性质有着明显优势。

*T_1 和 T_2 是当一个氢分子受到一个磁场作用时自旋—晶格和自旋—自旋的弛豫时间。

存在多种演变的工具可提高采样质量，下面介绍两种技术。

（1）低冲击采样。预测试中不是闪蒸储层流体，而是维持一个可控的流体产出，这样保障了流体样品质量更好，避免了在敏感地层受产砂或应力影响而发生样品属性改变等问题。这个冲击是在井眼压力下，使地层流体进入测量工具，对活塞举升影响最小化，而不是在大气压下吸汲地层流体进入腔室。

（2）聚焦探头。因为长时间保持在测点，会增加工具的压差卡钻风险，一些公司研发了更快的取样方法—聚焦探头。这种探头采用多片配置的方式，在探针之间建立一个没有流量的界限。防护探头从井眼垂直辐射区探测污染流体，中央探头从间隔较窄的部分更快速地探测未被污染的、未开采储层的流体。图6.9通过一个示意图解释了这个概念。

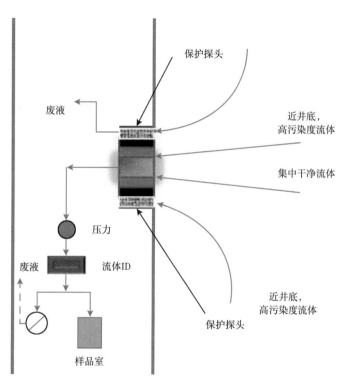

图 6.9　集中取样探头的结构示意图

6.4.3　裸眼井测井

裸眼井测井可在勘探及评估阶段中获得更多信息，同时也在开发和加密钻井阶段应用。测井的目的取决于油田开发阶段。在勘探和评估阶段打井是为了了解地质特征和为潜在的开采需求做准备。这包括确定岩性、孔隙度、饱和度及渗透率。由于这些测量是间接的，需要环境校正、校准、规范统一，结合绘图技术来推导出必要的参数。

测井仪几乎在每一个油藏开钻的油井里都有应用，不同于岩心收集或其他动态测量。岩心和动态测量手段相互关联可以运用到地面实况调查中，然而外推到油藏以外的数据可能不太适用。图6.10给出了在裸眼井和套管井的条件下，使用各种工具调查半径的集成视

— 97 —

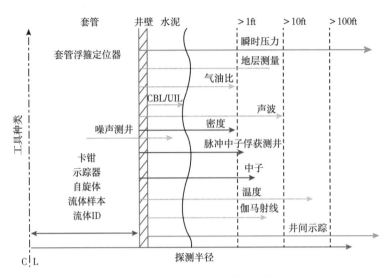

图 6.10 各类工具不同的探测半径统观图

图。可以看出，大部分的裸眼井测井装置描述了近井带特征，它探测的深度相当浅。如第3章中讨论的，监测应该是最核心的。因此，重要的是以目标为基础的设置表征测量。表 6.3 给出了这样一个统计表格。

表 6.3　基于目标选择测量工具

测量目的	工具组合	约束/不确定性
达到最佳气举性能时的流体梯度	压差密度计	
	中子密度计	
接触测定	碳/氧比测井	碳/氧比测井要求流体中的矿化度是变化的（PNC 由矿化度决定）
	脉冲中子俘获测井	
	电缆地层测量	多次碳/氧比测井或脉冲中子俘获测井可以减少误差
	过套管电阻率测井	
油管压力套管检漏	超声波泄漏	其他相关诊断检测应该同时进行
	RA 示踪剂检测	
	噪声测井	RA 示踪剂需要检测套管和喷射器中的通道
	井温测井	
原始压力/静压力	压力计	永久井下测量仪在初次开采时提供了宝贵数据；PDHG 在意外关井时有很大用处
	MDT/SFT 工具	
	多次使用生产测井仪测量地层压力	
流体 ID（裸眼井）	井下流体分析仪 （1）光密度/光谱仪 （2）荧光 （3）显色作用 （4）核磁共振	运行电缆地层测量工具要求在早期抽汲和收集样品以确定烃组分

测量目的	工具组合	约束/不确定性
裂缝辨别	方位电阻率	
	地层微扫描仪	
	井眼成像	
孔隙度	中子孔隙度和岩性密度测井	声波测井针对天然气和裸眼井； 核磁共振对皱曲和井眼尺寸敏感，但相对于其他工具来说对岩性不敏感； 中子测井对氢和套管井中发现少量天然气敏感在气体密度组成上有误差
	声波测井	
	核磁共振	
流体饱和度	碳/氧比测定	碳/氧比测井受 8in 深度限制； 脉冲中子测井受矿化度限制需要进行特殊处理； 二氧化碳和蒸汽驱在浅深度勘查中很有用
	脉冲中子俘获测井	
岩性	伽马能谱	勘查深度仅为几英寸
	从光谱密度测量工具中得到电性参数	Pe 测井有相对独立的孔隙度
	钻孔补偿声波	为得到真实岩性要在一种多矿物分析程序中结合多种测量工具
	地化录井谱	
流体辨别	电阻率测井 （1）微电极/侧向测井 （2）感应测井	
剩余油饱和度	单井示踪剂	脉冲中子测井在高矿化度饱和水井中效果最好； 勘查深度一般是 10～12in，需要重复运行并有一定的测井速率
	碳/氧比测井	
	脉冲中子俘获测井	
多相流速	旋转体/堵塞传感器	
	光纤维电缆传感器	
流体样本	电缆（井下）	一系列用于井下取样，包括低冲击、保护样品、提高样品质量，减少污染和流动时间的变体
	地表样品	
	生产样品	
体积/地层密度	密度测井	密度测井是一种对井眼不规则敏感的浅层读取工作，高孔隙度表示有气体出现
	井下重力测量	井下重力测量对井和孔眼具有偏差限制，但可以深层测量
井深测井和其他老式测量工具（相关联的）	自然电位	大多数测井都被用在套管井中的 OH 测井
	中子孔隙度	伽马射线测井比较简单； 在碳酸盐岩地层中没有反应，中子测井要常用一些
	伽马射线测井	

测量目的	工具组合	约束/不确定性
渗透性	微电极测井	微电极测井测量滤饼得到渗透性指标; 对于 NMR 一些参数必须已知,才能计算渗透率
	核磁共振测井	
	瞬时压力	
机械特性	声波测井	确定泊松比
		压裂施工要用到杨氏模量
套管检查	机械卡尺	机械卡尺安装在内管表层,电磁工具在内管和外管层之间,声波测量还可以反映出表面的粗糙程度
	电磁磁通泄漏和相移	
	超声波扫描工具	
	视频	
注入性	旋转器	
	压力	
	温度	
井间连通性	关井状态下用脉冲压力表测量压力	高频脉冲测量表明井内可能存在高渗透性但是还需一些数据来确定干扰层
	井间示踪剂	示踪剂数据显示注水井与生产井之间的连通性,对于长井距可能需要较长的时间
砾石充填的完整性	超声波井下砂层检测	故障点可定位
	基础砾石充填测井	
油管/套管规格和堵塞	井径测井	PDG 的良好基质指标可用于判定射孔性能的好坏
	试井钢丝	
	伽马测井确定 NORM	
	井下永久压力计 (PDG)	

这个表格并不详尽,但可为大多数标准测量的设备提供基础。对于一个给定目标,它能显示出可以选择哪些工具,并给出一些相关意见,以防止测量工具的不确定性。虽然意见不广泛,但仍会为读者提供一些指引。更多详细信息可从其他文献中获得。

选择测量工具的另一种方式是基于不同问题来选择(Hill,1990)。主要性能指标将决定操作。该指标是基于石油(天然气)生产、注水、补救措施的质量、水气突破等。问题的根源可以根据可能形成的原因细分。每一种原因或问题的根源都可以被追溯到可能造成性能问题的可控变量上。为了识别、验证并了解这些原因,某些诊断工具就有了用武之地。表 6.4 提供了一个根据性能问题选择诊断工具的方法。表 6.4 未完全考虑所有情况,但可以为在开发一种油田或地区的工程师提供一个知识转化工具。工作规划树形网络可以如图 6.11 构建。一旦一个生产问题的根本原因被确定,围绕仪器设备、紧急情况和工作规划都可以最大限度地评估问题和制定补救计划。

6.4.3.1 采集与处理

其中最简单形式的测井工具由两部分组成:探测头和电子盒。探测头包含在测量传感器中(Lynch,1962)。传感器的类型取决于测量工具的性质。电阻传感器使用电极或线圈；声学传感器使用换能器；放射性传感器使用对放射性敏感的探测器。探测头往往由钢或玻璃纤维制成。

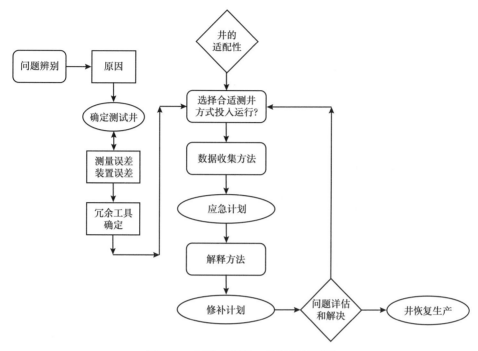

图 6.11 解决问题的工作计划树形图

表 6.4 问题诊断和工具的选择

问题	可能的原因	工具	注释/约束条件
生产率低	低渗透； 射孔孔眼堵塞或近井筒破坏； 窜流、交叉流； 孔眼被填满； 比例出错；沥青质	不稳定试井； 温度和微调勘察； 到标志点的试井钢丝捞砂筒中取砂样	对比岩心记录和裸眼测井的生产记录可以区分低渗透区和射孔孔眼堵塞
流体管外流或循环损失	压差差异； 液压损失； 管后隔离； 遇到天然裂缝	井温测井； 放射性示踪测井； 氧活化测井图； 直井测井	井温测井有低温失真； 注射示踪剂的段塞可以用伽马射线测井工具
底水锥进/天然气锥进	显著的流动性差异； 高生产率	多次生产测井； 干扰测试消除窜流； 脉冲中子测井或关井状态下碳氧比测井	难以评估，有时候工具与技术间要优胜劣汰；开发速度与水气锥进效果关系明显

续表

问题	可能的原因	工具	注释/约束条件
低注入度	与生产率低的情况相同	温度和 RA 示踪剂 或转子流量计； 井径测井（内径测量）； 压力恢复或压降试井； 注水质量； 捞砂筒砂堵	井径测井可以和其他测井相结合来解决管材限制的问题；关井期间的横流是一种常见的砂堵现象
储层流体窜流	高流度比； 大传导性管路， 裂缝成了管路	生产测井或 RA 示踪剂； 脉冲试井或井间示踪剂试井	储存流体窜流可以由脉冲试井和井间示踪剂试井来鉴别
死油/剩余油饱和度	在高传导性的管路 里有砂堆积	延时脉冲中子俘获测井 和碳氧比测井； 延时脉冲中子俘获的 测—注—测； 掺杂 MnC_{12} 的核磁共振 技术或测—注—测； 介电测井； 单井示踪剂测试	脉冲中子俘获测井使用 测—注—测技术和净水、 含盐水的注入； 核磁共振在钻井区域 检测到 MnC_{12}； 核磁共振的测—注—测 需要井下扩眼的井筒； 介电测井确定侵入带的 S 正压控制防止油剥离
砾石充填和筛管 完整性	充填不好，筛管不完善	未聚集伽马射线密度； 超声波检测出砂； 生产测井仪 w/r/a 标记 的砾石和载液	防止流体聚集，超过侵蚀速度； 伽马射线密度测量可以找到 砾石间的孔隙； 没有一种测井工具有监测屏幕， 所以要在故障后检测； 生产测井仪可以检测热点
油层分隔 （胶结质量）	水泥胶结未完成； 水泥有裂缝	水泥胶结测井； 脉冲超声波测井； 井温测试； 氧活性和脉冲中子俘获测井； 超声波检漏工具	水泥胶结评测测井提供了一个在 井投入生产前的油层分隔记录； 应该在初次胶结后，其他设备未 投入运行、未射孔前运行
增产措施质量	裂缝传导不好， 井筒破坏不是因为 井动态不好	不稳定试井， 生产试井	生产前后的测试都要进行
压裂后生产 效率提高	外区增加， 不完善区覆盖导致 局部渗透效果	示踪剂测量， 微地震	裂缝方向相对井筒是倾斜的， 会被遗漏（微地震）
井流水平	水泵性能差	井眼回声探测法	乳状和泡沫状气油界面造成困难
稳定套压	封隔器或油管泄漏， 初次水泥胶结不好， 胶结破裂或微环隙通道	超声波检测； 干扰试井	较小的泄漏很难被诊断出

电子盒包含电传感器，是处理信号的电子设备，并且由电缆将信号传输到地面记录单元（如果适用的话）。电子盒可能被作为一个单独的组件安装到探测头上来组成仪器，或者它可以与传感器结合成一个复合工具。图6.12是一个典型的裸眼井测井工具示意图，它可以测量多个参数，所以称为三重组合工具。对于井深计量与校准测量系统，测井通常是在上升过程中记录，以保证钢索拉伸和更好地控制深度。该工具的测量数据可以按不同要求在井下、在地表上的测井车或在中央计算中心处理。

表6.4提供了该工具的特性、运行环境和常用的测井测量优缺点的简短描述。读者可参考供应商提供的相关细节来进行选择。

6.4.3.2 自然电位（SP）测井

该测井技术允许页岩和渗透带之间具有差异。SP测井记录着动态电极在钻孔中的电势和固定表面电势之间的差值。电势是通过原始水、导电钻井液和某些离子选择性岩石（页岩）的相互作用所产生。图6.13是一个SP曲线的例子，直线为相对页岩基线建立。渗透

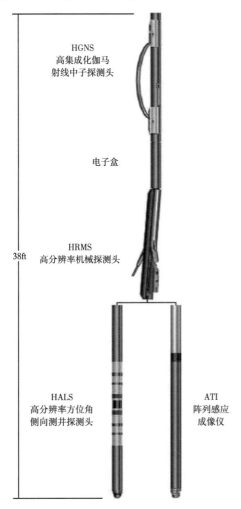

图6.12 典型的裸眼井的测量工具：
三重组合结构（本图由斯伦贝谢提供）

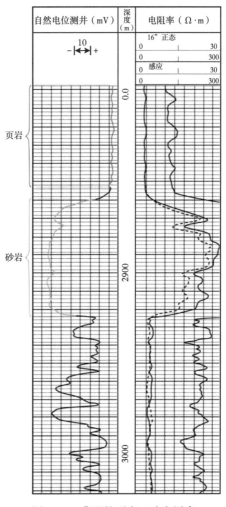

图6.13 典型的页岩—砂岩层序
自然电位测井曲线图

性相反的地层，图 6.13 中显示曲线从基线偏移，在厚地层中此曲线变得近似砂层线。这些通常绘制在测井记录的最左边。SP 测井的一些特征如下：

（1）地层边界界定并进行地层对比；

（2）只有在裸眼井水基钻井液中才能作业；

（3）SP 测井受井眼和地层温度、侵入半径和地层电阻影响；

（4）如果钻井液滤液与地层水的电阻率大致相等，则 SP 测井偏差会很小；

（5）由于过往的设备、阴极保护设备、泄漏的电源、靠近电线或泵送设备等影响，应进行干扰测试。

6.4.3.3 电阻率测井

钻井液地层电阻率是决定碳氢化合物的关键参数。电阻率取决于地层水、水量和孔隙几何形状。地层电阻率的变化范围从 $0.2 \sim 1000 \Omega \cdot m$。电阻率测量结果具有多种用途（表 6.5）。

表 6.5　电阻率测量工具和用法

		不聚焦	聚焦
电极	宏观设备	短电位 对数正态 梯度电极	侧向测井 双侧向测井 球形聚焦
	微观设备	微电极 全井眼地层微电阻率 成像测井仪	微侧向测井 微球形聚焦测井 微型扭转聚焦
感应	正态 三维		双感应 阵列感应 3D 感应

使用关键点：
（1）碳氧化合物的识别和量化；
（2）湿区量化；
（3）确定钻井液侵入；
（4）识别薄层；
（5）渗透性指标

电阻率是通过直接发送测量电流到目的地层或通过诱导电流测量值的大小来计量。它在钻井液体系、径向测量（浅、中、深）和井眼成像上都有很大用处。

电阻率测井的典型特点：

（1）电阻率反应受井眼尺寸和电导率的影响大；

（2）井眼和其他因素的影响是通过最低限度地使用聚焦电流来控制抵消，这些设备被称为侧向测井或球形聚焦测井；

（3）在不同深度，对电阻率测量会形成多个阵列。钻井液侵入剖面图是利用浅层读取工具来近似确定地层真实电阻率。

6.4.3.4 伽马射线测井

伽马射线测井是对地层天然放射性的被动测量。在沉积地层中，测井曲线反映了地层的泥质含量，因为放射性元素往往集中在黏土层和页岩层。储层除被污染之外，放射性水平通常比较低。因此，低伽马信号能穿过砂岩层和泥岩层进行检测。伽马射线测井通常结合其他测井仪器（包括套管井生产服务等）一起运行，并拥有几英寸的测量深度。以下是伽马射线测井的特征：

（1）允许地层对比，并从黏土和页岩中辨别出多孔和不同渗透性的岩石；

（2）对完井和修井作业非常有用；

（3）闪烁计数器一般用于测量之中，测量工具对计数统计很敏感，因此需要合适的运行速度；

（4）在沉积地层中的放射性一般从无水石膏里的几个 API 到盐类的 200°API，再到页岩中更多的 API 进行变化；

（5）伽马射线测井曲线不仅可以反映放射性、地层密度的函数，还可以反映出井眼条件（直径、钻井液相对密度、工具尺寸和位置）；

（6）自然伽马射线测井法（NGS）测量伽马数值和伽马能量水平来确定钾，钍和岩石中的铀含量（在第 5 章中讨论）；

（7）结合伽马射线测井和其他岩性指标（密度、中子孔隙度、声波），可以对复杂岩性混合体积矿物进行分析。

不同地层中伽马射线测井反应如图 6.14 所示。

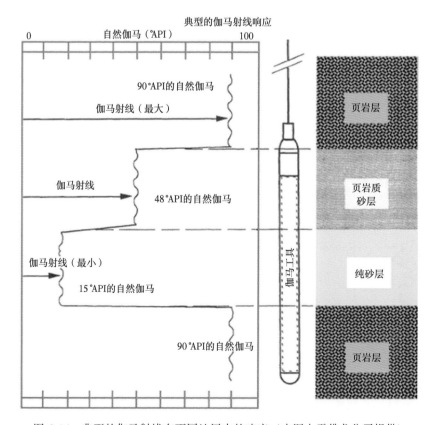

图 6.14 典型的伽马射线在不同地层中的响应（本图由雪佛龙公司提供）

6.4.3.5　中子测井

中子测井的原理在第 5 章进行了讨论。在结合伽马射线测井后，中子孔隙度测井方法解释岩性和井间地层连通性的能力得到增强。它们主要反应在地层中孔隙里的液体流动产生氢的数量。中子孔隙度测井在气层孔隙度读数低是由于较低的个数和单位体积。结合密度或声波测井就可以检测气区。从光源发出的原始高能中子被连续碰撞减缓，然后扩散并被随机捕获。捕获原子核发出的伽马射线，中子或伽马射线就能被计数。

（1）补偿中子测井工具（CNL）的典型垂向分辨率是 2～3ft。通过改进加工可达到多 1ft 的分辨率；

（2）井径测量为 8in～1ft；

（3）虽然主要受温度和压力影响，中子测井同时也受到钻井液相对密度、重晶石含量、矿化度和工具位置的影响；

（4）在页岩中的束缚水通常可给出一个较高的氢指数。

图 6.15 右侧表示是中子孔隙度、孔隙度、密度测井。气层中的交叠被标记出来。左侧显示的是井眼尺寸、伽马射线、自然电位和电阻率测井。

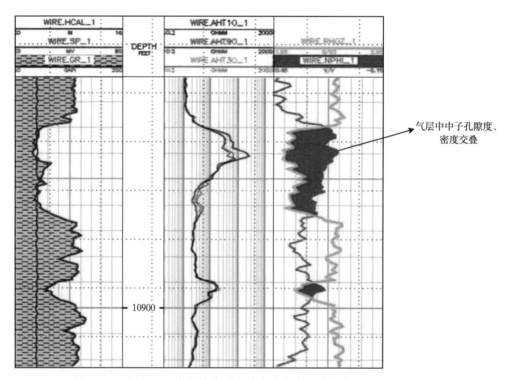

图 6.15　气层中中子孔隙度和密度、孔隙度的交叠

6.4.3.6　感应测井

感应装置测量地层自然形成的感应，可以估计油基钻井液和淡水钻井液井筒内的地层电阻率（表 6.5）。感应测井的原理是基于测井探头与地层之间的电磁耦合。双感应测井包含了深度感应、中等感应、浅电阻率测量工具。最新的阵列感应测井使用多线圈密集逆向阵列可以提供改进的薄层响应，测量深度越深，动态电阻范围越大，其特点如下：

（1）感应测井工具，作为一个灵敏的导电设备，在中低地层中测量电阻率最准确；

（2）五种不同测量的深度（10~90in）；

（3）在测井速度较快时，垂向分辨率可能达到4ft、2ft和1ft（3600ft/h）。

6.4.3.7 声波测井

声波测井的测量原理在第5章中进行过讨论。单位为 $\mu s/ft$ 的测量间隔传播时间被记录在测井图上。这个传输时间取决于地层的岩性和孔隙度。

井眼补偿声波测井、长源距声波和阵列声波测井工具都在快速发展，后者可对整个声波阵列进行记录。从声波阵列的分析过程中，剪切和斯通利波的传输时间被提取和压缩。利用传输时间的计算，可以测量岩石的机械性能，如泊松比、地层应力、杨氏模量。声波测井也可用于测定水泥胶结质量和井眼成像。

声波测井特点如下：

（1）有相同岩性特征的地层内声速范围为6~23000ft/s；

（2）石油和天然气相比起水声波传播速度较低（较高的传输时间）；

（3）通过有孔隙的岩石时会降低声波速度；

（4）基于阵列声波测井仪的剪切波速数据在计算岩石弹性模量或非弹性模量时非常有用；

（5）现在多种扩频或扫频声学测量技术应用更广泛，可以进行多相流裂缝检测和断层确定。

6.4.3.8 密度测井

密度测井是测量地层体积密度，用于确定地层孔隙度的间接测量方式。还可以检测气体、碳氢化合物浓度，并在蒸发沉积岩中鉴别矿物，进行复杂岩性泥质砂岩的评价和岩石力学特性的计算。

放射源发射出中等能量的伽马射线，在碰撞中形成电子，失去了一些能量，并持续损失能量，这种相互作用被称为康普顿散射。散射伽马射线从固定源到达检测器飞过的距离作为地层密度的指示。

密度测井的特点如下：

（1）该工具与地层之间的接触是不完善的，所以有必要进行曲线校正（滤饼或井眼不规则）；

（2）在补偿地层密度测井（FDC）中，不同间距和探测深度的两个检测器一起使用，比标准单一的检测工具可以更好地校正结果；

（3）井眼曲率较大会对测量结果有影响；

（4）除了体积密度的光电吸收指数（PE）外，岩性密度测井是FDC测井的扩展版本，而PE测量主要用于岩性测量。

6.4.4 套管井测井

套管井测井是在井下套管和水泥胶结后进行的。通常是进行地层评价、完整性评估、识别扰流带、检测接触运动并作为修井作业的诊断工具。测井设备的机械原理本书暂不介绍。

6.4.4.1 套管接箍定位器（CCL）

套管接箍定位器是一个安装在套管接箍上的灵敏的金属磁性装置。尽管伽马射线有时可以用于深度控制测井，但主要还是利用套管接箍定位器进行深度控制测井。套管接箍定位器可以在裸眼井的合适连接带及套管井中进行测井。

6.4.4.2 伽马射线测井

如前所述，伽马射线和伽马能谱测井都可以在裸眼井和套管井中测量。此测井方法一直沿袭着其他岩性的测量方法，可以应用到直径为1in油管甚至更大尺寸油管。它们的测量范围至少可达350℉和15000lb。图6.16表示在相同时间间隔的裸眼井和套管井伽马射线曲线的比较。图6.16中指出，套管井测井曲线有的地方是均匀的，还有的是分散的。还有一些有用的评估，可以作为裸眼井伽马射线曲线和套管井伽马射线测井的基线。

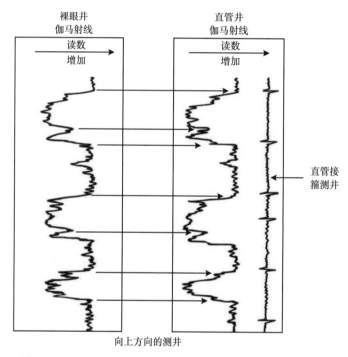

图6.16 对比裸眼井和套管井伽马射线测井（Smolen，1996）

6.4.4.3 脉冲中子俘获测井（PNC）

这可能是油田监测最重要的测井方法。脉冲中子俘获测井配合使用一些小直径（$\frac{11}{16}$in或更小）油管，主要用于含水饱和度的测量、孔隙度测量和地层中出现气体的测量，还与裸眼井非常相似。脉冲中子测井也可以测量注水区含水率变化和剩余油饱和度变化（ROS）。一个典型的PNC工具配置如图6.17所示。中子工具的尺寸、质量、垂直分辨率、方位敏感性、探测深度各不相同。电子脉冲定期发射出脉冲中子，脉冲源在约1000μs的时间间隔内突然发出1400×10⁴MeV中子。这些中子与地层中两个检测伽马射线排放量的检测器相互作用。像其他活性测井一样，应用相同的原理理解探测设备的监测机制是非常重要的。

在开始的几十微秒内（图6.17），发生高能量的非弹性碰撞。在此期间所发出的伽马射线对中子俘获测井毫无意义，但对后述的碳/氧比测量有用。之后 $1000\mu s$，中子被减速变成能被各种元件俘获的低能量热中子。当与某些原子核和具有特征能量的伽马射线发射碰撞时就会被捕获，这是脉冲中子俘获测井最重要的原理。

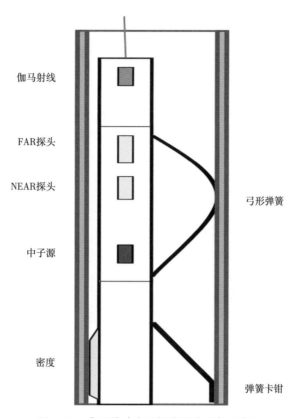

图 6.17　典型脉冲中子俘获测井设备示意图

下列是脉冲中子俘获测井的特点：

（1）在高矿化度井眼环境下效果最好（>50000mg/L）；

（2）测量的范围为 10~20in；

（3）记录速度只有 10~20ft/min；

（4）重复测量 3~5 次，以减少统计变化；

（5）近/远比率曲线类似于一个未经校准的孔隙度；

（6）由近到远的覆盖方式可用于气体检测。

6.4.4.4　中子测井

套管井中子测井测量的是热中子。该工具测量距源头固定距离处的中子密度。在中子减速前，这个密度与中子运行长度有关，并可以反映附近的含氢量。中子测井用于评估地层孔隙度、气体检测，更重要的是在裸眼套管井缺乏明显伽马射线特征情况下，可关联其他测井一并分析。

6.4.4.5　碳氧比测井

碳氧比测井可用于确定水和油的存在，套管后未知水源或是矿化度不详水样的饱和度。

对于高矿化度油井，脉冲中子俘获测井更适合。碳氧比测井与脉冲中子测井有类似的高能中子爆炸，与传统的中子捕获测井类似。这些都是非弹性俘获模式。无弹性伽马射线的能量谱是在一段时间内测量的，在几微秒内非弹性碰撞就停止，且中子减速到热状态。因此，只有非弹性频谱可用于碳氧比测井。图 6.18 给出了由一段时间内测量脉冲中子发射的非弹性频谱的简单说明。在定时窗口，通过时间限制收集计数得到碳/氧能量水平关联（图 6.19）。在合适元素曲线条件下的区域可用于比率计算。

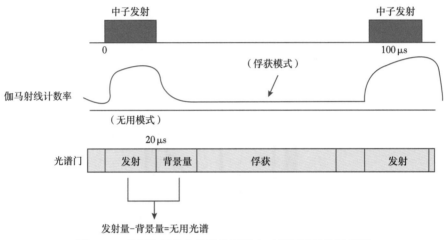

图 6.18　碳氧比测井中非弹性频谱由时间门测量的示意图

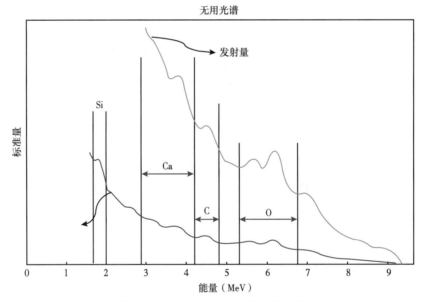

图 6.19　非弹性和背景光谱不同的碳氧比和钙硅比的选值差异（Jacobson，et al.，1991）

通过研究整个弹塑性地震反应谱，新一代的工具可以提供铁、氯、钙、硅、硫和氢元素的组分，这些技术都比较复杂，目前，元素嵌合的标准测量工具还在研发当中，每个元素门都被用于整个光谱（使用 256 能量门）。环境校正是裸眼井和套管井测井中获取水泥胶结等准确测量信息和正确评估的关键。

碳氧比测井的一些特点如下：

（1）测量深度为 4~7in；

（2）碳和氧的计数来自用于校正背景的非弹性波；

（3）碳酸盐岩对碳氧比贡献较多，所以砂岩可以从碳酸盐岩相中鉴别；

（4）非弹性数据的收集必须在缓慢的测井速度下进行（0~5ft/min）；

（5）多次测量是必要的，可以提高测量精度。

6.4.4.6　生产测井

生产测井仪的主要功能是识别流体类型和注入点，测量分层流速和液体冲蚀作为生产井和注水井深度的函数。除了提供流速估计，该测井技术还在井眼和近井带问题的诊断方面有重要用途（Hill，1990）。诊断包括确定管道漏水、横流和流体入口位置。

该工具通常由伽马射线测井仪和套管接箍定位器组成，用灵敏的压力计和温度计及转子流量计来测量压力梯度、温度剖面。温度梯度分布提供了良好的吸液点探测依据，并对流量计得到的数据进行佐证。图6.20表示一个典型的生产测井工具，它的配置、尺寸、仪器按供应商和工作要求各有不同。

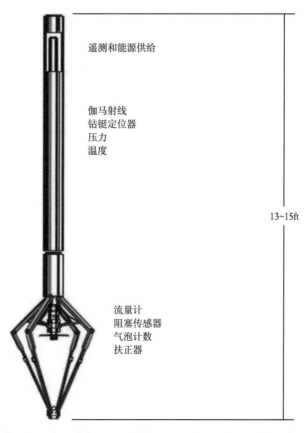

图 6.20　典型的生产测井仪工具（结构和配置会因厂家及工作要求而有所不同）

识别并计算斜井和水平井情况下，多相流动流体的相流速，必须进行下列测量：

（1）大量或全部流体速度（使用转子流量计或放射性示踪剂测井）；

（2）持水率（电容或流体混合物的介电常数测量）；

（3）气含率（光或密度驱动）；

（4）流体 ID（使用压差密度计或伽马射线收集）；

（5）温度（流入地点、相关性）。

对于电缆传输，流量（流速）的测量值一般是由转子流量计或放射性示踪剂测量得到的，后者现在使用很少。旋转器包含的转子在沉入运动液流中后开始旋转。叶轮旋转产生的电脉冲与流体的速度成正比，转子流量计可用于连续油管、能在地表读数的试井钢丝和井下测井中。

流量计主要有三种类型，其中包括阵列流量计。阵列流量计使用了较新的工具，可以改善斜井中分离流的测量精度。

（1）连续流量计（主要用于多管程连续剖面）。

①全井眼（可收缩）旋转器。

②串联（固定叶片的）旋转器（小尺寸）。

（2）分流式流量计（大多为静态测量）。

①膨胀式封隔流量计。

②伞式流量计。

③集流伞式流量计。

（3）多阵列流量计。

微型钻子流量计（直径 0.5~1in），用于固定式和连续的井筒断面测量。

目前分流流量计已很少应用。然而在复杂混合物流动中，分流流量计仍然可以精确地测量平均混合速度。图 6.21 显示了一个典型的分流流量计的配置和转动速度与流量校准的曲线。

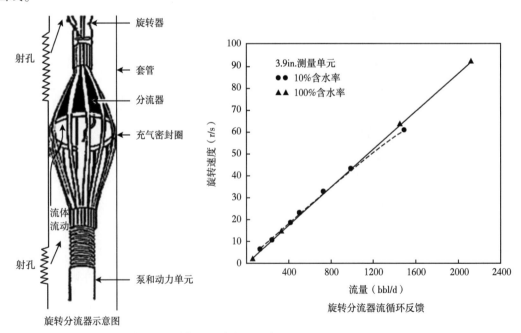

图 6.21 典型的分流流量计（Piers，et al.，1987）

连续转子流量计经常用于高速率的气井测试。全井眼转子流量计更适合于斜井和多相流。转子流量计开始旋转有一个临界流体速度。这限制了低流速气井条件下流量计的使用。建立转速和流体流速的线性关系，对于测量质量的提高很有帮助。多相流、滑脱效应和窜流都可能导致测量结果和解释的不准确，生产厂商提供了基于第二流动相的帮助文件，用来对结果进行校正。

转子也是有效的流体速度传递工具。转子流量计可以受叶片速度和窜流的影响变成逆向旋转。

例6.1：转子流量计响应曲线

旋转器在井中以75ft/min的速度运行，然后加大张力为25ft/min为一个"上行"，紧接着又"下行"到25ft/min。假定在这种情况下，该流体以50ft/min的速度向下移动，可以用转子流量计计算有效速度。

实际速度可以计算为

$$v_{eff} = v_{fluid} + v_{tool}$$

使用该方程时需要假定一个流动方向。这种流动方向的假定是根据相对速度的概念建立的，流体速度为正时流体向下移动。另外v_{tool}在相同的方向移动为正，如果在相反方向则为负（表6.6）。

表6.6 例6.1中的3个速度

工具速度v_{tool}	流体速度v_{fluid}	有效速度v_{eff}
−75ft/min	50ft/min	−25ft/min
25ft/min	50ft/min	75ft/min
−25ft/min	50ft/min	−25ft/min

需要注意的是相同流体速度下，转子流量计的旋转取决于不同叶片方向。有多个流体入口点并在井筒某些地方有窜流的影响，使得实际流速变得复杂。

因为转子流量计对井下条件依赖程度很大，使用多通道现场校准微调技术的情况并不少见。这种方法需要多个通道中有不同工具的速度和方向。一个理想化现场校准曲线的例子如图6.22所示。

标准全井眼或集流式（分流）流量计可以合理地测量流体垂直于井眼方向的平均速度。实际上，没有哪个井筒是真正垂直的，流动状态会发生很大变化。因此，传统生产测井仪器串的长度要加长。良好的流动状态是表层油、水和气体速度都有良好的流动函数。流动可以从层流变成段塞流、泡流、环雾流，速度经过不同管道横截面的变化也是基于层流或湍流的基础（Baldauff，et al.，2004）。

在高角度油井中，典型分层或复杂的流动不能由一个全井眼转子流量计进行全面评价。斯伦贝谢公司的Scanner生产测井工具或者通用电气（GE）的饱和度系统测量工具（SAT）都非常适合这一类环境。流体扫描仪有五个微转子流量计和六对探头（电气和光学），可对整个井筒进行直径测量和确定各相含量（含水率、含气率）及它们的位置。偏心工具实时测量速度和各相比率。

微型转子流量计的直径只有1in，并可以对真实速度进行测量。转子流量计的主体安装

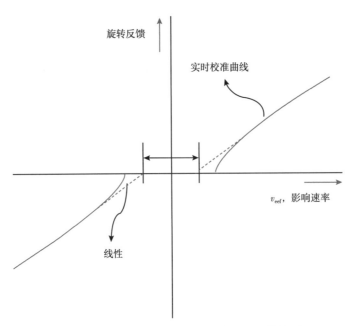

图 6.22　理想化操作下的选择器实时校准曲线图

在井孔的底部，而其他四个铰接臂则横跨井筒直径。图 6.23 是流体扫描仪的示意图。

低频电探头用于测量含水率，探针针尖检测流体接触它时的电阻。因此，六个流体监测测量探头就能区分出水是来自高阻抗的岩石或是低阻抗的天然气。含气率光学传感器工

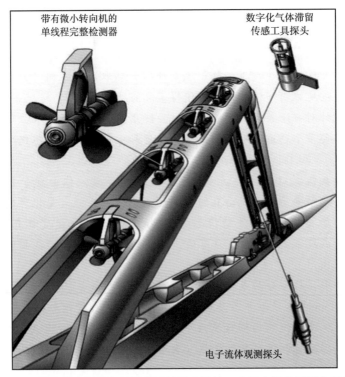

图 6.23　井筒内集成扫描工具与微型转子流量计（本图由斯伦贝谢公司提供）

具（GHOST）对流体的折射率较为敏感。气体具有低折射率，所以比油或水反射得更多。五光学传感器工具探头通常搭配流体监测探头。

利用电探测器测量水的存在与光探测器测量气体压力，油相是由每对探头确定的。斯伦贝谢工具计算持水率的概念如图 6.24 所示。

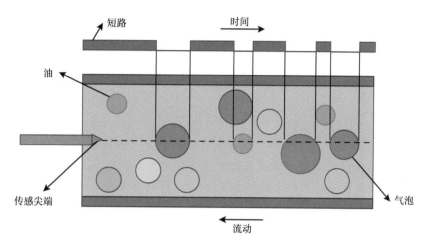

图 6.24　通过电阻率计算持水率的概念图（本图由斯伦贝谢公司提供）

地震采集仪通和 GE 测量的物理量略有不同，它的弹簧臂安装在转子流量计上与井筒周围的角度成 60°。结合电阻阵列工具（RATTM）、电容阵列工具（CATTM）的持率数据和从转子流量计上得到的信息组成了多组产品套件（MAPSTM）。

图 6.24 中的持水率计算相对简单。

$$持水率 = [生产时间 - 循环（或低阻抗总时间）] / 总时间 \tag{6.1}$$

对于油水两相情况，下列等式说明如何在上述测量结果下定量评价各相流速。平均密度测量和整体速度测量可以写成：

$$\rho_m = y_o \rho_o + y_w \rho_w \tag{6.2}$$

$$v_m = \frac{q_o + q_w}{A} = \frac{q_1}{A} = \bar{v}_o y_o + \bar{v}_w y_w \tag{6.3}$$

持水率的总和为 1 时：

$$y_o + y_w = 1 \tag{6.4}$$

式中　ρ_m、v_m——分别是测得的混合密度和总速度；

ρ_o、ρ_w——分别是油和水的密度；

y_o、y_w——分别是持油率和持水率；

v_o、v_w——分别是油和水的平均速度。

将式（6.4）代入方程（6.2）中，可以用下面的方程估计持水率：

$$y_w = \frac{\bar{\rho} - \rho_o}{\rho_w - \rho_o} \tag{6.5}$$

为了得到水相速度，可以用式 (6.4) 代替式 (6.3)：

$$\bar{v}_w = \frac{v_m - \bar{v}_o(1 - y_w)}{y_w} \tag{6.6}$$

在式 (6.6) 中，$\bar{v}_o$ 是未知的。因为油或气的运移速度要远远大于水，可以定义滑脱速度为 v_s：

$$v_s = \bar{v}_o - \bar{v}_w \tag{6.7}$$

用式 (6.7) 消除式 (6.6) 里的 $\bar{v}$，可得

$$\bar{v}_w = v_m - v_s(1 - y_w) \tag{6.8}$$

没有能直接测量滑脱速度的设备，但可在有经验指导下的实验室测量。根据所有射孔（近似）或利用油水两相的相关性流动状态的测井响应计算（Govier and Aziz, 1977；Taitel, et al., 1980）。上述井筒内的流动状态是一个生产测井中重点考虑的因素，因为它明显影响了许多工具的性能。

关于流体识别，测量密度是一个合理的鉴别手段。压差密度计是作为流体识别的一种工具。如油、水、气体和液体的密度是已知的，则测得的井内压力梯度可被转化为整体流体密度。测得井下密度从而找出可能的流体混合物的组合方式。如果使用碳氧比测井和伽马射线测井技术，还可以衍生出更多流体的直接鉴别方法。

6.5 设备的选择

非永久性测量系统设备的选择一般是基于成本和实用性二者之间的平衡。事实上，对于某些高端服务可能只有一个或两个厂商有能力提供服务，有时偏远地区和野外作业的运输能力就能左右选择。一旦监测计划的目标和厂商资格预审确定，表 6.7 展示了选择供应商的一个简单的正式化过程。

表 6.7 供应商选择评估的方法

	评估内容	意义	权值	供应商 1		供应商 2	
				标准等级	加权值	标准等级	加权值
安全性	安全记录		0.25	1	0.25	2	0.5
	相似环境下的统计资料						
	可靠统计	平均失效时间					
		沉积相移动					
后勤	后续维修记录	数据交付及时	0.1		0.2	1	0.1
		维修问题解决					
	区域费用						
	可用的候补设备						
	有能力满足国产化需求						

续表

	评估内容	意义	权值	供应商 1		供应商 2	
				标准等级	加权值	标准等级	加权值
技术	数据质量	如仪表正常运行、质量数据的百分比	0.35				
	校准质量	满足指定性能的评价					
		标准适用的校准装备					
	特殊技术或效率	最大限度地减少停钻时间					
	非常规维修的适用专业						
	公司员工培训	排除常规问题和故障的培训					
商业价值	聘用/遣散费用	最低成本条件下使设备运到指定位置并送回原位	0.3				
	机动设备成本	工具的月租金					
		运营费用					
		电池盒大检修					
		恶劣环境下的费用增加					
	人工成本	油田人均值最大化					
		鉴别运营支持					
	运输成本	点对点定位					
			总和 =1.0		3.5		6

始终首选与油田范围相关的或区域基础类似的供应商签订合同。这样可以在当地培训操作人员，降低运行成本，并对工艺进行微调。有些公司有主协议和首选供应商。这样的情况通常包含一些条款、分包合同或其他供应商的专业服务。大多数情况下，在将过程流程化之后，就可以选择一个供应商，这个过程包括对某种形式的权衡分析。这种方法是将按各个标准权重分配给每个供应商，权重的总和应为 1.0（表 6.7）。组合加权之和最小值所对应的供应商将会是首选。其他服务条款和业务可以考虑合同协商方式，减轻一些比较显著的风险。

对具有较大型专业团队的供应商进行服务评估，应该简单地以数据表示出团队的各个组成在其标准中的重要性（这个可以设置成相应的权重函数），然后确定每个供应商在各个标准下的平均等级。这种方式是不是最好的尚无定论，因为平均算法不能围绕特定问题进行质量分析。另一种评估方法是使用团队的平均成绩，这也要参考投票者之间计算结果的标准偏差。

当然，任何一种方法都是仅提供指导，实际的评估可能需要更加缜密。这主要取决于合作规模的大小、所需的服务、意外事件及技术和商业上的考虑。

在恶劣的条件下，对于工具的损耗，每个供应商有不同的工具评级（临界值和安全系数）。在可比较环境下，工具性能资料将有助于选择适当的服务供应商。在很多情况下，没有哪家公司能够完全提供所需的所有服务。有时也需要根据不同的需求利用其他工具以提高效率，这种重新鉴定可能需要更大的成本支出。

综合服务合约

对于大型综合性的服务合同，各领域专家（SME）都会进行相应评估。供应链管理（SCM）通常在这种情况下分两步运行：各领域专家确定的关键服务信息请求（RFI）被发送给供应商，并要求它们描述所匹配的服务列表，这使得厂商可以在各个区域展示自己独特的优势。专家会从每个服务供应商的能力出发，进一步讨论和评分。这些成绩决定了潜在供应商在名单上的排名，只有那些能够提供足够技术支持的供应商才能留下。名单上留下的供应商都接收了商业条款及要求，供应链管理机构将技术排名与商业建议相结合，得出一个加权分数。

在最终提案提交前，完成以上两个步骤可以确定所有的技术、安全和运营效率等项目。商业提案需要仔细评估，以确定厂商提供的价格和提供的服务相匹配。供应链管理会根据供应商提供的常规生产的最低价格来选择供应商。

练习 6.1 供应商的选择标准：在你所涉及的领域中，定义优选套管井测井服务标准，其中假定该油井是合采出砂井，并伴有水侵现象，标准要求具有选择专用工具或服务供应商的功能。

6.6 运行程序和最佳做法

在这本书中关于运行程序的工具选择和最佳做法是相当繁杂的。这些运行程序是针对现场环境、设备使用年限、设备类型、测量类型，也包括经营公司和服务公司的程序和技术。学者研究了供应商使用工具进行初次校准和二次校准，并且在不同环境中使用这些工具学到的经验及面临的相应问题（Brami，1991）。

> 无论是从获得高质量数据的角度，还是从进行有意义且成功的工作角度来看，在油井中进行任何干预或测量之前，全世界普遍使用的做法都是进行广泛而深入的应急规划工作。

在进行广泛而深入的应急规划工作之前，可能会涉及如下问题：

（1）这些测量方法是不是适合这口油井？

（2）油井中有限制吗？并且应该进行计量吗？

（3）油井条件获得可分析的数据合适吗？

（4）是否有专门的防腐蚀方面的研究以防止测试失败（硫化氢、二氧化碳等）？

（5）地表读数的质量是决定是否扩大测量或是多次测量的关键。

（6）在油井测试期间油井能安全生产吗？既安全又有测试代表性的测量速度是多少？

（7）仪器必须是电动的，或者它们在重力下可以运行吗（即牵引机）？

（8）由于斜井和"扭曲井"，什么最佳工具尺寸可以使其满足各种记录或测试需求？如果需要多次进行测量，保持稳定的生产或良好的环境需要投入多少成本？

（9）对于裸眼井测量，将工具定位位置保持不变会获得高质量的数据吗？如果不是，这样有哪些风险，以及如何才能避免这些风险？

　　而问题是多种多样的，具体的情况并不能通过单一的程序来解决。多个程序的合作进行对成功至关重要。

　　（1）沟通：在工具运到井场之前，所有的现场作业人员、岩石物理学家、工程师和石油科学家之间应该进行有目的性的沟通，以确保设备功能使用的充分性和安全性。并且要充分了解设备与其他设备的兼容性、井筒和完井液、钻井液系统等，要了解预期值、应急预案和风险。这些都是至关重要的环节。

　　（2）测井速度：由于准确的测量数据可能会受到测井速度及井眼条件的影响，考虑到这方面问题，因此要在测量过程及整个作业中重复进行，以确保数据的准确性。

　　（3）电缆拉伸：校准运行应根据典型的张力进行，以确保获得正确的校正曲线。在平移断层和相对深度关系的测井数据中，校正越少越好。

　　（4）工具定位：这在前面已经讨论过了，许多测井工具都需要精确的定位、测量、校准与修正。图表工作的数据对于确认工具定位是至关重要的。

　　（5）预测试和现场校准：对于地层测试器，在仪器被卡和停留的位置上，时间长短之间有一个微妙的平衡，可以获得良好的流体样品或代表着关井测试的风险。同样，对于一定的测井工具和压力表，获得井筒底部及地层以上区域的背景数据的关键是要提高判断数据的能力及工具自身的性能。

　　本章研究了裸眼井、套管井在履行监测需要时钻井记录曲线的特征和类型，以及它们在确定井场和性能上的作用。表格和图表成为提供协助结构化评估和选择供应商的工具。这些工具会指出供应商之间细微的差别和适用范围的不同，而不是提供运行到特定环节的数据。应把重点放在理解这些工具特征及其操作说明等方面。

　　在接下来的章节中将关注数据评估和解释方法。

7　数据评估与质量控制

7.1　数据分析模型

在第 5 章中讨论了仪器的可靠性、仪器的测量误差和校准方法。本章中，在得出结论之前或将数据用于解释和预测之前，将详细地研究数据准备、预处理及质量控制（QC）程序。

数据通常指的是一系列有组织的信息，一般是经验推导、观察、实验的结果或一组假设。在这种情况下，数据不是随机数的集合，而是对应于一个物理系统的响应特性。

多步骤必须按照静态数据或动态数据收集的各种手段进行，如电缆或油管输送工具或永久性安装的仪器，或是实验室测量，遵循正确的步骤非常关键。如果这些数据没有转换为相关知识用来进行决策，那么这些数据是毫无意义的。

数据分析有三种技术，一般借鉴数据而不是不假思索地把数据进行混合。数据分析采用完全不同的方法，依次为：

（1）传统的数据分析；

（2）探索性数据分析；

（3）贝叶斯数据分析。

所有这些都始于一般的工程问题和产生的结论，区别在于得到结论的步骤不同。

传统数据分析方法的顺序是：数据→模型→分析→结论；

探索性数据分析方法不会预先假设模型，顺序是：数据→分析→模型→结论。

贝叶斯数据分析方法增加了一个在科学的基础上，独立分布数据的模型参数，顺序是：数据→模型→先验分布→分析→结论。

现代数据开发技术依赖于探索性数据分析，尽管大多数科学系统使用传统方法来估计模型的系统参数（2003 年的 NIST/微电子计算机技术）。然而，在进行数据分析、数据验证之前，需要探讨预处理步骤。

7.2　数据处理步骤

油田中收集许多不同类型的数据，一般来说，数据的精确度和质量得不到保证。大多数情况下，需要进行数据准备和预处理以确保得出正确的数据。本章涉及数据的解释和基于模型的控制信息报警程序（大于标准偏差）的准备工作。

数据准备的根本目的是为了管理和转换原始数据，从而更易于获取数据集。

非平稳时间序列数据需要特殊的数据准备和处理方法，如演变趋势的监测数据。数据通常是逐渐减少的，而数据质量必须是逐渐变好的。

　　图 7.1 为关于数据准备和处理步骤的示意图，也称知识发现过程。在很多情况下，用于解释的基础软件包括明确数据准备的步骤（如电缆测井数据）。

　　在使用自动数据开发或手动解释技术之前，应采取下列步骤输入数据：

（1）处理缺失数据；

（2）干扰消除或抑制；

（3）异常值检测和清除；

（4）数据平滑；

（5）数据简化方法；

（6）数据校正。

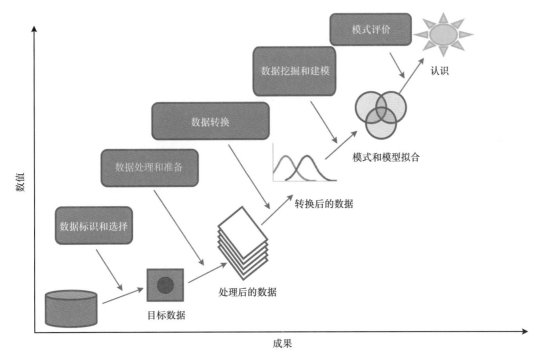

图 7.1　数据评估的步骤（转载自施普林格科学和商业媒体 BV 公司）

7.3　数据频率分析的影响

　　虽然数据采集频率没有既定的规则，但常需要对相关问题进行判断。因为生产周期中，数据的收集成本较高，所以这一判断是必要的。虽然它可能是有价值的，但是基于以下几个方面，研究人员不确定是否需要特定的数据频率：

（1）数据连续性（分类的、单位阶跃函数，或连续的函数）；

（2）数据的变化率（取样数据重建的要求）；

（3）无差异曲线（更多的数据也不会改变决策）。

　　现用一个例子来进一步说明，如果系统中的瞬态变化对定义系统行为是必要的，如捕捉缓慢运动、液面下降或瞬时压力，那么数据收集频率应该遵循尼奎斯特理理。第 5 章对尼奎斯特定理进行了说明。因此，数据的收集频率直接关系到捕获数据或研究整个事件的时间尺度。

数据的收集频率对数据的解释起着重要作用。值得注意的是，原始数据被解释后，用户试图用它来解释物理模型或物理现象中的问题。如果对相同数据进行多次重复使用（如对微粒运移与瞬时压力解释的理解），相同的数据通过不同的显示和演变，得到合适的结论，这种多方面使用的数据需要一种保证：即数据收集的频率应该与最快被解释的状况保持一致。

7.4　数据质量评估框架

有序列的参数被用于许多自动化算法中的数据平滑、校正或者剔除过程中。在认识一个数列之前，以预先构想的参数规律为基础，进行校正是缺乏实际意义的。

目前大多数的数据采集和存储系统完全自动化。供应商根据测量的数据系统的复杂程度，对原始数据的处理作为数据收集系统的一部分。对于间接测量，通常是根据规则或其他方式提供必要的质量保证。五种数据质量框架分别是：

（1）数据完整性保证；

（2）数据方法的合理性；

（3）数据的准确性和可靠性；

（4）数据的原始性和可访问性；

（5）数据的价值创造能力。

表 7.1（Pipino，et al.，2002）中对以上框架进行了更详细的分类。其中一些类型对于较大范围内数据库的结构化设置和数据的精确性框架是有价值的。这些框架可以直接映射到数据准备、质量控制和预处理等步骤中。

由于各种各样的原因，导致数据质量降低。原因之一与将数据导入系统或数据库的过程有关。图 7.2 表明导入数据及更改或管理数据内部的流程会影响数据的质量。人工输入、数据转换、批量输入和实时交互等都可能导致数据质量下降。随着时间变化，文件格式和接口也发生变化，如果不小心使用同一转换器改变格式和接口，将会导致数据丢失和存储错误。此外，系统内部流程（如数据清理和清除）也会导致数据质量随时间衰减。

表 7.1　数据质量评估框架的子类

尺寸	子类	定　义
数据的源性和可达性	及时性	做任务时要有足够的新数据
	可达性	哪些数据可轻松、快速地检索或可用
	安全性	适当限制访问以维护安全
数据的完整性	可信度	高度重视数据并明确其来源或内容
	可解释性	数据逻辑、定义、单位和通道都是明确的
	准确性	数据是正确的、可靠的

续表

尺寸	子类	定　义
方法健全性	客观性	数据是无偏差的、正确的
	可理解性	易于理解
	易于操作	易于操作并适用于不同的任务
	相关性	哪些数据是可用的并对任务有价值
准确性和可靠性	及时性	最新的数据得出正确的结论
	可信度	哪些数据是真实可信的
价值创造	增值	数据是有用的，在使用中显现优势（独特性）
	表达一致	数据以相同的格式呈现
	简洁表述	数据表达紧凑（根据尺寸、通道、分辨率）
	适量	数据量与手头的任务相匹配

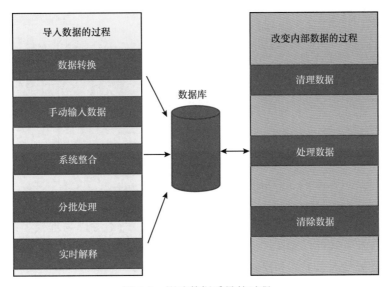

图 7.2　影响数据质量的过程

7.5　数据准备

图 7.3 是原始数据转化为有用信息和知识的简单流程图。为了使原始数据在转换为知识过程中的相关解释比较可信，所使用数据的质量和精确性是毋庸置疑的。如果无法保证这点，将会得出错误结论，使得转化过程不完整或系统认知不正确。如图 7.3 所示，检测系统有多个进程。这些过程包括仪器校准、数据频率测定、并用补偿机制分离测量。在数据收集过程中，原始间接测量可以转换成需要的物理参数（如测量电容或石英晶体振荡频率，然后转换成压力）。这些转换使用的是仪器内部校准常数，这里不讨论原始数据因仪器转换导致的错误。一旦获得适当数据，就要根据用途制订各种数据准备步骤。

数据准备和预处理应谨慎进行，以免改变底层数据。

步骤如下：

（1）使用规则来消除错误数据，如传感器误差、传感器本身的仪器缺陷、传输错误、数据错误等。

（2）处理缺失数据和异常数据，并减少数据中的干扰，更好地减轻底层信号。

（3）使用多参数的规则来检查数据的精确性。例如油井井下和油管压力数据，可以用来检查数据的有效性。

（4）进行多仪器的数据汇总、联系和验证。在多种情况下，可分别用相同的或不同的仪器（如波登管测量和电子石英晶体测量仪）收集多余的数据，有时这些数据会在不同的位置被收集。在对数据比较和交叉验证之前，要使仪器读数归到同一深度或同一种流体上，这种过程通常需要手工操作数据。

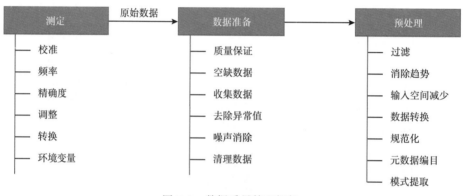

图 7.3　数据质量管理框架

在预处理过程中，可通过数据了解简单的相关性，而不考虑物理模型的控制或约束。数据集可以用多种方式进行操作。由于勘探要获取很多数据集，所以这个评估是和尺度相关的。滤波、趋势分离、平均和模式识别等方法可用于理解基础数据的结构。有时数据被转化以后能更好地理解系统，转换的实例如以比较为目的进行数据标准化转化、采取数据的衍生品使变化变得简洁的例子，或者利用相关参数对数据进行归一化处理的例子。

数据质量评估对于任何数据开发或相关的处理是至关重要的。不同数据的相关性导致对关系和结果的错误预测。

7.6　数据错误

当数据用来反映信息时，描述数据的规则必须被连接在一起，以帮助解释（van der Geest，et al.，2001）。描述数据需要不同水平的规则：

（1）测量对象、时间、地点、尺度。

（2）对数据产生影响或者用于补偿的环境因素。

（3）准确性、有效性：因为仪器的规格形成于数据采集之前，所以数据一般不反映这些特性，该误差通常不是人为导致的。

对于任何给定数据，并不总是能确定疑似错误是不是一个真正的误差，哪里会出现误差及如何重建丢失的数据。

针对文档信息，内容就是数据，读者的知识就是解释，文档中的内容就是信息，所以需要阅读并解释文档，然后将它转换为可用信息。

数据的某些基本属性（包括上下文中使用的数据）用来评估问题，一般物理原理决定数据的连续性、可微性、单调性。

在某些情况下，使用这些属性会造成测量数据过程中出现一些问题。这些问题与测量本身或环境有关，并影响数据测量、对系统的响应和得出的相关结论。

7.6.1 测量误差

如果数据的实际值是已知的，可以绘制如图 7.4 所示的测量值与实际值之间的差异；也可以从分布的观测点看数据，测量平均值和实际平均值之间的差异描述了数据的偏差，标准差代表仪器精度（Rabinovich，1992）。当然，这种类型的原始数据特性应该由仪器供应商开始进行校准，以确保在实际使用之前没有系统性数据偏差或错误。

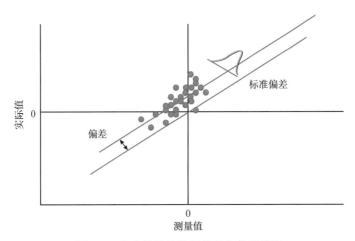

图 7.4 校准显示的数据偏差和仪器精度

7.6.2 数据不一致

有时候存在重复数据，这些重复数据可以被检测出并删除。通常用另一个样品的属性（如样品号或时间序列数据的时间）复制数据是很容易被检测到的。这种情况大多发生在采样频率高、但系统响应缓慢或仪器的分辨率无法检测到变化的时候。当用样品数或时间标记绘图时，重复数据很容易被检测到，但是当数据形成频率分布时检测变得很难。在频率分布中，可能出现多个样品的值相同。虽然重复选择不会影响数据值的选择，但应该分配什么时间点。一旦使用某个相同的方法，这个问题就变得无关紧要。解决这个问题的简单方法是在数据集中选中间时间点（图 7.5）。

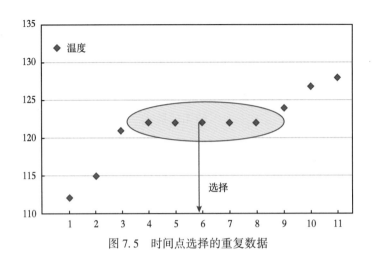

图 7.5 时间点选择的重复数据

7.6.3 矛盾的数据

这是指重复数据被检测的状况。例如，同一时间（重复）但值不同，哪一个数据应该被删除？清理这样一个数据集的唯一方法是明白变量的规则。例如，如果是温度数据，因为温度一般不会以一个较高的频率波动。因此，可以对相邻值之间进行插值和比较，并舍弃偏离值，图 7.6 对这种清理数据的方法进行了说明。在时间点 6，有两个温度测量值。绿色圆圈中的数据被拾取，因为它有接近周围数据点的趋势。虽然不了解底层的物理测量，但这种机械的方法是合适的，它可以避免不必要的偏差；所以在进行这一步之前首先要明白变量的规则。

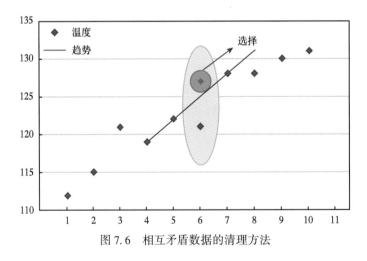

图 7.6 相互矛盾数据的清理方法

7.6.4 错误代码

通常，测到的测量误差或原始数据处理错误通常设置为 -999 的数值。这些代码很容易被检测和剔除，除非它与估计值非常接近。人们期望仪器的数据记录系统能解决这个问题，最终用户将不必处理这些问题。

7.7 处理不一致数据

7.7.1 数据缺失

数据缺失的原因有许多。数据可能会因没有记录或者被过滤掉而缺失。在许多情况下,数据处理算法,尤其是信号处理型算法需要均匀间隔的数据。在这些情况下,该数据可能会丢失。在其他情况下,数据之间的差距可能不适合进行全面分析或进一步的分析,缺失的数据必须找回。

只有在这种情况下才建议将数据添加到现有的测量集。即使这样做,原始数据和未处理的数据也应该保存。

处理缺失数据的标准方法有:

(1) 线性插值法;

(2) 多项式插值法;

(3) 曲线拟合法。

线性插值法并不能解释该数据集的形状,只是在两点之间分配中间值。多项式插值法是一种高阶技术,试图更好地匹配整体数据而不是只在局部进行插值。曲线拟合方法与线性插值法获得的数据尽可能接近,但不一定准确。除了对要求间距相等(某些信号处理技术)的点增加数据点以外,应避免对数据集插入额外的点。

7.7.2 异常值检测和清除

当数据不遵循一定的趋势偏离时,工程师就会面临数据取舍的问题。

关于处理异常值或离散数据建议如下:

(1) 测试异常数据是否只有一个;

(2) 收集测试数据日志,以证实无任何寻找数据的异常事件;

(3) 考虑可能导致数据偏差的物理现象(如使用流体平面交叉口压力计);

(4) 考虑数据偏差的持久性;

(5) 要求来自测量设备的原始数据,基于校准和物理测量现象,可以识别该数据是仪器误差还是数据处理问题;

(6) 覆盖原始数据和已处理的数据,并同意舍弃之前结论对其进行解释。

对于异常数据的处理,统计学家道格拉斯·霍金斯说:"异常值不同于其他许多观察值因此被怀疑,它由不同的机制而并非所研究的基本机制产生。"

每个人对异常值的理解都有所不同,异常值应该从分析中删除以保持数据的精确性,从而得到有效的结论。异常值有以下几个定义:

(1) 异常数据是伪造的数据;

(2) 异常数据是无法解释的数据;

(3) 异常数据是反驳论文(某种观点或理论)的数据;

(4) 异常数据与数据趋势完全不同。

一般情况下,剔除异常数据是哲学意义上的一种偏见,它倾向于做一个更好的数据集,证明一个潜在的假说或假设。因此，如果可以的话，这种行为应尽量避免。这不是一个好的提高数据集准确性的方法。如果去除一个异常值就会改变实验结论，那么应该更留意实验本身并需要一个更好的数据集。

考虑如图 7.7 所示的示例。显而易见，图 7.7（b）中的点是异常值。任何自动化算法或动态平均值可能将其剔除。但是在更大的数据集中它们被看作整体的一部分，如图 7.7（a）所示，即在一个年平均值的基础上，这个问题便不那么明显。

考虑到基于密度的数据孤立点检测技术方法可能不够，基于学习的模型方法有时也是必要的（Montgomery，2009）。以下为考虑异常排除的一些客观方法：

（1）谨慎排除异常值；

（2）切勿仅由判断（主观拒绝）排除异常值；

（3）排除异常值分析（客观标准）。

当平稳性假设适用时，下面列出的两种统计排除技术被认为是客观的。更复杂的技术将在后面章节中进行讨论（一个平稳的过程是指随着时间和空间位移、数据均值或方差不会改变）。

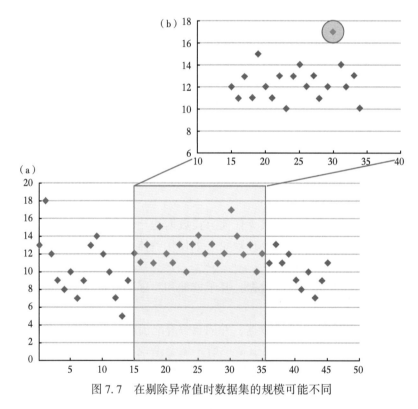

图 7.7　在剔除异常值时数据集的规模可能不同

（1）格拉布技术是 3σ 技术。从本质上来说，它排除所有大于三个标准差（3σ）的平均数据。它很少排除优质数据（正常分散的数据）；但是它只能排除少数点（Dieck，1995）。

（2）汤普森 τ 技术是 2σ 技术。它有时会排除数据（正常散射内），但根据第 5 章中的可靠性讨论，它保持 95% 的数据变化。这是一个值得推荐的技术。其详细的理论介绍如下。

汤普森 τ 从学生 t 分布得出。简单地说，学生 t 分布纠正源于无限样本（理想分布）中的小样本方差（有关学生 t 分布和其使用的更多详情，请参阅有关统计数据的教科书）。

$$\tau = \frac{t_{0.05,n-2}(n-1)}{\sqrt{n}\sqrt{n-2+t^2_{0.05,n-2}}} \tag{7.1}$$

其中，$t_{0.05,n-2}$ 是概率为 5% 的学生 t 分布 [可作为 Excel 的 TINV 函数（概率，$n-2$），$n-2$ 表示数据的自由度]。异常值计算如下例所示。

例 7.1：目标异常检测

采用汤普森 τ 技术计算出表 7.2 中的数据集中的第一个异常值（这个数据集由 40 个数据点组成），并给出逐步计算过程。表 7.3 为本例的导出数据。

（1）通过观察和汤普森 τ 技术计算，-368 似乎是一个异常值。

（2）计算数据集的平均值（$\bar{x}$）和标准偏差 Sx，数据点的数量是 40。

$\bar{x}=3.975$，$Sx=120.04$，可疑的异常值=-368。

（3）计算增量或改变量 $\delta = |(可疑的异常值) - (\bar{x})| = |-368-(3.975)| = 371.975$。

（4）根据正态分布，样品尺寸与 2σ 可以计算（如学生 t 分布）。根据附录 C 中，表 C-1，$\tau=1.924$。

（5）计算 τ 乘 Sx 的结果。

$$\tau Sx = (1.924) \times (120.04) = 230.95$$

表 7.2 以例 7.1 数据为例

序号	数据	序号	数据
1	18	21	1
2	-11	22	129
3	148	23	-56
4	-113	24	0
5	126	25	134
6	79	26	-103
7	-137	27	-38
8	-52	28	89
9	22	29	2
10	-72	30	-35
11	58	31	-121
12	120	32	25
13	-216	33	8
14	9	34	10
15	179	35	280
16	24	36	-211
17	124	37	-39
18	12	38	-29
19	-40	39	166
20	37	40	-368

表 7.3　从表 7.2 中导出的数据

数据点的数量	n	40
自由度	d_f	38
概率	p	0.050
数据平均值	x	3.975
数据标准偏差	Sx	120.041
学生 t	t $(p,\ d_f)$	2.024
汤普森 τ	τ	1.924
τ^* 标准偏差	τSx	230.95

（6）比较 δ 和 τSx。如果 $\delta > \tau Sx$，x 是一个异常值。因为 $371.975 > 230.95$，因此 -368 是一个异常值。

（7）删除异常值，并重复步骤（1）~（6），如果 $\delta < \tau Sx$，则计算停止。

还有其他自动异常检测与剔除技术。其中有一种方法是基于小波理论，7.8 节将进一步讨论去噪技术。

根据前面提到的基于汤普森方法的统计异常值去除法可应用于生产数据。克里斯蒂安于 1997 年发展了理论并为其使用提供了范例，他简化了工业系统中普遍的控制图理论，从而产生了质量控制的 6σ 理论。他定义了一个过程能力指标（PCI），这个指标是测量系统的工作范围与格拉布方差归一化后的比值，即

$$PCI = \frac{USL - LSL}{6\sigma} \tag{7.2}$$

式中　LSL——下限；

　　　　USL——上限。

其中

$$PCI_L = \frac{\mu - LSL}{3\sigma} \tag{7.3}$$

式中　μ——数据的平均值。

由于非储层相关问题，如油井问题、修井后速率增加、封堵、泵故障等，可以定义和剔除生产数据中可能出现的异常值。通过以上步骤，就可以定义 PCI_L，这一过程是在井测系统中基于产量损失的检测。产量损失评估可以和学生 t 分布结合（学生 t 分布是纠正有限数据大小来模拟无穷样本量的统计分布函数）来确定产量损失评估的可信度。例 7.2 显示了在测量流速时，如何评估油井测试系统探测可变性的可信度。

例 7.2：评估测量数据的可信度

基于可信度较低的 1$^\#$ 油井所测量的采油速率，计算出油井中测量系统的可信度，然后依据这个可信度检测出流体流速发生了 10% 的变化，这种变化与随机测量误差无关。低压井每 4d 进行一次测量。因此，表 7.4 中的数据集代表了为期 40d 的稳定测量样本（Christianson，1997）。

如式（7.3）所示：

$$PCI_L = \frac{\mu - LSL}{3\sigma}$$

因为要检测数据平均值10%的方差，$LSL = 0.9 \times$平均值。因此，简化为

$$PCI_L = \frac{0.1\mu}{3\sigma} \tag{7.4}$$

表7.4 可信度较低的1#井的运行数据

测试	油流速	移动范围
1	27	xx
2	26	1
3	18	8
4	28	10
5	26	2
6	28	2
7	19	9
8	26	7
9	27	1
10	29	2

（1）所有样品平均产量 = 254/10 = 25.4bbl/d。

（2）规格 = 0.1μ = 2.54bbl/d。

（3）在表7.4中，定义C为连续测量速率之间的差异（即2#测试的移动范围是2#测试和1#测试之间的差异率）。

（4）动态变化平均值 = 42/9 = 4.66（类似于变化平均值）。

（5）过程标准偏差（基于2样品范围，即两个连续的数据点之间的最大值减去最小值）σ = 4.66/1.127 = 4.135。

注意：尝试估算标准偏差时，它是基于平均范围内的2个样本大小的平均值即（最大值–最小值）的平均值。因为来自正态分布的2个样本不会给出准确的标准偏差，这个标准偏差用校正系数来表示，校正系数以样本大小为基础（表7.5）。

（6）PCI_L = 客户规格/3σ = 2.54/（3）（4.135）= 0.204。

可信度将从以下式得出，在控制范围内，这一过程在3σ限制范围内通过使用正态分布实现：

$$\text{可信度的百分数} = \left\{1 - e^{-[2.26(PCI_L) + 3.58(PCI_L)^2]}\right\} \times 100\% \tag{7.5}$$

（7）可信度的百分数 = 44%。

得出结论：因为随机性，检测出流体流速发生10%的变化时，可信度只有44%。

表 7.5 根据平均范围计算标准偏差校正系数

样本量	校正系数（由此划分范围值）
2	1.127
3	1.693
5	2.326
6	2.534
8	2.847
10	3.078
15	3.472
20	3.735

7.8 去噪

异常值检测采用一套规则和统计学方法来剔除不需要的数据。然而，去噪就是在不了解结构的情况下，试图从数据中还原一个真正的潜在信号。基于子波的去噪方法在地球物理学、行星科学和生物学等领域都很受欢迎。

该技术采用以下方式工作：当使用子波（抽取）分解数据时，使用一个过滤器充当平均滤波器（低通滤波器）、其他滤波器产生信号的详细特征。当这些过滤器作用于数据时，会产生一组与数据集中的特征相对应的小波系数。如果这些次要特征对主要特征没有显著影响，那么就可以忽略。如果某些特征值很小而其他值很大，那么就可能出现"阀值"。阀值就是将所有小于某一特定值的初始值设置为 0。其余系数用于逆小波变换重构信号（Kikani，1998；Athichanagorn，et al.，2002；Ou Yang and Kikani，2002）。这是去噪前的重要步骤，因为去噪是在数据平滑之前就要进行的步骤。

图 7.8 为子波过滤的单级分解和重建过程。数值算法需要采样数据随着时间均匀推移来实现，采样间隔为 Δt。下式所示的转换被离散的、有规律的样本数据集替换。第一个是互补变换，就像一个平均低通滤波器（尺度函数）；第二为子波变换，使信号在给定水平发生详细变化（Houze，et al.，2009）。

$$C_{\Delta t}(t) = \frac{1}{\Delta t}\int_{-\infty}^{+\infty} f(x)\phi\left(\frac{x-t}{\Delta t}\right)dx, \quad \int_{-\infty}^{+\infty}\phi(x)dx = 1 \tag{7.6}$$

$$W_{\Delta t}(t) = \frac{1}{\Delta t}\int_{-\infty}^{+\infty} f(x)\psi\left(\frac{x-t}{\Delta t}\right)dx, \quad \int_{-\infty}^{+\infty}\psi(x)dx = 0 \tag{7.7}$$

式中 $C_{\Delta t}(t)$ ——互补变换；

      $W_{\Delta t}(t)$ ——子波变换；

      $f(x)$ ——数据向量；

      $\Phi(x)$ ——尺度函数；

      $\Psi(x)$ ——子波函数。

图 7.9 为尺度函数和子波函数的一个简单例子。更复杂的子波函数是用来满足附加属

性的。平滑函数通常用于避免转换过程中数值的影响。

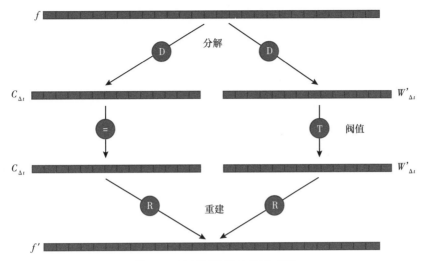

图 7.8 单频子波算法的示意图

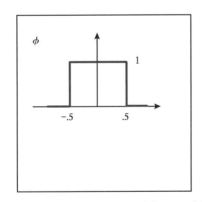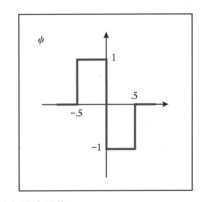

图 7.9 哈尔扩展和子波函数

函数 $f(x)$（代表数据）分解为尺度函数和子波函数，在时间 t（$W_{\Delta t}$）范围内得到平均值（$C_{\Delta t}$）和噪声频率 $1/\Delta t$。如果噪声值高或者有数据中断（如压力恢复测试开始时），$W_{\Delta t}$ 的值将是纯负值或纯正值。然后可以定义一个低于所有信号系数的阈值 $W_{\Delta t}$，初始值为 0。这个变换被组合在一起提供一个重新组合的原始信号。这可以在多个频率上进行，也可以获得一个多级滤波信号。有关该技术实施条件和限制条件的更多详情，请参阅厚泽等于 2009 年发表的文献。由于子波变换提供了一种独特的能力，它不仅可以过滤数据，还能从实质上减少数据量。对于大数据集，这种自动化的能力有显著的价值。图 7.10 为阈值和数据减少的例子。

图 7.10（a）中原始数据的采集期为 5d，包含 20000 个压力数据点。可以看到，噪声值高并且有改变数据集的趋势。从图 7.10（b）中可以看出，以低阈值进行数据降噪处理会使这一趋势保持得很好。图 7.10（c）中，有效的阈值减缓了急剧的趋势变化。从图 7.10（d）中可以看到，减少的数据集虽然点很少，但这些点都已去噪和阈值化了。这些技术的应用需要借助实验，并且用控制算法性能的参数来迭代。

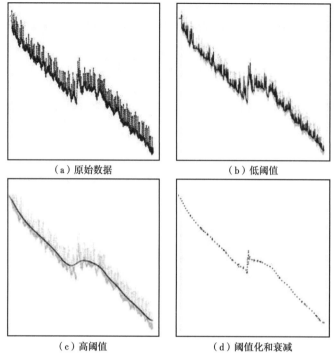

(a) 原始数据　　　　　　　　　　(b) 低阈值

(c) 高阈值　　　　　　　　　　(d) 阈值化和衰减

图 7.10　子波过滤和减少永久性测量数据集

7.9　数据过滤

滤波技术和平滑技术之间有着细微差别，滤波技术只允许有意义的信号存在（去除噪声、趋势等），而平滑技术可根据拟合函数去预测。这个区别是不明显的，建议读者考虑两者的一致性。

均值滤波器像低通滤波器一样工作，如动态平均值（也叫平滑技术）。它不允许高频噪声通过。这些滤波器是常系数滤波器，因为加权矩阵不会改变。从本质上讲，给定值会被周围的平均值代替，如图像滤波的应用。当数据无趋势或是循环模式时，这种技术的效果很好。一维动态平均值可以用方程式简单地表示：

$$y_k = \frac{1}{n} \sum_{j=k-n}^{j=k-1} y_j \tag{7.8}$$

其中，y_k 是第 k 个数据点的值，这个值是在 n 个点的动态平均值范围内得到的。n 是用户提供的常数，n 值越大平滑性越好。

中值滤波器（使用周围单元的中值）相对于均值滤波器更加优越，这是因为附近单个不具代表性的值不会对中值产生显著影响。因为中值实际上是附近值中的一个。当滤波器经过边缘时不会创造新的不合实际的值，因此中值滤波器在保持突出边缘上要好得多。这些优势可以从图像中去除均值噪声的干扰，图 7.11 为中值滤波器作用于图像像素数据矩阵的例子。

光谱滤波把数据转化成主频率并在主频率中过滤信号，可采用用快速傅里叶变换（FFT）或离散傅里叶变换（DFT），这类似于在小波域进行小波变换。

23	25	26	30	40
22	24	26	27	35
18	20	50	25	24
19	15	19	23	33
11	16	10	20	20

（在该图中，50被替换为24-围值的中位数）

图 7.11　二维嘈杂的像素值通过过滤得到的

以上技术既可以在频域中剔除某些确定的频率（如高频），如图 7.12 所示，或限制频率的幅度（带通滤波器）。这些技术更适合于具有复杂和环状趋势的数据，下面用一个简单的例子说明。

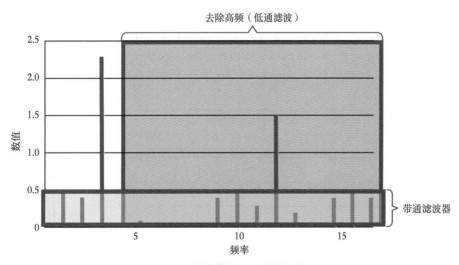

图 7.12　频域信号和滤波器的概念

考虑图 7.13 中所示的时间序列集。如果仔细观察就可以看出循环趋势。这个信号频率组成如图 7.12 所示。有相当大一部分的频率是 3，这部分的周期是 12 个月（因为总数据周期是 36 个月，频率是 3 意味着每 36/3 = 12 个月发生一次变化），频率是 12（季度趋势）。图 7.14 显示了过滤后的数据，分量频率大于 5 的数据都被过滤了，构成了所谓的低通滤波器。相反，如果要剔除截止幅度为 1.0 的最弱频谱分量（考虑到它作为干扰），那么不同于 3 和 12 的频率都被排除。图 7.15 所示为平滑技术或过滤技术的数据结果。

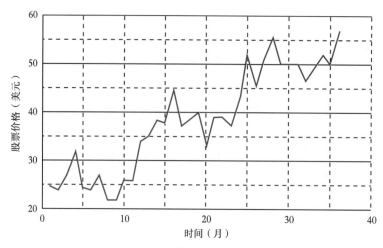

图 7.13　时间序列数据集的复杂循环的趋势

　　现有多种可用于复杂信号处理的数字滤波技术。关于光谱过滤技术更多的细节，读者可参考 MATLAB 信号处理的相关文献。

7.10　数据光滑

　　对于时间序列数据的光滑，需要了解数据的一些性质。数据光滑技术用于解释数据中的干扰，提取真实趋势，可以用光滑后的数据模型建模和预测。如果数据波动占少数，那么就可以使用标准移动平均值技术。如果新数据比原来的数据可靠，那么可以应用指数光滑法。类似地，如果数据存在一种趋势，可以使用双指数光滑技术。另有三重指数光滑技术允许处理随机波动和季节性波动的数据，这种类型的光滑技术也称为霍尔特—温特斯法。

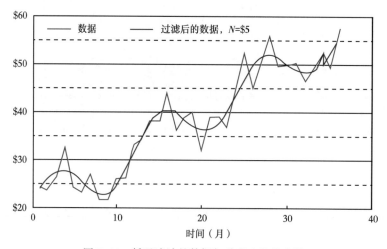

图 7.14　低通滤波的数据与季度小趋势去除

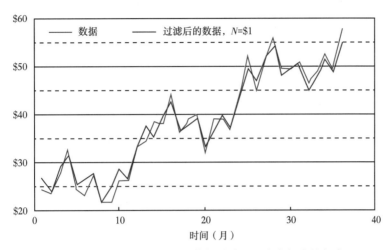

图 7.15　频谱噪声过滤后的数据删除了所有小幅度的频率

7.10.1　指数光滑法

当数据变陈旧时，指数光滑会降低其所占的权重。平均技术的阻尼水平由 0～10 的权重决定。下式显示的是数据集组成部分单个值的光滑 y_i：

$$\begin{cases} y_1 \\ y_2 \rightarrow S_2 = y_1 \\ y_3 \rightarrow S_3 = \alpha y_2 + (1-\alpha)S_2 \\ y_4 \rightarrow S_4 = \alpha y_3 + (1-\alpha)S_3 \\ \quad\quad\cdots\cdots \end{cases} \quad\quad (7.9)$$

其中 S_i 是一系列 y_i 的光滑条件，而 α 是加权系数。S_2 可以由多种方法决定，如上所示的方法之一就是假设 y_1 的值，其他方法可能会对前几个值求平均值。通项如下：

$$S_t = \alpha_{t-1} + (1-\alpha)S_{t-1}, \ 0 < \alpha \leqslant 1, \ t \geqslant 3 \quad\quad (7.10)$$

其中，α 意味着缓慢的阻尼，$\alpha \approx 1$ 意味着较快的阻尼。下面式子中显示权重以几何级数减小并被 $1-\alpha$ 的减小强度证实。

$$S_t = \alpha \sum_{i=1}^{t-2} (1-\alpha)^{t-1} y_{t-1} + (1-\alpha)^{t-2} S_2, \ t \geqslant 2 \quad\quad (7.11)$$

新点的预测就变成

$$S_{t-1} = \alpha y_t + (1-\alpha)S_t \quad\quad (7.12)$$

如果数据有明显的趋势，指数光滑法就不理想。图 7.16 表示用指数光滑法对有两个不同 α 值的数集进行拟合的例子。

7.10.2　双指数光滑法

这种方法可以解释数据的趋势。该方程非常类似于上面的式子，只不过加入了变化的参数 β，其公式如下：

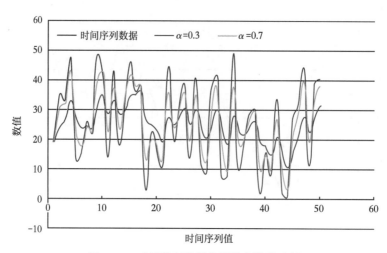

图 7.16　时间序列数据的指数光滑的示例

$$S_t = \alpha y_t + (1 - \alpha)(S_{t-1} + \beta_{t-1}) \qquad (7.13)$$

对于趋势的校正仍然是在动态的基础上进行的，如下：

$$\beta_t = \gamma(S_t - S_{t-1}) + (1 - \gamma)\beta_{t-1} \qquad (7.14)$$

β 的初始值可以由多种方法获得

$$\beta_1 = y_2 - y_1 \qquad (7.15)$$

或

$$\beta_1 = [(y_2 - y_1) + (y_3 - y_2) + (y_4 - y_3)]/3 \qquad (7.16)$$

α 和 γ 可以由非线性优化技术得到（如马夸特算法）。图 7.17 给出了双指数拟合数据集的一个简单例子。数据的趋势显而易见，该方法很好地遵循了这一趋势。

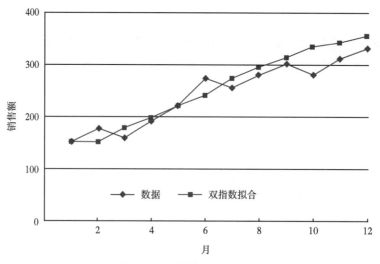

图 7.17　双指数光滑的示例

7.10.3 三重指数光滑法

该方法也被称为霍尔特—温特斯法，它消除随机波动、数据趋势及解释周期性变化或者振荡行为。

整体光滑：

$$S_t = \alpha \frac{y_t}{I_{t-L}} + (1 - \alpha)(S_{t-1} + \beta_{t-1}) \tag{7.17}$$

趋势光滑：

$$\beta_t = \gamma(S_t - S_{t-1}) + (1 - \gamma)\beta_{t-1} \tag{7.18}$$

周期性光滑：

$$I_t = \delta \frac{y_t}{\delta_t} + (1 + \delta)I_{t-L} \tag{7.19}$$

预测公式变为

$$S_{t+m} = (S_t + m\beta_t)I_{t-L+m} \tag{7.20}$$

为了初始化这个光滑等式，1~2 周期或振荡的周期性数据对于校准常数是必要的，完整的周期性数据有 L 个点。

7.11 数据校正

在一些情况下，给定油井井深的测量数据需要用基准井深来进行比较校正，还有多个仪器在井下收集同一数据集参数的状况。在这种情况下，需要对仪器进行比较，选出能达到解释目的的测量仪器。

7.11.1 基准面校正

虽然大多数现代软件都可以对数据进行自动分析和校正，这种校正是在输入流体密度和仪器深度的基础上进行的基准校正，了解其概念和缺点很有意义。基准面校正中提供了一个通用基础，在这个基础上可以比较油井内属性和储层压力、温度或者在给定区域内甚至一个盆地内与此有关的其他广泛属性。计算平均储层压力或从霍纳曲线外推压力时，进行归一化处理是必须的（即物质平衡计算）（Matthews and Russell, 1967）。然而，没有必要对所有井底压力进行基准校正，测量井底压力是为了计算渗透率、表皮系数和其他一些储层特征参数。

理想情况下，基准水平是基于孔隙体积选择的油藏中心或重心处（含油体积的上一半和下一半）。这些压力可以直接反映油的流动趋势，也可以通过比较校正基准压力来判断储层连通性。

选择的基准水平往往会反映出一个油区的平均压力。如果有气顶，含气区域中点的平均压力可以直接通过原油基准压力校准得到，从基准水平用原油的密度达到气油界面，然后向上使用气体密度（图 7.18）。

这个可以写为

$$p(气) = p_油(基准) - \rho_o D_o - \rho_g D_g \tag{7.21}$$

式中　D_o——原油基准深度到气油界面的距离；

　　　D_g——气油界面到气柱中点的距离；

　　　ρ_o——原油密度；

　　　ρ_g——气体密度。

压力通常利用油管流体梯度从测量深度校正到基准深度。从油管从井里提取出来的时候，油管梯度可以通过油井外面的静态梯度测得。为了弄清测量过程中液面的流动状况，静态测量也可以在井内较低压力下进行，（Kikani，2009b）。

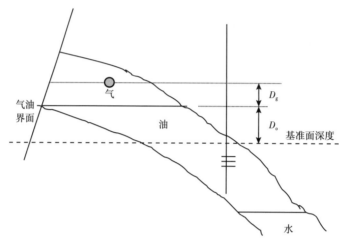

图 7.18　以原油基准压力计算气层压力

一旦通过静态测量得到原油梯度和井底梯度（若井筒中不含水就为相同性质的原油），就可以进行基准面校正。首先，测量压力要校准到地层顶部或者孔隙之间的部分，用的是给定深度的测量梯度。如果基准水平面确实在射孔间隔内，这将是一个单一的过程。如果在井中测出了气体梯度，相同的校正方法同样成立，图 7.19 给出了校正过程。

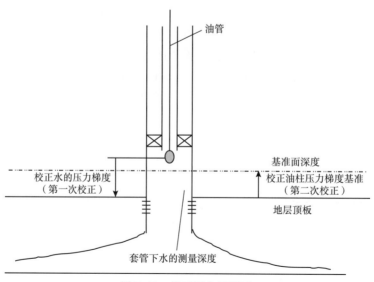

图 7.19　校正压力基准面

尽管油管中的原油和储层中的不可能完全一致，但当基准面校正小于数百英尺时，它更接近实际目标。

以尽可能接近地层间隔的方法，操作压力计来最小化校正误差是明智的选择。

7.11.2 比较多级井下压力计

多级压力计是通过电缆作业运行的。它是将多个仪器绑在一起或者锁定在井中不同位置，一旦收集到数据，有三种方法可以对数据进行解释和分析：

（1）从每一次测量中解释数据，并用统计的方式汇报结果（如平均值、标准偏差和解释参数范围）；

（2）分析每个仪器的数据质量，并选出一两个合适的仪器进行解释；根据现行做法，分析决定最终结果；

（3）混合方法可以将差距较大或者分辨率低的测量仪器在第一步排除掉；在第二步中，剩余的仪器用于数据解释，并且结果以平均值、范围和方差的形式给出。

如果遵循某些结构化协议，使用之前列出的方（2）或混合方法的第一步来协助选择数据进行解释，下面给出一些建议步骤：

（1）同时对所有压力计绘制数据。

（2）挑选数据频率最高的仪器；把它作为校准仪器，转换并修改其他仪器的数据。

（3）挑选一个时间标记点，在这个时间点上至少有两个仪器进行了校准，用这个时间点转化并覆盖其他数据。

（4）检查仪器深度是否完全一样。如果不一样，用两个仪器稳定的部分来计算井底流压，并把压力转移到合适的仪器上进行覆盖，与已知流体样品的梯度数据进行比较。

（5）适当覆盖后，在连续点之间比较仪器的分辨率和数据的可变性。该现象在接近末尾时更为明显，此处压力变化较小。

（6）经验法则适用于仪器接近射孔位置或储层顶部的情况，除非仪器不精确或不正确。

（7）对于高渗透系统或气体系统，要考虑油管摩阻损失及热膨胀在数据比较中的影响，表皮系数评价在计算非达西系数中的影响。

（8）对于高传输率的浅海系统，检查受潮汐影响的数据。根据当地海洋潮汐数据或者用数据估计的频率和振幅的模型进行卷积。

7.11.3 估算永恒井底压力计偏差

仪器偏差由材料老化、仪表元件的非弹性性质及测量系统的整体退化造成。一般来说，偏差可分为短期和长期两种。从数据中得出仪器的偏差值是非常困难的，除非对数据进行校正。小偏差仪器可定期与井底仪器在相似的工作情况下进行比较。有时，对多个仪表长期累积的数据可以随时进行比较，以评估仪器退化程度。Hailstone 和 Ovens 于 1995 年建议可将仪器误差（如偏差）看作储层模型反应的一部分。对于短期偏差和长期偏差，Veneruso 等于 1991 年给出了一个简单的一阶差分方程模型。这些方程的常数解可通过定义测试协议来获得。高渗透系统长时间的小偏差也会影响储层动态的解释；然而短时间的压力测试分析则不影响解释结果。

7.11.4　电缆拉伸的深度估计

电缆测井与深度联系在一起，深度测量是至关重要的，因为重要的是基于这些联系。尤其是射孔、流入位置及接触深度都由测井数据解释得到，并与深度测量相关。因此，深度测量的质量控制是至关重要的，所有影响测量的因素都包含在一个误差模型中，即该误差模型的不确定性或概率。

这种类型的误差包含在一个误差模型中，这个模型与误差（随机和系统）相关，误差幅度是恒定的，包括单位应变常数的比例系数误差（系统的和随机的）和合适井深的延伸误差（系统的和全局的）等（Brooks，et al.，2005）。因为误差取决于操作方法是否标准，每个误差被定义为对操作环境或某些情况下对周围特定情况的反映。每个误差都由偏置误差和标准偏差表示。根据偏差的总和及整体的标准差进行校正，而标准差是根据单独标准偏差的平方根得到的。校正和不确定性监测（基于标准偏差）应经常进行。例7.3说明了计算测量深度的不确定性，测量深度计算是关于平均值和95%置信区间的计算。

例7.3：深度测量的可靠性

在地下5000m深度遇到气油界面，这是根据新钻井的随钻测井得出的结论。随钻测井深度的误差幅度见表7.6。一个独立的有线深度测量显示气油界面在深度5015m处。有线系统的误差和偏差特征也见表7.6。验证气油界面的测量深度，并对标准偏差及可信水平进行估计（Brooks，et al.，2005）。

因为偏差被认为是不相关的，所以它可以在考虑深度上添加，得到一个总偏差。因此，对于随钻测井，总的偏差为+6.5m。深度的不确定性是随后独立分量平方根的总和，即

$$总的不确定性=\sqrt{标准不确定性的平方+比例系数的平方+伸长量的平方} \qquad (7.22)$$

表7.6　实例7.3中随钻测井的误差（Willamson，2000）

误差分类		随钻		电缆	
	类型	偏差	标准差	偏差	标准差
标准	系统	0.0	0.1m	0.0m	0.1m
	随机	0.0	1.3m	0.0m	1.3m
比例系数	系统	-1.0m	3.1m	0.0m	1.3m
伸长	随机	+7.5m	2.5m	-0.2m	1.2m

不确定性是±4.2m。这±4.2m的不确定性是标准差。因此深度的最佳估计是5000m+6.5m=5006.5m，不确定性在±4.2m之内具有68%的可信度。回想一下，正态分布中1σ大约为68%的置信水平。

有线测量有类似的计算，给出总偏差-0.2m和标准差±2.2m。因此，有线深度测量的最佳估计是5015m-0.2m=5014.8m，不确定性在±2.2m内具有68%的可信度。

这两个工具之间的相对不确定性可以简单地通过每个工具的均方根增加1σ来计算。1σ的计算结果是$\sqrt{4.2^2+2.2^2}=4.7$m。电缆和随钻深度的误差包括5014.8-5006.4=8.4m的偏差。这个与1.78m的标准差（依据$1\sigma=4.7$m）相一致，从附录C的表C.3可以看出，

这与 92% 的置信水平基本一致。这意味着误差模型预测的两个测量值有 8% 的概率不一致。因此，这是一个系统的临界值。

7.12   生产测井仪器测量的良好实践

很多油田都有用于交叉校正和数据质量评价的常用实践方法。额外的测量操作、井眼内停止增加数据及部分重复测量都是数据收集规划过程的一部分。如果计划得当，收集到的数据就可以放心使用，可以将被剔除数据降到最少。这里有一些常见的做法：

（1）从下到上进行测井；

（2）使用多级压力计；

（3）在每一位置了解仪器稳定测量时的稳定特性；

（4）部分重复测井或测量应确保没有仪器振荡或者其他误差；

（5）将仪器从井眼中拉出时应标记压力测试停止点；

（6）测量速度要满足测量类型和分辨率的要求；

（7）不同的测量工具需要在不同环境因素下进行校正，应确保了解需求并收集相应的边缘数据；

（8）在测量操作中要知道仪器离心率的要求，应该使用具有相同离心率的仪器（如集中式或偏离中心的仪器）。

从数据评估的角度重复操作，控制操作环境和良好的基线数据及校准工具，不仅能够核对和验证测量数据，还能较好地进行解释并获得有意义的结果。

在本章中，主要讨论了现场仪器测量数据、数据处理及其要求。介绍了清理和处理数据的基础，包括异常评估和误差评估。讨论了更简单的现代数据处理方法，还介绍了数据转换和相关数据的修改。对现场操作程序的最佳实施方法进行了讨论。

一旦数据集经过清理、过滤并以适当的形式呈现目前的问题，那么就可以通过表格、解释和建模技术提取信息，这将在下一章讨论。

8 数据分析

分析是指通过应用计算机科学、运筹学、概率学、统计学、数学和工程学从已存在或计算得出的数据中得出结论。数据驱动方法和模型驱动方法是获得关于生产系统深刻见解和知识的关键。图 1.1 说明在生产领域从纯粹的数据采集和相关阶段到获得有效信息和提高分析能力阶段需要一定的努力。本章着眼于从所采集到的数据中发现相关群组、标准化技术、量纲分析和利用一些探索性数据分析技术方法来提高洞察力。其中，关注的焦点在模型诊断上，这有利于提升分析能力并提高预测质量。

8.1 数据挖掘

探索性数据分析的概念在第 7 章已经进行了讨论。图 8.1 显示了如何将标准的商业行为分为数据驱动和模型驱动的方法论，这两种方法论都是实现商业目标的关键。数据驱动技术通常是指通过原始数据或处理过的数据得出信息的技术。这种规则源于探索式观察和共性趋势。数据驱动触发器在自动化系统中可以设置，测量数据偏离设置点将触发报警程序，这种技术在过程控制中非常有效。实时决策系统中，安全是至关重要的，因此经常使用这些方法，通常被称为另类的管理方法。与此同时，商业智能在许多行业有了巨大突破。它采用先进的数据开发技术、统计分析、可视化、计分表和控制板来管理业务；通常也包括预测性分析，它是一个与情境意识相关的持续发展的领域。预测性分析这个概念源自未来汽车可以自动驾驶这个理念（Lochmann，2012a），已经通过理论测试并被证明是可行的。为了安全有效地执行任务，不仅要懂得汽车的内部结构系统，还有必要了解环境和外部变量。为了能非常精密地进行测量，数据处理和数据驱动的目标—决策系统已经变得很实用。尽管这些技术的关键是预测能力，但是可以利用经验丰富的数据集或者完整的物理知识体系进行预测。

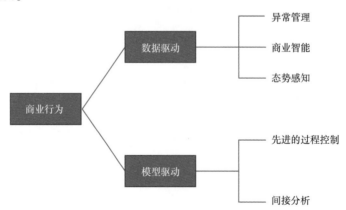

图 8.1 商业行为中数据驱动和模型驱动的划分

另外，模型驱动分析是用来获得一个更复杂的结果和基于灵敏度的学习系统，利用它所构成的基本知识体系来提高预测。

8.1.1 参数标准化

参数标准化是一种常用来衡量参数测量值的技术，可以用来比较不同的数据集。选择比例尺度有两点非常重要：

（1）参数的缩放尺度应为特征尺寸，例如 q/q_{max}（q 是流量），C/C_i（C 是浓度）；下标 i 表示初始条件，下标 max 表示最大值；

（2）如果给定的数值有两个端点，其中一些值需要缩放，比例的差异可以适当地表示出来，比如 $\dfrac{p_i-p_{wf}}{p_i-\bar{p}}$ 其中 $\bar{p}$ 表示平均压力，（$p_i-\bar{p}$）表示平均储层能量衰竭。

常用的标准参数列于表 8.1 中。简而言之，一个参数或者变量有四种方法进行标准化，分别是参数的最小值、参数的最大值、参数值的范围或参数的平均值。也可以设计出更加复杂的标准化技术，比如利用分布函数曲线的面积。

表 8.1　常用标准参数

名称	类函数	标准值
流速	标准比	$\dfrac{q}{q_{max}}$，$\dfrac{q}{q_i}$
	性能比	$\dfrac{q}{Kh/\mu}$
	压降比	$\dfrac{q}{\Delta p}$
压力	标准压力	$\dfrac{p}{p_i}$，$\dfrac{p_i-p_{wf}}{p_1-\bar{p}}$
	标准比和标准性能	$\dfrac{\Delta p}{Kh/qB\mu}$
浓度	初始浓度	$\dfrac{C}{C_i}$，$\dfrac{C}{(C_\infty-C_0)}$
温度	温度比	$\dfrac{T}{T_c}$
产油量	OOIP	$\dfrac{N}{N_p}$
注入体积	PVI	$\dfrac{\int q\Delta t}{Ah\phi(1-S_w)}$
API 重力		$\dfrac{141.5}{\gamma}-131.5$
毛细管压力	标准 J 函数	$\dfrac{p_c}{\sqrt{K/\phi}}$

注：下标 i 为初始，下标 c 为特性；下标 p 为产量。

在工作中使用类比方法时，这种比例概念是很有价值的。当缺少主要系统知识时，类比被用在不同的环境来设置期望值。比如如果在苹果和苹果之间做出比较，使用类比是棘手的。例如，如果完井方式相同、构造地质相同，岩石特性和产油层厚度是一样的，除了其他方面，类比的区域与相邻区域以同样的速度生产才会有意义。

规范化动态图是一种有助于了解油田生产动态的方法。特定的标准化允许油井在相同油田进行比较，普通的标准化可以在不同油田之间比较。

比如以 $q/\Delta p$ 划分，瞬时产油量和累计产油量将作为一个标准化的划分，其中 Δp 是压降值。类似地，如果两个区域的流体特性和渗透率不同，其中一个可以划分为 $\dfrac{q}{Kh/\mu}$ 用作对比目标。

例 8.1：标准化注水驱替百分比

一个水驱油藏中，束缚水饱和度是 18%（S_{wc}），残余油饱和度是 26%（S_{or}）。按照最大驱替效率表示标准体积，计算原油采收率。

$$原油采收率=可移动碳氢化合物=初始含油饱和度-残余油饱和度$$
$$=（1.0-S_{wc}-S_{or}）=（1.0-0.18-0.26）100\%=56\%$$
$$地质储量=1.0-S_{wc}（1.0-0.18）100\%=82\%$$
$$最大驱替效率=采油率/地质储量=56/82=0.68$$

这种标准化可以对各种水驱进行比较，并阐明了驱替效率。

8.1.2 无量纲数组

量纲分析是用来推断变量参与过程的逻辑分组，常应用于几何相似的体系中（例如在两个系统中所有类似的距离有相同的比率）。一般来说，在工程系统中，两个系统之间除了几何标度相似，也可寻找运动学（速率是可对比的）、动力学（力的比率是相同的）和热学上的相似。量纲分析方法是建立在空间均匀性原理之上的。

> 量纲一致性原理要求所有描述物理系统行为的方程必须在尺度上一致。

换句话说，方程式中的每一个物理量（参照一个给定的基本尺度）必须有相同的尺度（Rohsenaw and Choi，1961）。当表征某些过程的数学方程未知或太复杂，量纲分析通过减少调查变量的数量或者通过半经验关联式的形式，为得到结果提供了一种有效的数据收集或实验方案的依据。但是量纲分析本身不能取代精确的或者近似的数学解。

当问题太复杂而不能从理论上解决时，使用量纲分析把变量组合作为无量纲组合，这样涉及相关变量的数量就会减少。

使用无量纲组合的优势是可以研究复杂现象，包括以下几种情况：

（1）显著减少变量数量的调查。也就是说，每一个无量纲组合包含几个物理变量，可能被视为一个复合变量，从而减少了所需实验数据及所需时间去关联和解释实验数据。

（2）通过改变参数组合（包括参数）的影响，预测在过程中改变个别参数引起的效果，使结果独立于系统的规模和正在使用的单位制。

（3）通过总结系统和模型之间必然存在的相似条件，将体系模型得的结果扩大或缩小，使之简化。

（4）从无量纲组合涉及的数值中推导影响过程的重要性因素。例如，在流动过程中雷诺数的增加表明相对于整体流动转移（惯性效应），黏性转移机制就不太重要，因为雷诺数代表惯性力和黏性力的比值。

例 8.2：无量纲毛细管压力

莱弗里特 J 函数常被用作毛细管压力的标准化。毛细管压力是一个重要的物理量，它取决于岩石和界面性质，通过实验发现束缚水饱和度是渗透率的一个强函数；孔隙大小分布（即孔隙度）和界面的形状密切相关（即毛细管压力）。

如果做一个简单的量纲分析，根据界面特性、孔隙度、渗透率定义毛细管压力，很快得出 J 函数的形式：

$$J(S_w) = \frac{p_c}{\sigma} \sqrt{\frac{K}{\phi}}$$

式中　p_c——毛细管压力，psia；

　　　S_w——界面张力，dynes/cm；

　　　K——渗透率；

　　　ϕ——孔隙度。

基于简单的探索式方法，p_c/S 的单位是 L^{-1}。因为 ϕ 是无量纲的，且孔隙度有区域尺度，源于 BuckinghamPi 理论的应用，平方根的关系式是适当的。

注：这种相关性计算的结果并不精确；对于不同岩石类型，一些参数的依赖关系可能不明确，且不包含在多维度分析中，因此不同的指数可能更适合扩展数据。

8.1.3　相关参数

相关参数不一定是无量纲的。它们通常取决于方程式的处理或对现场数据的观察。不管基础变量值怎么改变，只要关联组具有相同的含义，答案将是完全相同的。以下是在无限大储层中求解一口油井瞬时线源的例子，油藏中压降的解法如下：

$$\Delta p = c_1 E_i \left(-c_2 \frac{r^2}{4t} \right) \tag{8.1}$$

式中　$E_i(-x)$——指数积分函数；

　　　c_1、c_2——常数；

　　　r——油井半径；

　　　t——时间。

值得注意的是，这个问题的解决方案 $r^2/4t$ 是一个自相似变量（例如，油井压降是到储层距离的 2 倍，但后来变成 4 倍）。相关参数在绘制标准曲线时非常有用，因为标准曲线允许绘制依赖于一个或多个相关参数的曲线族。如图 8.2 所示。该图是由无量纲变量和无限大储层中线源井压降算法绘制的。需要注意的是，大约 t_D/r_D^2 值之后，这个相关变量的解法是相同的。

文献中存在大量这样的例子，例如，天然断裂储层 λ 和 ω 是相关参数。它们被定义为

$$\omega = \frac{(\phi c_t)_f}{(\phi c_t)_f + (\phi c_t)_m} \tag{8.2}$$

$$\lambda = \frac{\alpha K_f r_w^2}{K_m} \tag{8.3}$$

式中　ϕ——孔隙度；

　　　c_t——总压缩系数；

　　　α——断层的形状因子；

　　　K_f——渗透率；

　　　r_w——油井半径；

　　　f 和 m——裂缝和基质；

　　　ω——无量纲参数；

　　　λ——窜流系数，无量纲。

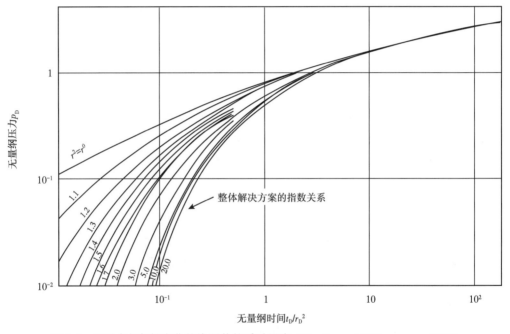

图 8.2　显示自相似性变化的线源井的瞬时压溶（Mueller and Witherspoon，1965）

　　尽管无量纲量、流度比、存储系数是一个径向复合油藏的相关变量。一个径向复合油藏体系的原理图如图 8.3（a）所示。区域 1 和区域 2 可以代表不同的流体（注入流体或者原始流体）或不同的储层属性。

　　流度比（M）和存储比（F_s）的定义在图 8.3（a）中给出。图 8.3（b）（Kikani and Walkup，1991）表示无量纲压力导数与无量纲压力时间的双对数范围。流度比、存储比的所有值在刚开始或者最后时刻汇集于一点。对于变化的流度比，所有的曲线都开始于同一个地方，但是过一段时间后其值接近于 M/2（Ambastha，1995；Kikani and Walkup，1991）。

　　在气藏中，拟压力 m(p) 是一个变换量（基尔霍夫变换），它使气体方程线性化，并且获得气藏中速度和压力的封闭解析解，与可压缩流体的解法在形式上相似。这样可以对石油和天然气系统使用相同的解决方案。气体拟压力定义为

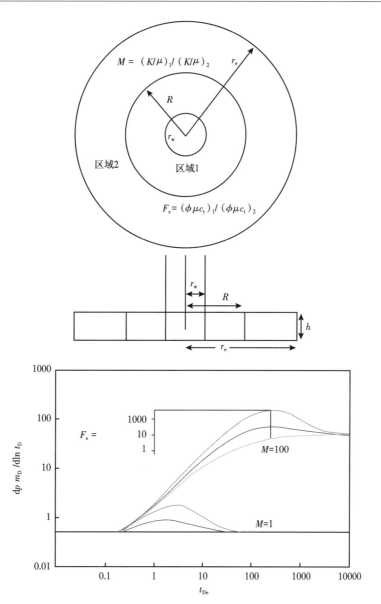

图 8.3 径向复合油藏的原理图（a）和相关变量展示的径向复合油藏无量纲压力导数（b）

$$m(p) = \int \frac{p}{\mu z} \mathrm{d}p \qquad (8.4)$$

其中，z 是天然气压缩系数。但值得一提的是，在这种情况下，找到相关参数来建立一套通用的解决方法，从而解决明显不同的问题。一旦气体方程简化为一个类似于流体的方程式，在不同的边界和初始条件下，所有生成流体问题的解决方案可以重复使用。

有效的参数化可以使系统中影响响应的一些变量分解成为具有控制性能的较小无量纲组合。

那么怎样去确定这些关联参数或无量纲组合呢？确定相关参数的一个方法就是取系统中一个复杂的封闭解，并确定它的渐进解。渐进解可以通过多重技术得到，包括一些更高级的摄动技术（Van Dyke，1975；Kikani and Pedrosa ，1991）。

以流量均布型裂缝半长 x_f 的瞬态压力解为例，系统示意图如图 8.4 所示。该解法是特殊的复杂函数，就像误差函数和指数积分函数。

$$p_D = \sqrt{\pi t_{Dxf}}\, er_f\left(\frac{1}{2}\sqrt{\frac{1}{t_{Dxf}}}\right) - \frac{1}{2}E_i\left(\frac{-1}{4t_{Dxf}}\right) \tag{8.5}$$

其中

$$p_D = \frac{Kh\Delta p}{141.2qB\mu} \tag{8.6}$$

$$t_{Dxf} = \frac{0.002637Kt}{\phi\mu c_t x_f^2} \tag{8.7}$$

式中 p_D——无量纲时间；

        t_{Dxf}——考虑裂缝半长的无量纲时间；

        K——渗透率，mD 或 D；

        h——储层厚度，m；

        Δp——生产压差，MPa；

        q——油井产量，m/d；

        B——体积系数；

        μ——流体黏度，mPa·s；

        t——时间，s；

        ϕ——孔隙度；

        c_t——综合压缩系数，MPa^{-1}；

        x_f——裂缝半长，m。

在查看等式（8.5）的近似解时，对于 t_{Dxf} 的值（<0.1）（例如初期），可以得到如下等式：

$$p_D = \sqrt{\pi t_{Dxf}} \tag{8.8}$$

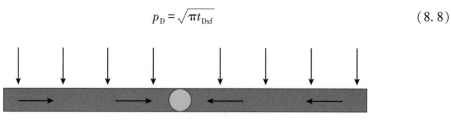

图 8.4   均匀流水力裂缝示意图

这种简化形式可以预测均匀流量水力压裂油井的早期流动形态。如果对等式两边取对数，可以得到

$$\ln p_D = \ln\sqrt{\pi} + \frac{1}{2}\ln t_{Dxf} \tag{8.9}$$

因此如果绘制无量纲压力 p_D 和以裂缝半长为基准的无量纲时间 t_{Dxf} 之间的双对数坐标

图，等式将会形成一个具有 1/2 斜率（$y=c+1/2x$）的直线（图 8.5）。如果应用传统的 t_D 定义，将 r_w/x_f 看成一个参量，结果将会随着 r_w/x_f 的比值变化，使它们生成一个特征变量曲线。

练习 8.1：半对数压力导数

方程式 8.9 是无量纲压力半对数导数 $\dfrac{\mathrm{d}p_D}{\mathrm{d}\left(\ln t_D\right)}$，在双对数曲线图中为斜率为 0.5 的直线。

从分析的角度来看，这个特性可提供一个关于线性系统的动态分析方法。

8.2 绘图

绘图是最有用的分析技术之一，它依赖于人们认知的视觉想象。研究人员常训练大脑来寻找规律，并将它们与性能系统联系起来。最简单的识别和关联模式是一条直线。不管是在空间领域或时间领域，大多数的绘图技术依赖直线和直线在斜率上改变形成多重趋势。类似地，习惯上将难以辨认的系统绘制在二维空间里，在二维空间里的认知过程通常是由分类、曲率、相关大小等驱动。对于高维度空间，可绘制如三元图、四元图。通常，采用绘图切片可以减少维数，以便更好地进行维度分析。

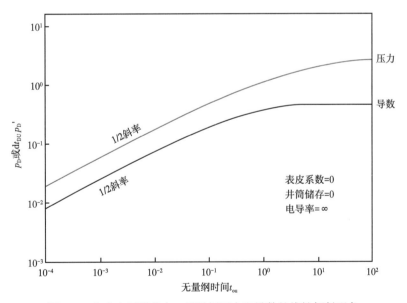

图 8.5　在水力压裂井中，无量纲压力和导数的线性倾斜现象

一旦理解了系统动态，就可以理解其在特定的绘图类型中的特征。最关键的是，无论如何要记住最具有诊断特征的绘图是简单化的，而且是系统特定的假设和理想化的结果。当从绘图中得到结论时，应该关注那些假设。理解非理想因素对系统动态的影响，再加上诊断技术，可以得出创造性的智慧见解。

笛卡尔坐标系从视觉上给出了数据的——对应。但是在工程中，应用其他常见的绘图尺度，例如双对数比例、半对数比例或概率比例，都是非线性的映射。对数比例便于比较大范围内的数值。诺模图算法或曲线类型通常采用对数刻度。图 8.2 显示了测井曲线图的一些特征。

在工程学中，对数刻度是普遍存在的。针对化学中的 pH 值，它是测量氢离子浓度的解决方法，其涵盖了 15 个数量级。类似地，在声学中，声音的强度以分贝测量（dB），$1\text{dB}=10\lg_1\left(\dfrac{t}{t_o}\right)$。在地震学中，里式震级也是对数尺度。

另外，半对数尺度提供了一种数据可视化方式，该数据随指数关系而变化。

$$y = ae^{bx} \tag{8.10}$$

对两边求对数：

$$\ln y = bx + \ln a \tag{8.11}$$

x 与 $\ln y$ 之间的绘图的直线斜率是 $2.303/b$。

当绘制的某个变量覆盖了大范围的值或其他有限范围时，绘图也是很有意义的。图 8.6 给出了在线性和半对数范围内，一组测量数据（浓度与时间）的动态。浓度如何随着时间衰减很容易从半对数图中得出结论。变量之间大量的工程关系是对数、线性或自然半对数性质。

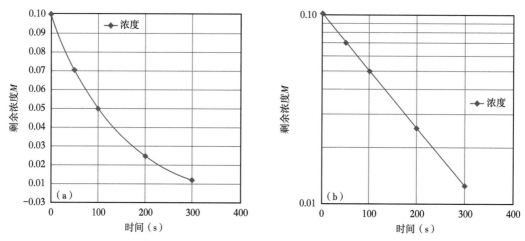

图 8.6　线性关系（a）和半对数坐标（b）中，浓度随时间变化图

8.3　油气田分析

基于生产数据的绘图可以评估油气田的生产机理，确定生产机理的宏观特征，解释油气田生产动态。

8.3.1　物质平衡绘图

在气藏和稍微湿润的凝析气系统中，p/Z 图利用归一化的气体偏差因子（Z）绘制的线性平均泄气区域压力（$\bar{p}$）曲线与对应的累计产气量（G_p）的线性图，也叫作物质平衡绘图。

表 8.2 双对数坐标的特点

允许跨多个数量级的数据视图
幂律关系在双对数坐标中显示为直线
在绘图中，同等数量级的差异表现为距离相等
两个对数轴之间距离的一半（3.16×较小值的 10 倍）
在对数坐标中，两个数的几何平均值介于对数刻度上的数之间
压缩后期的数据或者更高级别的数据。虽然这种趋势是很明显，细节可能有误
为了更好地理解双对数坐标中的后期数据的特点，应检查笛卡尔坐标系上的绘图

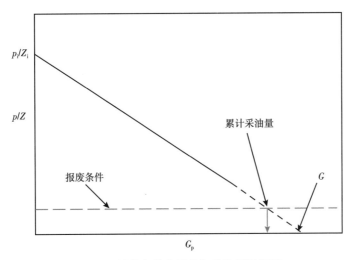

图 8.7 计算气体产量的气体物质平衡图

如果生产制度保持不变，并已知废弃条件，现场气体采出量大于 10% 的天然气地质储量，则可以推断出最终的采出率：

$$\frac{p}{Z} = \frac{p_t}{Z_t}\left(1 - \frac{G_p}{G}\right) \tag{8.12}$$

通过使用气体定律和物质平衡，可以解出方程式（8.12）。

如果违反理想的条件或假设，会出现偏离直线的现象（例如两相流、水侵、层状油藏动态或储层压缩系数改变）。解释其他驱动机理的广义物质平衡图可以保持 p/Z 绘图的线性关系（Moghadam，2011）。本质上，p/Z 绘图可以通过计算 Z 因子改变其他非线性关系或者修改等式（8.12）左边压缩性的同类项来改变。对于凝析气系统，两相的天然气压缩系数可以保持系统动态的线性特征。

8.3.2 科尔图

区分衰竭驱动气藏和水驱气藏已经被证明有一定的诊断价值。它的理论源自简单的物质平衡：与气体相比，可以忽略地层水的膨胀项，因此得到以下关系：

$$累计值 = G_p B_g + W_p B_{wt} = 气体膨胀量 + 水的膨胀量 = GE_g + W_e \qquad (8.13)$$

重新整理等式（8.13）可以得

$$\frac{G_p B_g}{B_g - B_{gt}} = G + \left(\frac{W_e - W_p B_{wt}}{B_g - B_{gt}} \right) \qquad (8.14)$$

式中　　G_p——累计产气量；

　　　　B_{gt}——气体在最初（i）或现在情况下的体积膨胀系数；

　　　　G——储层原始气体量；

　　　　W_p——累计产水量；

　　　　B_{wt}——原始气体体积系数；

　　　　E_g——从原始到现在条件下的气体膨胀量，等于 $B_{gt}-B_g$。

如果绘图的左侧项（有效的产量和 PVT 数据）与 G_p 相对，当第二项是 0 时（如没有水驱动），将导致形成水平线。倾斜线和水平线的对比是一种有价值的诊断。图 8.8 展示了不同含水层的科尔图。当弱水驱时，式（8.14）最右边分母相比分子迅速增加，致使该值变小，这就导致了负斜率的产生。对于地层压缩系数明显变化的超压油气藏，等式（8.13）的左侧项可以添加压缩系数的膨胀项产生类似的判断（Pletcher，2002），同时被称为对科尔图的修正。

> 通过绘制科尔图和修正的科尔图，可以区分弱水驱和重要的地层压缩系数。

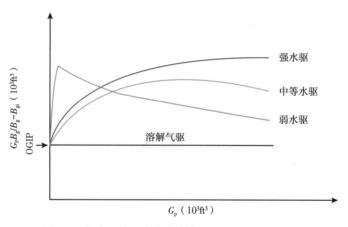

图 8.8　气藏驱动机制判断科尔图（Pletcher，2002）

在产气期间，早期绘图的形状被各种因素或多或少地影响；因此，图形应该在早期油气田开发中谨慎使用，且斜率的稳定性应该被考虑作为控制质量的工具。

8.3.3　坎贝尔图

在油藏中是一个有用的定性区分溶解气驱、强水驱、中度水驱和弱水驱的方法，它类似于科尔图。如果储藏是衰竭式驱动，该图可以定量地分析原始地质储量（OOIP）。在水驱系统中，外推法是有弊端的。图 8.9 给出了坎贝尔图的示意图，其物质平衡方程是：总的油藏亏空＝总的流体膨胀。

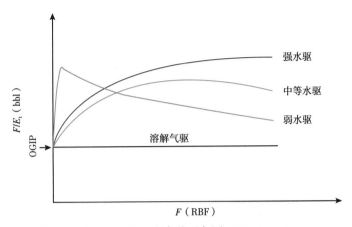

图 8.9　油藏驱动机理判断坎贝尔图（Pletcher，2002）

因此

$$F = N_p \left[B_t + B_g (R_p - R_{st}) \right] + W_p B_w = N E_t + W_e \tag{8.15}$$

即

$$\frac{F}{E_t} = N + \frac{W_e}{E_t} \tag{8.16}$$

可见，如果最后项（流入水）是 0，对比图中 $\dfrac{F}{E_t}$ 与 N_p，它应该是一条水平线，因为右侧项与 N_p 无关。

式中　F——总的储藏亏空；

N——原始油藏地质储量；

E_t——总的流体膨胀量；

W_e——水侵量；

N_p——累计产油量；

B_t——总的体积膨胀系数；

B_g——总的气体膨胀系数；

R_p——产出气油比。

等式（8.16）中的单个参数多半与产量或者压力—体积—温度（PVT）数据有关。F 可以根据等式（8.15）中的产量数据计算出。总膨胀量 E_t 通过油、气、水的膨胀量表示：

$$E_t = E_o + m E_g + E_{fw} \tag{8.17}$$

$$E_t = (B_t - B_{tt}) + m \left[\frac{B_{tt}}{B_{gt}} (B_g - B_{gt}) \right] + B_{tt} (1 + m) \frac{S_{wt} c_w + c_f}{1 - S_{wt}} (p_t - p) \tag{8.18}$$

式中　m——初始气顶体积与原油体积之比；

B_t——两相体积系数。

除在短暂的早期之外，坎贝尔弱含水层曲线与科尔图相比存在负斜率。当 $F=0$ 时，计算的表观原始油藏地质储量将导致计算值随时间递减的反直观特征。这种现象已在现场数据和模拟中观察到。

这些判断储层相关驱动机理的应用分析非常重要，因为它们提供了认识储层的科学依据。

8.4 单井分析

在专门的图形上显示的生产机理，可以对油井和储层的动态进行诊断。

生产机制允许诊断油气井和储层性能，在油田生产周期的早期和智能开发阶段，减少不确定性是非常重要的。

8.4.1 生产井

分析生产井性能主要是查明生产力下降的原因，无论储层是否符合常规理解的储层，以及怎样增加或减缓生产速度下降是同等重要的。生产速度下降主要受以下因素控制：

（1）井底压力下降（BHPs）；

（2）饱和度的变化；

（3）油井产能的变化（油气井问题）；

（4）油管或生产装置的改变（系统背压）；

（5）驱动机理的改变。

一般情况下，生产速度下降趋势会引起某些特定表现形式，不仅可以解释主要原因和进行措施补救，还可以推断计算未来生产动态。这是通过下降曲线分析技术（DCA）来实现的。

8.4.1.1 DCA 技术

对于单井、钻井活动，或在油田范围内，DCA 经验及分析基础广泛应用于单井未来产油速度、生产寿命及最终采收率的判断。当收集到足够的生产数据及确定下降速度时，数据可以用于预测未来生产动态。DCA 被视为是一个可信赖的技术，符合美国证券交易委员会储备预定规则。关于 DCA（Arps，1945；Fetkovich，1980；Fetkovich，et al.，1996；Ilk，et al.，2010），有大量的文献提供了该技术的实际应用例子，并列举了可能存在的困难。DCA 有三种常见的下降类型：指数、调和及双曲。此处不开展一个对 DCA 的详尽说明，但将讨论下降曲线的基础问题、允许拟合的假设条件、哪些储层因素会改变油藏动态及需要详细解释的问题。

结合物质平衡方程（基本法则）和油气井流动方程，可以得到基本的下降特征。对于恒定压缩系数大于泡点压力的流体，油井生产的物质平衡方程为

$$(N-N_p)B_o = NB_{oi} \tag{8.19}$$

式中　N——原始油藏地质储量；

$\quad\quad N_p$——累计产油量；

$\quad\quad B_{oi}$——地层体积系数（原始）。

从流体压缩系数的定义得到

$$c_o(p_t - \bar{p}) = \frac{(B_{ot} - B_o)}{B_o} \tag{8.20}$$

式中　c_o——原油压缩系数；

　　$\bar{p}$——油藏平均压力。

在等式（8.19）中代入地层体积系数比，化简后得

$$N_p = Nc_o\bar{p} + Nc_o p_t \tag{8.21}$$

如果 N、c_o 和 p_t 是常数，绘图时，N_p 和 $\bar{p}$ 的比值将会是一条具有负斜率 Nc_o 的直线。

当结合上面的拟稳态径向流动方程，可得

$$q = \frac{Akh(\bar{p} - p_{wf})}{\mu_o B_o \ln(r_e/r_w - 0.75 + S)} \tag{8.22}$$

式中　A——常数；

　　S——表皮系数；

　　$r_{(e/w)}$——径向距离，下标 e 为外边界，下标 w 为井眼。

流动方程可以简化为

$$q = J(\bar{p} - p_{wf}) \tag{8.23}$$

式中　J——采油指数。

结合流动方程和物质平衡方程，可以估计 $\bar{p}$：

$$q(t) = -\frac{1}{Nc_o}N_p(t) + q_t \tag{8.24}$$

因为 $q_t = J(\bar{p} - p_{wf})$。

对等式（8.24）关于时间 t 求导数，可得

$$\frac{dq(t)}{dt} = -\frac{1}{Nc_o}\frac{dN_p(t)}{dt} = -\frac{1}{Nc_o}q \tag{8.25}$$

再对方程式（8.25）求积分，可得

$$\ln q = \ln q_t - \frac{Jt}{Nc_o} \tag{8.26}$$

或者

$$\frac{q}{q_t} = e^{-\frac{Jt}{Nc_o}} \tag{8.27}$$

方程式（8.27）是指数形式，因此在半对数坐标图中是一条直线。图 8.10 表示 $\log q$ 与时间关系图，其中直线斜率是 $-J/Nc_o$；已经形成了常见的指数递减形式，这个公式构成了为人熟知的指数递减的理论基础。

因此，拟稳态流时，在半对数坐标中油井递减率是一条以常数值递减的直线。在表征

生产井的生产时，有大量的简化假设（例如 N、c_o、h、B_o、J 常数值、单井流速等）。

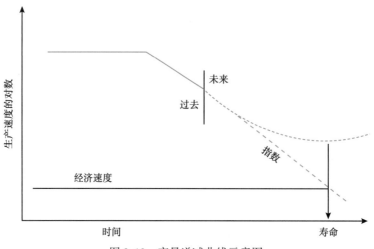

图 8.10　产量递减曲线示意图

类似地，在单相衰竭递减情况下，q_o 和 N_p（累计产量）之间的关系也是一条直线。图 8.10、图 8.11 就是此类图形，可以直接推断经济生产速度并给出最终采收率或油气井储量的最高置信度估计。

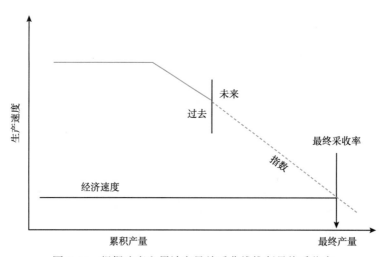

图 8.11　根据速度和累计产量关系曲线推断最终采收率

8.4.1.2　重要的考虑事项

各种曲线被广泛应用在对单井、井组和油气田的未来生产动态估测中。这些图的重要性并不仅体现在用来进行推断和预测，还可清楚地认识偏离理想目标的程度。随着时间推移，在同一油田、不同油井上的重复生产动态特征所提供的分析信息，可以被有效地应用于校正计划的设计及增加油气井（油气田）的产量。

（1）降低流动 BHP（气举）：图 8.12 给出了应用气举阀降低流动的 BHP（p_{wf}）。油气井的瞬时产量增加，但是在速度和累计产量关系图中，不能用原来的递减速度将曲线平行上移（在图 8.12 中解释），这样会导致更高的储量。这是因为对提高产能和泄油体积而言，生产过程没有根本性的改变。

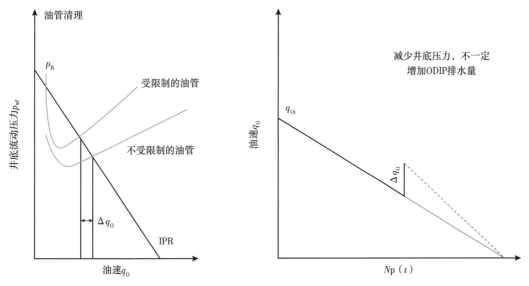

图 8.12　降低井底压力对递减曲线影响

（2）增产措施：图 8.13 给出了进行增产措施后，流入动态关系曲线变化情况。这将导致井筒附近的产量增加；然而，它只加速了开采速度，并没有增加净产量，除非利用压裂方式对储层进行改造可以增加油藏接触面积和增加渗流通道（如页岩气在裂缝中的流动）。因此，对未来产量进行推断时应该谨慎计算。

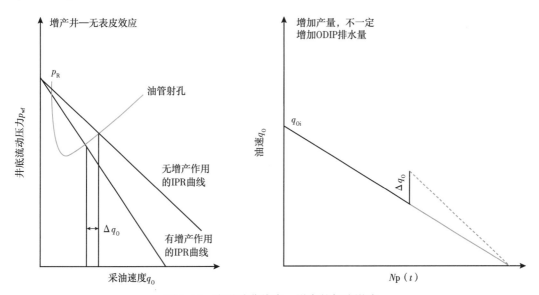

图 8.13　在递减曲线中，增产的加速影响

（3）二次完井：这主要指开发新的孔眼或油层，它可以引起瞬时流量增加（供应能力），而且净储量也会增加。如图 8.14 所示，如果没有建立新的趋势线，则推断不能成立。

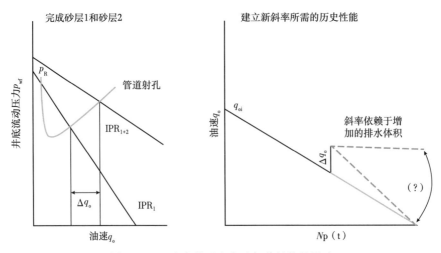

图 8.14 二次完井对未来油气井性能的影响

（4）加密钻探：在井组或储层水平评估产量下降情况，正在加密的工作井将隐藏产量降低的真实情况，导致过高的估计或预知新钻井技术的性能。另外关于油气田的生产数据，工作井数可以在图中表示出来。假设在未来，工作井数不会改变，依据单井的平均性能可以得出一个生产趋势。在生产图中，这种趋势可用于估计最终采收率（图 8.15）。即使通过控制工作井数，油气田生产规范化，这种下降可能仍然具有误导性。因为虽然工作井数可能是一样的，但在油气田中经常会开展修井工作，因此需要按照修井后的趋势证明。如图 8.5 所示，这就是平均重量法，研究人员尝试对油田中不同的行为做出评估并计算平均下降速度。

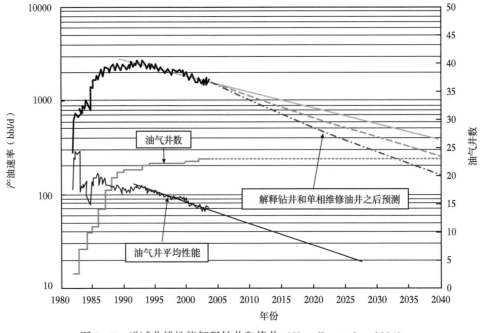

图 8.15 递减曲线性能解释钻井和修井（Harrell, et al., 2004）

另外一种解决的方法就是绘制一系列油井生产动态曲线。这些井的选择可以通过油井统计、油气井类型或者建立在环空钻井的基础上，或者工作包（这个最容易解释）工作包是一种非常强大的分析技术，可以在某一个时间范围或其他情况下，对油田的生产动态进行分析。

图8.16展示了以工作包为基础的油气田生产动态绘图。可以通过多种钻井序列图评估每口油气井或油气井作业的增量价值。随着钻成更多的油气井，可能出现生产速度的快速提高，而储层可采储量增加不明显。由于采用了更多增产措施，可以看出新投产井的递减率更高。

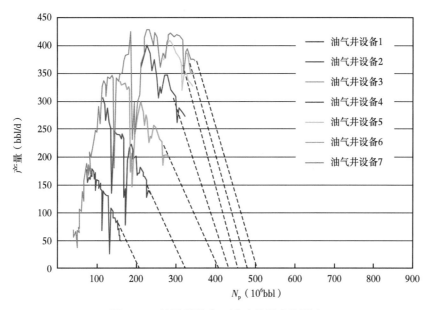

图 8.16 储量增量中，活动井程序的影响

当分析油气井数据时：

（1）合并同一区间内的井组，对油井的生产速率进行归一化处理，并分析油气井性能和生产机理。

（2）速度和累计产量关系的图表是有价值的。在有数据的情况下，当系统或油井关闭时，或者油嘴回流和改变操作时，其曲线趋于平缓。

（3）在采取补救措施后，时常可以看到相同的下降速度，修井和加密钻井会引起临时产能的提高。

（4）警惕操作变化发生的数据和未发现的明确趋势的拟合线。如果存在一个好的理由，可以使用最后一个数据点绘制与之前趋势相平行的线，这是完全可以接受的。

要做一个适当的油气井生产动态分析，则油、水和气的流速，比例（如水油比、气油比）、油嘴尺寸、井喷时间和其他油气井信息（如线性压力、井口和BHP），都应该绘制成图；也可以利用绘图解释其他数据。Purvis（1985，1987）认为如果其他测量值有相似的趋势，速度—时间和速度—累计产量的对数线性关系中，线性趋势更值得信任（例如水的生产趋势的应用）。

> 指数式的一个特殊性能就是两个指数函数的乘积或比值也是一个指数式。因此，如果总的流速 (q_o+q_w) 和油速 (q_o) 在对数坐标中有线性趋势，则 $\dfrac{q_o+q_w}{q_o}=$（水油比 WOR）+1 也将会有线性趋势。

　　图 8.17 中展示了给定指数的产量递减速度，图 8.17 的左侧面版考虑了三种不同总流量的情况。从总的速度中减去油速，从中部的图可以得到一个相应的水生产动态。底部的图显示了油气比趋势是对数线性的（与油速度类似）。在右边的图中，油水的下降速度趋势被定义为对数线性，每一种情况下，都清楚水油比一直是对数线性的。然而总的流速性能曲线不再呈对数线性。

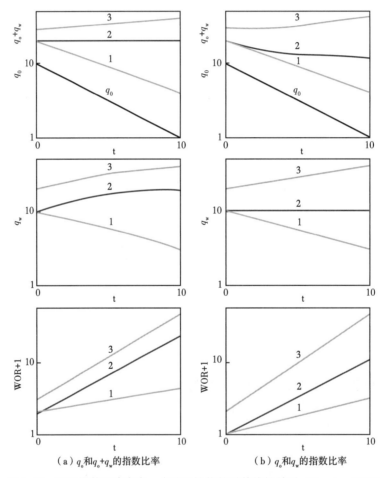

图 8.17　对于指数下降率中，水油比性能的对数线性关系（Purvis，1985）

　　产水机理受天然含水层、底水或边水驱动、锥进和层状油藏的影响都不尽相同。那么产生了两个问题：一是是否可以理解建立在生产数据上的产水机理？二是是否可以预测总的流体生产速度、产水速度和这些系统中产量的下降率？

　　（1）产水诊断。为了更好地实现，应用双对数坐标分析水控问题和明确产水机理，能够得到很好的解释（Chan，1995）。对数图（水油比）和它的对数导数（累计时间函数）

可以在倾斜状态下识别产水机理，图 8.18 就是不同产水机理的示意图。

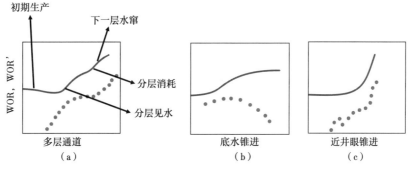

图 8.18 产水机理诊断图

（2）单层驱替：给出了一个正斜率的直线（导数），其范围为 0.5 ~ 3；这个斜率是有效孔隙体积和渗透率的函数。

（3）多层驱替：给出了一系列斜率范围 0.5 ~ 3 的直线。从图 8.18 中可以看出，每个连续层都有主控区域，在水油比（WOR）曲线中有下降区也有直线区。图 8.19 展示了西得克萨斯州某油气田的生产数据，一个标准的生产曲线不能为产水机理提供参考意见。但是，图 8.20 中的双对数曲线反映了分层储层的性质及见水动态，补救措施或处理措施将会有很大不同，如果不知道这个信息，补救措施可能不会成功的，未来生产动态的预测可能也是不正确的，因为没有正确理解生产机理。

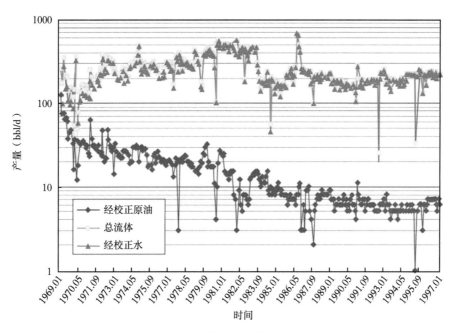

图 8.19 西得克萨斯州的传统生产数据图

（4）高渗透（取样）区域的驱替：通常由范围 2 ~ 4 的高斜率直线显示。这种类似于近井眼附近流动通道动态，如图 8.18（c）所示。

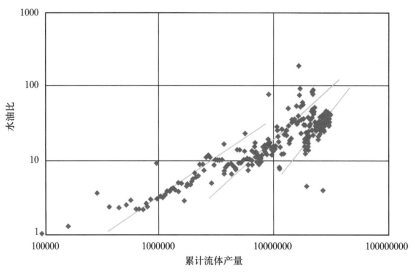

图 8.20　表明多层位移的产水诊断图

（5）水锥：通过一条上升的水油比曲线说明，其值是一个恒定大于 1 的值，而后期的时间导数会下降，如图 8.18（b）所示。图 8.21 是某个油气田的例子，注意在导数下降大约 400d 的时候，近井眼问题表明水锥动态引起导数的急剧增加。1996 年，Chan 等利用多个例子解释了这种现象，其中一个油气田的例子如图 8.22 所示。

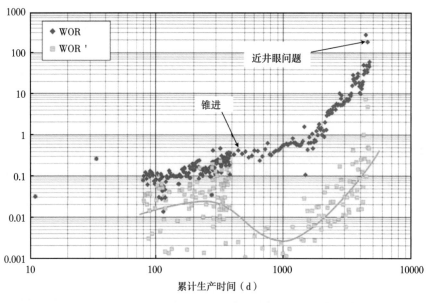

图 8.21　水锥诊断图

（6）近井眼流动（油管背后的流动通道）：通过水油比直线表明，其值以大于 10 的速度急剧上升达到 1000，导数大幅增加接近最高值。传统的生产图和双对数诊断图分别如图 8.23 和图 8.24 所示。从图 8.23 中并不能清楚地看出产水量随着产油速度而减少的机理。另外在图8.24中，分层见水动态在近井问题上是明显的。在近井眼问题的基础上，该井进行了修井工作，双对数坐标图（图8.24）中可以清楚地看到修井后的数据。产水趋势回到了之前的生产趋势中，表明补救措施成功。

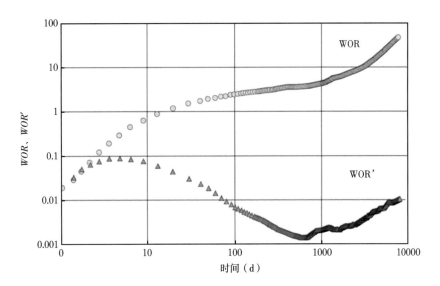

图8.22　油气田的水锥行为示意图

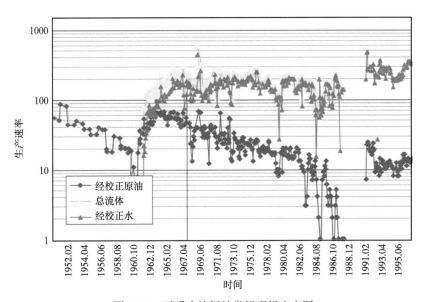

图8.23　不明确特征的常规现场生产图

表8.3中归纳了这一部分介绍的导数特性。

（7）动态评估图。对数水油比曲线和N_p是一个关于水油比为2的线性趋势。在特定的油水系统中，如果观察到水相流动（含水率f_w），在曲线中有一个变形点，或$f_w = 0.5$的点（图8.25）。一个水相流动趋势（含水率）大于0.5的流动将产生经验法则：

$$WOR = \frac{q_{\mathrm{w}}}{q_{\mathrm{o}}} = \frac{\mu_{\mathrm{o}} K_{\mathrm{rw}}}{\mu_{\mathrm{w}} K_{\mathrm{ro}}} \qquad (8.28)$$

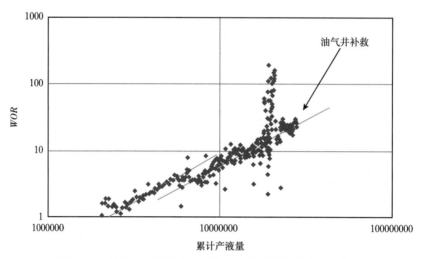

图 8.24　具有产水通道和随后表明已成功补救的产水诊断图

表 8.3　油水比的导数诊断性能（Chan，1995）

驱替法	导数性能	注释
单层	正的；0.5~3	诊断图中的直线
多层	一系列直线；0.5~3	线由平缓的和下降段组成
取样层	较高的正值；2~4	
油管背后的流动通道	急升；>10	渐渐上升
水锥或气锥	不断上升的导数值随后下降	接近于>1 的值

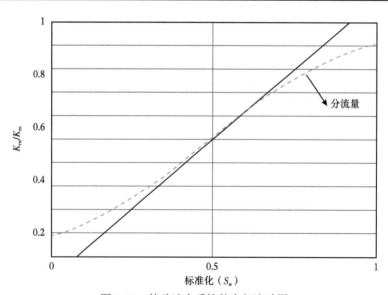

图 8.25　特殊油水系统的水相流动图

当压力维持在全孔隙补偿体系中时，μ_o/μ_w 是一个常数。因此，WOR 与 K_{rw}/K_{ro} 成比例。根据孔隙流动规律和其他理论可知，在较大范围内 $\lg(K_{rw}/K_{ro})$ 是 S_w 的线性函数（图 8.26）：

$$\lg\left(\frac{K_{rw}}{K_{ro}}\right) = aS_w + b \tag{8.29}$$

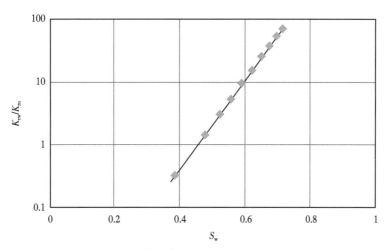

图 8.26 相对渗透率比和含水饱和度的对数曲线

当然，在 100% 的孔隙补偿时，系统中没有压力降，预示井筒压降是常数。对于所有系统特性不变时（假设）的井筒压降常数，可以计算出总的流速常数（例如：$q_o + q_w =$ 常数）。

但是由于 q_w 与 S_w 成比例。因此，总的流速也是常量：

$$q_0 \infty S_w \tag{8.30}$$

意味着

$$N_p \propto S_w \rightarrow N_p = cS_w + d \tag{8.31}$$

根据式（8.28）、式（8.29）和式（8.31）的思路，可知

$$\lg(WOR) \propto N_p \rightarrow \lg(WOR) = aN_p + b \tag{8.32}$$

基于水处理能力的均质、单砂储层油藏的油井累计产量或油气田产量的预测推断是有效的。因为水油比曲线在单层水层突进的情况下仍然是平稳的，在分层油气藏中，上述理论必须谨慎使用。

作为储层诊断特性的水油比与 N_p 的对数线性关系，以及随后的外推生产动态预测，在孔隙置换率<1 以及 WOR<2.0 的情况下应该谨慎使用。

①X 图。Ershaghi 和 Omoregie（1978）定义了一个函数，该函数提供了更好的产水动态的线性特征，并且可以通过时间函数用于预测产水量。该函数与以分流量表示的含水率

有关：

$$RF = mX + n \tag{8.33}$$

其中：RF = 采收率 = N_p / N，

$$X = -\left[\ln\left(\frac{1}{f_w} - 1\right) - \frac{1}{f_w}\right] \tag{8.34}$$

式中　f_w——含水率；

　　　m——直线斜率；

　　　n——截距。

前人发现 WOR 和 X 图比较好用（Puvis，1985）。图 8.27 举了突尼斯 Sidi EI-Itayem 油田的例子（$X = -\left[\ln\left(\frac{1}{f_w} - 1\right) - \frac{1}{f_w}\right]$，Ershaghi, et al., 1987）。油田大多数油井在 X 图中具有明显的线性关系。对于受设备约束的含水率值，直线外推法可以估计累计采收率。

②Y 图。杨在 Ershaghi、Omoregie（1978）和 Yortsos 等（1997）工作的基础上，给出了评估注水技术成熟性的简洁诊断和动态预测方法（2009a，2009b，2012）。Y 图上的线性特征是以中间含水饱和度和 Buckley-Leverett 的前缘驱替理论为依据，建立在相对渗透率的线性假设的基础上的。由下式给出线性基础：

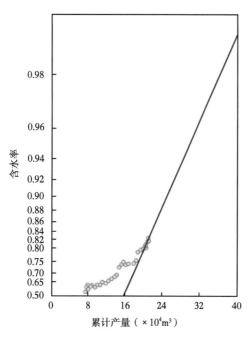

图 8.27　Sidi EI-Itayem 油气田中 X 图的诊断（Ershaghi, et al., 1987）

$$Y = f_o f_w = \frac{E_v}{B} \frac{1}{t_D} \tag{8.35}$$

式中　$f_{o(w)}$——含油（水）百分比，即油（水）流速/总流体速度；

　　　E_v——体积波及效率；

　　　B——相对渗透率模型的指数；

　　　K_{ro}/K_{rw}——Ae^{-BS_w}；

　　　t_D——驱替时间，总的产出流体/总的孔隙体积。

式（8.35）中的 Y 函数和 t_D 可以根据油田产量数据很容易地求出。

大量油田的例子已经证明了这种关系。图 8.28 就是 Y 函数与产出流体的孔隙体积的双对数实例。比较成熟的水驱曲线是一条负斜率的直线。其截距与体积波及效率和相对渗透率的指数有关。注意在图 8.28 的例子中，水驱矿场试验稳定注入 0.2PV 的水，并且在加密钻井之后，水流在 0.45PV 附近时趋于完成，这通过平行的负斜率直线可以看出。

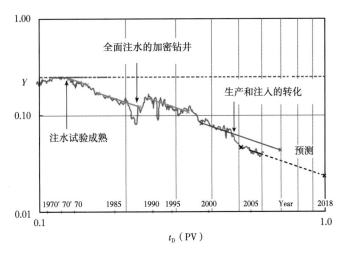

图 8.28　Y 函数与产生孔隙体积的双对数诊断图（Yang，2009a）

图 8.29 是 Y 与 $\dfrac{1}{t_D}$ 的笛卡尔坐标图。该图显示在成熟的水驱过程中是线性的。截距为 0 表示直线可以从原点到生产图的各个部分，该图斜率与双对数图中的参数有关。在图 8.29 中，注入事件会导致相对渗透率特征改变（如注入高分子聚合物、溶剂），增加渗流通道、加密钻井、关井或换井开采都会影响体积波及效果，相对渗透率关系的改变将导致斜率的变化，只能返回到对线性 Y 函数的预先事件诊断上。

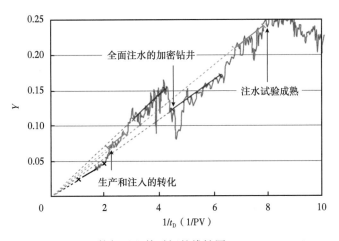

图 8.29　Y 函数与反驱替时间的线性图（Yang，2009a）

> Y 函数是评价水驱效果的一个很好的指标。对于储层，Y 函数达到 1/4 的最大值时，会在双对数坐标中开始以斜率为 -1 的趋势减少。当 Y 函数达到 1/4 并开始递减时，这是稳定注水的定性指标。

8.4.2　注入井

在生产过程中，相比于生产井，注入井的优势就是对流体组成的控制，而且通常是单相，使得诊断稍微容易一些。无论如何，流体驱替和驱替前缘的复杂性使得诊断更加复杂。标准规范化注水图版是注入参数的指标，但是它们无法对可能出现的原因做出诊断。对于已知井的注入指数，可以通过数据计算出

$$\text{注入指数（II）} = \frac{q_i}{\Delta p} \tag{8.36}$$

在油田实际应用中，对于多注入井的对比，更好的规范化形式应是

$$II = \frac{q_i}{\Delta p} \cdot \frac{\mu}{Kh} \tag{8.37}$$

其中 $\Delta p = p_{wf} - \bar{p}$。

8.4.3　霍尔曲线图

霍尔曲线图广泛用于注入井的动态评估。当注水井的注水能力变化时，它用于分析问题的本质。在直角坐标图中，累计压力（管口压力或井底压力×时间）是累计注入量的函数关系。霍尔曲线图中的斜率有时也会出现与油井的注入指数成反比。在图8.30中可以看到，在注入了大约15000bbl时霍尔曲线图斜率的变化情况；在同一时间，油井增产。因为增产后，系统的阻力下降，曲线变得平缓。

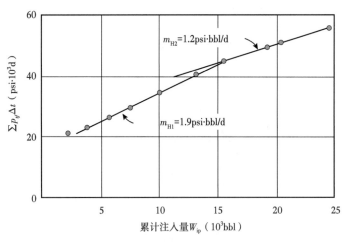

图 8.30　典型的霍尔曲线评价吸水性能

在图8.31中，霍尔曲线图所具有的特性可以帮助诊断注入井问题（Hall，1963）。霍尔曲线图的线性关系假设认为除储层特征以外，平均储层压力是恒定的。任何改变将导致霍尔曲线图斜率的变化。霍尔曲线图中需要绘制日常生产数据。井口压力或井底流压数据都需要用于制图。霍尔曲线图的缺点是斜率的改变可能为多种原因所致。然而其他测试中也可以应用，在补救之前必须将问题剔除。图8.31中内容说明了以下几点：

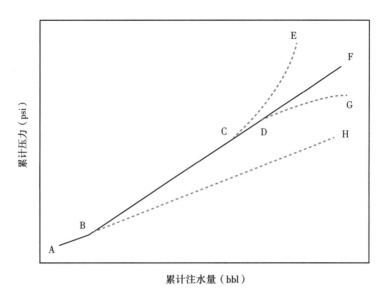

图 8.31　特征霍尔曲线和注水改变的原因（Hall，1963）

（1）在油井生命周期的早期或注水过程中，水区半径随着时间增长而增加，导致坡度凹面斜率向上，如图 8.31 中 AB 段部分。

（2）注水后，图 8.31 中 BF 段表示平稳或正常注水。对于正确的油井生产动态解释，建立这个基线是很重要的。

（3）凹向上增加的斜率表明一个正表皮系数或水质不好（图 8.31 中 CE 段），或系统阻力增加表明缓慢堵塞。

（4）如果一个油井设计目的是为了提高体积波及效率，就会产生凹面向上的斜率。无论如何，在这种情况下斜率先呈增加趋势，然后恒定。

（5）降低的斜率，图 8.31 中 DG 段，暗示在破裂压力之上应减小表皮系数或注入量，已出现了近井裂缝或酸化，甚至生产井的水侵。这可以通过分析台阶状变化的测试来证明。

（6）一个非常低的斜率值，图 8.31 中 BH 段，表示可能存在通道或者注入其他区域。

严谨和正确的数据测量是可取的，在设计补救措施和预测生产动态的霍尔曲线图中的斜率改变之前，这里建议应使用 BHPs 方法，应当试图理解水侵特性。

图 8.32 是某个油田的霍尔曲线图的例子（Sloat，1991），表示强碱注入过程和如何对数据产生了错误的解读。斜率的增加（大约注入 40000bbl 水）被认为是随着相对渗透率（减少残余油饱和度、直到流体突破时斜率改变）的提高而产生的。应当注意在破裂压力以下注入流体。但是，利用水的表面压力数据来指导分布速度测试，认为在管道中注入碱的阻力减小，表明实际的井底压力高于破裂压力。斜率变平稳说明窜流进入了生产井。

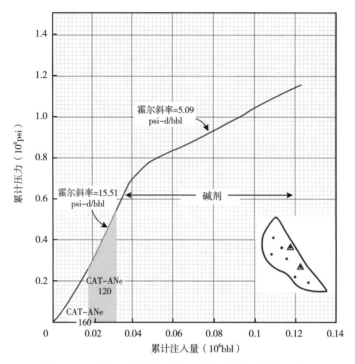

图 8.32   碱注入引发的油气田霍尔曲线图改变示意图

8.5   井间分析

井间分析多数是用来理解砂层之间的连续性和连通性，只有少数可用来诊断测试井间动态。这些测试是干扰测试、脉冲测试或井间示踪剂测试，其他特殊的测试用于异常情况。通常进行这些测试是为了理解是否存在漏失带，或两个油井中是否有断层分隔，或者如果油井间有联系，那么导致泄油体积可能更小。

进行这些测试大多数的挑战主要来自操作控制和监测限制。如在脉冲测试中，驱动油井的生产速度是被设计成对称脉冲模式的。如果观察井与驱替井相连，而且油井中有适当的传导设备和储存设备，就可以在观察井中看到压力变化。储层作为一个巨大的容器，可以消除远井中大的信号变化，这些变化值通常很小；通过压力仪可以检测到这些变化。重复的脉冲可以进行冗余的单信号检测和计算井间连通性和存储能力。

示踪剂测试更为实用，如用于分区或未分区化学示踪剂注入油井的过程中。可以在不同油井中检测井间连通性。连通程度的定量估计可以通过物质平衡和示踪剂扩散计算得到。分区示踪剂有时可用于追踪含水层或气顶连通性。示踪剂测试的细节讨论将在第 9 章中给出。

8.6   井网动态

成功估计水侵、气侵或者其他注入系统的关键是要确定对称的要素。已知的井网，例如线性驱动、交错线性驱动、五点法井网、七点法井网、九点法井网、反转井网的对应部分，对称的因素通常已知。然而，在进行任何分析之前，需要对这些井网的每一部分，分配注入和生产能力。在井网模型中，物质平衡规则极为有用。

井网是否正确主要决定于标准化的生产和比例图。以下有两种评估方法：一是寻找某一测量变量的绝对值；二是测量值的改变表明了水驱效果的改变或水驱动态的变化。

8.6.1 注采比（VRR）图

在井网动态管理或水驱对称要素中，最重要的图例之一就是注采比图。这种图将地面产量和注入体积转换为地下体积，绘制它们与时间的对应关系。注采比定义为

$$
VRR = \frac{\sum \text{注入流体的储层体积}}{\sum \text{产出流体的储层体积}} \tag{8.38}
$$

通常来说，可以绘制两种不同的注采比图。一种是"瞬时注采比"，其使用的是瞬时生产速度和产出速度，另一种是"累计注采比"，其使用的是开始注水之后的累计体积。在加密井之后的井网或油气田中，维持注采比的累计量为 1.0 导致井网压力平稳（其可以与注采比联系帮助理解动态）。与其他图联系时，如与产油量和注水图联系，它可以对油气田或井网进行有效的检查。图 8.33 就是一个典型的注采比图。在大的井网范围内，记录的注采比平均值大于 70%。如果在系统中可以观察井，图 8.34 便是另一种观察井网动态的方法。无论何时，记录的注采比 VRR<100%（由红色线条表示），在观察井中井底压力降低，反之亦然。这说明了井网之间是连通的。

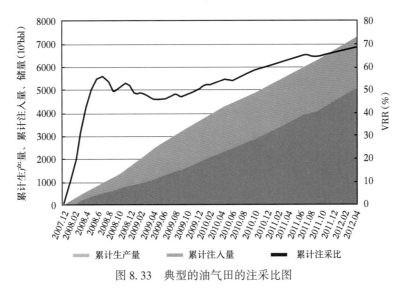

图 8.33 典型的油气田的注采比图

一个理想的井网，在平稳状态下进行井网注水，以下基本数据和特性应该定期评估：
（1）总流体产量是相对恒定的。
（2）设置的产油速度呈如预期的下降趋势。
（3）累计注采比为 1.0。

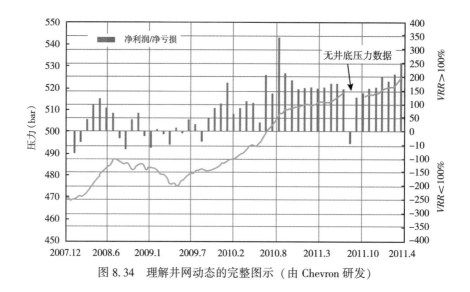

图 8.34 理解井网动态的完整图示（由 Chevron 研发）

（4）气油比是常数，接近于气油比方案 R_s。

（5）注入速度在一段时间内保持相对稳定。

（6）井网压力在一段时间内不发生显著变化（证明平均流体水平或井底压力和注入的油管压力是恒定的）。

（7）试井和产量数据对比显示可接受的比率（0.95~1.05）。

若上述情况任何一种偏离了规划要求，都是值得关注的，并且可能是出现问题的根本原因。

这些诊断通常用于对比两种井网，也可用于再平衡模式中，确保交错井网中流体流动是最小的。

8.6.2 生产井组和注入井组时间序列图

这是了解井间连通性的一种非常有效的技术，且在某些情况下可以定量地判断流动能力。这种技术的关键在于生产数据/注入数据的质量，特别是各个井的分配量，在分配或测量中的误差可能导致错误的判断。

实际上，在相同的图中描绘注入井/生产井的生产数据，寻找另一个井的改变导致本口井速度改变的规律（因为注入速度的改变，导致生产速度的改变）。基于系统的存储能力，在回应时会存在时间差。一些尖端技术，例如类神经网络（Panda and Chopra，1998；Mohaghegh，2000；Silin, et al.，2005），或者电容—电阻率模型（Sayarpour，et al.，2007 年；Lzgec 和 Kabir，2009），可以自动确定井间连通系数，预测见水时间和见水动态。简单地说，某些技术是在寻找冗余标志的相关性，从而建立井间连通性。这些技术不允许公开的诊断和获得系统知识，但可能是理想的偏离设计警报控制系统。

8.7 水气交替注入（WAG）监测分析

水驱动态包括混相注入物和随后气或水的追踪，例如在水气交替注入的过程中，不能简单地运用标准测量和绘图来进行解释，在生产中混相注入剂的注入使得气油比难以测量和确定。流体组成测量可以通过估算突进程度获得（Brodie，et al.，2012）。大量简化方案已经成功应用于相关行业之中。Mitsue 的烃混相流理论简化测量油田气水突破的方法就是一个实例。测量分离气组成并持续绘制 $\dfrac{C_2+C_3}{C_1}$ 曲线，比率的前突破值在 0.25～0.35 之间。任何明显的改变都可反映注入物的突破性。与此类似的还有跟踪分离油的组成。之所以需要这样做，是因为原油膨胀及原油中轻组分的高溶解性。随着生产流体中溶剂物的增加，$\dfrac{C_7}{C_2+C_3}$ 的比例减少，Mitsue 理论的前突破比例在 3.0～4.5 之间。图 8.35 就是 Mistue 混相流中气油比和以上两种情况比例的示意图。尽管气油比不稳定，两种组分比例始终显示了溶剂突破现象。这些比例对于油气田现场、注入流体组分来说是特定的，在不同油气田其定义不同。

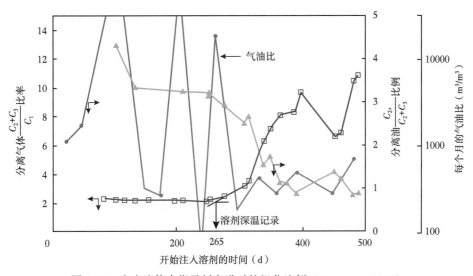

图 8.35 产出流体中指示剂突进时的组分比例（Omoregie，1988）

另一个例子就是普拉德霍湾，其中 C_1/C_3 用于鉴定返回的混相注入物（Panda，et al.，2011）。这个应用在普拉德霍湾很有效果，因为形成天然气的 C_1/C_3 比例约为 25，并且注入的 C_1/C_3 比例为 1.5。所以在普拉德霍湾中，当注入物突破发生时，C_1/C_3 比例降低。

如果可以的话，气驱提高采收率可以进行定义以分析早期提高采收率的动态和采取正确的措施步骤，这个比例定义为

$$提高采收率效率 = \dfrac{注入混相气体}{提高采出率后的油的产量} \tag{8.39}$$

在储层地质学中，这个比例取决于注入物波及的原油和驱替效率。起始阶段在 WAG 中计算 EOR 是不够准确的，因为动态的 EOR 原油并没有投入生产。图 8.36 就是 EOR 效率模式与返回混相注入物和总混相注入物比例的图。该图的理想情况将是一个 L 形曲线，表明活塞式驱替。有四个不同区域，区域 1 表明生产每桶原油的低注入体积，高注入剂返

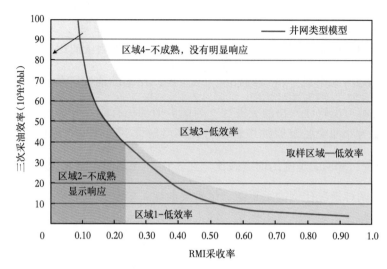

图 8.36　描述性能曲线区域类型的三次采油井网效率图（Panda，et al.，2011）

回量反映了低水平的驱替效率或气体向区域外运移，这表明驱替模式是标准替驱；区域 2 表明一个早期 EOR 响应，或一个未完成的驱替，比预期响应更早也可以表明存在一个漏失区域；区域 3 表明原油大量的绕流和严重的不平衡模式；区域 4 反映了流体的早期性能，当注入物还有没有到达产层，应该对流体情况进行仔细监测。图的类型和区域依赖于储层构造环境。对于特定的油气田，这种生产动态指示图可以因地制宜，形成一个借鉴技术和提高认知的模板。

　　研究人员认为通过使用简单的绘图技术来估计油气井、井网和油藏生产动态是通用的方法。理解其物理特征有助于寻找收集监测数据的模式。这些模式或趋势可以通过合适的相关组变量或用合适的比例和坐标轴进行描绘。水侵和混相驱动态判断为实践提供了指导。下一章中将举例一些特殊的数据收集和分析技术，来提高对油藏的理解程度。

9 特 殊 技 术

某些技术可为油藏动态描述提供有价值的数据。与之前讨论的其他技术相比，这些技术使用得更频繁，因此它们被归类为特殊技术。这些技术对提高油藏信息的质量起到协助作用，并对油藏开发起到举足轻重的作用。同时，它们对评估加密钻探、剩余油、区域划分及配产等都有帮助。本章中讨论的技术包括示踪剂监测技术、地球化学法及四维地震检测技术。除此之外，本章也会讨论加强监控原油采收率（EOR）的方法。这些方法不断发展，并在过去 10 年中得到了广泛的使用和认可。

9.1　EOR 过程中的注意事项

EOR 是将液体注入油藏，以改变原油或岩石或二者特性的多种技术组合，这样就能够更容易地生产原油（Regtien，2010）。EOR 技术机理提出了两个要点：一是通过改变湿润性或降低界面张力来降低残余油饱和度，二是通过更好的井位或者控制流体流动，以最大限度地提高波及效率。

EOR 技术已存在了很长时间，过去几年时间里，由于原油价格持续增长，"二次采油""三次采油"有了必要性，学者对这些技术产生了更加浓厚的兴趣。目前的研究重点主要放在试点运行及区块扩展。试点的一个重要作用就是通过评估流程效率和了解油藏储层特性，由此可对油田进行规模化设计。

无论正在规划中还是已经全面实施的一个先导性设计，监测过程比初级生产或者注水驱油工艺更加重要，因为其他二者需要昂贵的注水剂、设备选型及改装费用和循环添加注水剂的费用。

EOR 有热采和非热采、混相驱和非混相驱和单一或混合注入剂 3 种分类方法。

热采类别中也包括蒸汽驱和火驱等热采技术。图 9.1 中列出了 EOR 技术的分类。非热采技术种类繁多，包括注入溶剂等。业内现已很少再使用火驱或原位燃烧技术，此处不再赘述。本章的案例分析中，将为大家讲解监测蒸汽驱过程中的一些细节知识。

图 9.2 显示了 EOR 发展过程中的完整分类。EOR 技术的下一步研究方向包括二氧化碳泡沫和重质原油改质，碱性表面活性剂聚合物驱技术正在探索阶段。上述机理过程很好理解，但是并不意味着能将其应用在常规的生产过程中。混相气驱油和聚合物驱油是可重复的程序，在业内经常应用。

如果着眼于 EOR 技术所需的基本监测，排除前面已讨论的之外，其他主要由流程效率主导。

检测过程效率因 EOR 方案而异，但是可供研究的工具却非常有限，仅限于在井孔中使用的技术及一些额外的井间测量技术。监测需求可通过开采效率评价、流程效率测定来决定。

可以用以下公式表示采收效率评价：

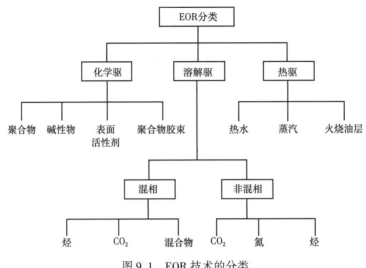

图 9.1 EOR 技术的分类

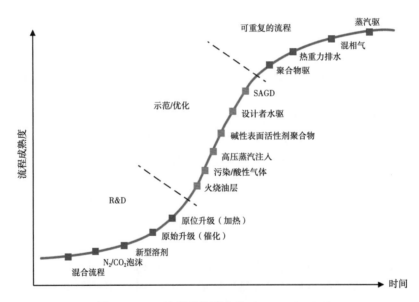

图 9.2 EOR 流程成熟度曲线 （Regtien，2010）

$$RE = E_V \cdot E_D \qquad (9.1)$$

式中 E_V——体积波及系数；

E_D——驱油效率。

不同于注水技术，EOR 技术尝试通过润湿性变化、降低界面张力、降低黏性及原油膨胀增加油藏能量等不同的方式改善或提高 E_D。

案例 9.1：驱替过程的检测思考

如果考虑采用化学剂（表面活性剂）驱动，其工作原理是通过改变两个驱替机制来实现：一是改善流动性驱替（有助于扩大波及面积）；二是降低界面张力（提高微观驱油效率）。

从监测角度来看，作为一种设计，学者会在这个区域中考虑如何监测及监测什么内容来验证这一过程。除此之外，一些监测方法有利于鉴别其他提高采收率的方法，可使用以下方式进行测量：

（1）注入井的瞬态测试（降落实验）用以弄清流体汇集带的形成及汇集带半径；

（2）监测生产井的流体突进；

（3）示踪测试用来了解流体相对运动（测定残余油的饱和度）；

（4）直接或间接地测量原位黏度可以了解是否满足了设计目标。直接测量很困难，可以测量影响黏性的间接参数，同时黏性也可由计算得出；这些参数包括地层温度、剪切速率、注入表面活性剂浓度等。

（5）油藏中界面张力降低的原位测量。界面张力降低与微观驱油效率的提高有关系。图9.3表明了界面张力降低与残余油饱和度之间的关系，反映了驱油效率的提高。

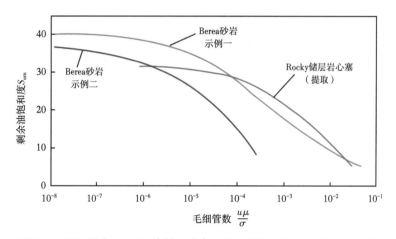

图9.3 界面张力（IFT）降低和残余油饱和度的关系（Stalkup，1983）

9.1.1 体积波及效率

案例9.1中的体积波及术语可细分为面积波及效率和垂向波及效率。对于垂向波及效率，区域分配数据和细分储层的注采单元非常重要。可以在生产和注入同时进行的情况下通过地球化学方法和生产测井仪（PLT）获取区域分配数据。利用观测井去检测流体向前移动，同时确定驱替之后的注入剂及残余油饱和度的分布技术在先导性试验区和整个油田中的应用很普遍，尤其是热采EOR技术。这些观测井通过定期记录来确定垂向驱替动态。观测井内含玻璃纤维套管，通过有线测井来执行。与大多数情况一样，观测井的监测仅限于套管井测井方法。图9.4（a）显示一个驱替区块的混相注入试验。该试验是在碳酸盐岩油藏厚度超过1500ft的碳酸盐岩区块进行的。试点的主要目的是了解垂向波及效率和油藏驱油单元（确定未波及的或者弱波及的区域）。注入和观测（监测）的缩放视图如图9.4（b）所示。

界定面积波及区注水驱油的特性是很难的，这要求在整个先导性试验区配合使用干扰试验、示踪试验、井间地震和四维技术。理解开采过程中如何提高采收率是试验中极为重要的环节。垂向波及系数只要有井点位置就可以决定，面积波及则需要使用例如四维地震

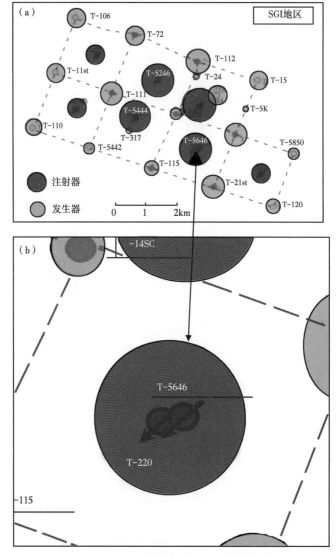

图 9.4　某驱替区块的混相注入试验

（a）混相主入先导性试验井网和观测井配置；（b）局部放大图（Sullivan and Belanger，2012）

技术的全局监测技术。评估面积注水性能的重要参数包括注水前缘的位置、注水驱替后未被波及区域或剩余油（未波及区域）。之后将详细讨论一些面积注水方法。

9.1.2　处理效率

注气时流体相特性和流体相互作用对驱动性能起着至关重要的作用。基于流体的约束力和可用性，注气驱可以有纯注气、溶剂注入（可混合的/不可混合的）、水气交替注入（WAG）和二氧化碳驱等多种形式。

纯注气驱和化学驱的一个主要区别在于对工艺性的理解不同。纯注气需要考虑到流体成分的影响（Lake，1989）。无论是注水井还是生产井，额外的测量都很有必要。

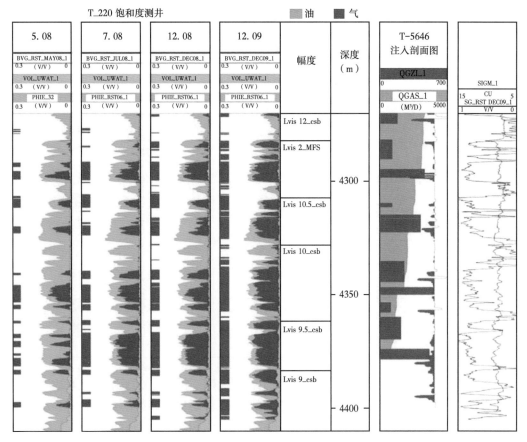

图 9.5 观测井中定时 PNC 测井时的垂向一致性评价（Sullivan and Belanger，2012）

（图 9.5 中的最右边的测井曲线记录道上，显示的是在相邻注入井（T-5646 井）中使用 PLT 的注入剖面。
在距观测井 100m 处的距离，可以清楚地看到随着时间的推移，垂直覆盖范围的增加和注入区之间有着
对应关系，良好的垂向一致性是显而易见的。）

> EOR 监测过程的关键是要弄清楚来自注入井和目的层产出液的组成成分。

水气交替注入（WAG）过程旨在利用气体重力驱动顶存油，同时也由水驱油藏的重力下滑驱动来提高采收率。除此之外，该过程也运用了气体中间组分的提取能力（蒸发或冷凝驱动）。在气体稀缺的位置，水气交替注入可优化气体的使用。

该过程的复杂性要求在一些关键的地方进行调整，以便优化段塞大小、注入时间表及监测排出物。监测排出物可以了解回收的输出气体量，因为回收的气体会用来设计分离系统及确定压缩要求。Peck（1997）和 Panda 等（2011）讨论了 Prudhoe Bay 油气田混合注入及水气交替注入的监测使用和分析方法。表 9.1 展示了不同 EOR 过程的主要增产机理和动态变化。

在气体注入或水气交替注入情况下，所采用的额外的监测技术与气相或液相的示踪剂有密切关系，这就需要了解油层连通性和预测处理效率。定期流体组分测量也属于全面监控程序的一部分。在第 8 章中已讨论过，通过测量注入物的原位流体识别关键同位素及绘

制某种成分的比例图（例如 C_3/C_1）用以识别注入剂贯穿程度，可以有效地理解注入效率与程度。

表 9.1　提高原油采收率（EOR）过程的动态变量

开采过程	开采机理	动态变量
聚合物	通过降低流动性以改善体积波及率	聚合物注入 油藏条件下聚合物的稳定性 矿化度
聚合物胶团	类似聚合物 降低了毛细管力	原位胶团的发展和稳定 矿化度
碱性聚合物	类似聚合物胶团 油溶解作用 润湿反转	油成分敏感 润湿性变化
混相溶剂	降低油的黏度 原油膨胀 互溶性	驱动前的稳定 重力上窜 波及程度
不互溶溶剂	驱替	稳定性 重力上窜 储层非均质性

　　混相驱或水气交替注入驱所使用的监测设计应探索一个关键的判别式，这个判别式可以为处理性能提供有用的信息。一旦发现这个判别式，设计师应该用这些测量方法以寻求提升探测能力的方式。可以通过改进基础实验室分析方法或者使用诸如 C_3/C_1 比率的规范化数据处理技术来实现。

　　在厚度较大的油藏区域和存在溶剂指进可能性的大型混合先导性测试中，应特别注意井下注剂突破探测。由于储层中注入流体的密度和温度条件与原油藏非常相似，相关的标准密度差测量技术（压差密度计、重复地层测试器测量）或者气油比数据并不充分。工程师们改良了碳氧比测井技术，该技术通过测量碳和氧替代测量弹塑性地震反应谱中的硫元素。由于注入流体内含有高浓度的硫化氢，有助于很好地判别和提供油井内的垂向注水剖面性能（后来证明其他的替代产品更加合适，因此这一想法后被摒弃）。

　　综上所述，为了能够成功地让这种机理应用在二次采油或三次采油过程中，应特别考虑诸如效率等重要因素。下一节会重点介绍观测井的使用及流体组分数据的判别，同时也会讨论一些新的且特殊的测量技术。

9.2　示踪法

　　前人大量的文献分析了示踪剂用于油藏监测的措施和应用（Du and Guan 2005），这些技术已经有 50 年以上的发展历程。本节基于整个示踪剂家族，来讨论示踪剂的监测目的，以及进行示踪剂测试时所用的方法和过程；同时也会探讨如何设计和分析这一测试、什么样的抽样方案最合适，并提出了有关示踪剂测试的一系列挑战性问题。

　　示踪剂为了解储层连通性及明确剩余油饱和度提供了有力的监测技术。二次采油和三次采油（此过程将重点放在已开采或部分衰竭油藏中的剩余油）的成功，很大程度上取决于对储层非均质性和剩余油的合理描述。示踪剂已在地下水文学领域和化工行业使用了很长一段时间。石油工业中广泛混合利用的示踪剂是单井示踪剂测试、井间示踪剂测试两类。

现场广泛使用单井示踪剂测试技术。示踪剂可在油井附近对原油饱和度进行评估，可确定流体的注入剖面。用于水泥管和支撑剂标记的示踪剂可以在油井中运行，以确定裂缝中支撑剂的位置或导管后的水泥管质量。随着单井示踪剂测试的日益使用，无论是在非常规油气藏中还是在厚储层、深水储层中的多段压裂作业中，标记示踪剂技术变得越来越常见。这样有助于了解完井的质量，支撑剂的位置及水泥密封效果。最新的进展是使用可放置于生产井流动层之间的示踪剂墨盒。这些示踪剂仅能溶于水相，同时可以协助确定哪一层段会产水，无须投入依靠电缆工具运行的生产测井仪。

如果对井间示踪进行有效的测试和实施，那它将在油藏描述、流程中监测异常情况、验证疑似流动阻力及确定包括分层在内的储层非均质性等方面成为一个强有力的工具。井间示踪测试同样可用于确定油井间的连通性，确定剩余油饱和度及评估水驱溶剂注入或蒸汽注入的性能。示踪剂的作用描述参见表9.2。

表9.2　储层测量中示踪剂的一般作用

序号	内　　　容
1	确定剩余/残余油饱和度
2	确定井间的连通性
3	确定流动阻力的存在
4	表征储层非均质性和分层
5	计算波及区域的孔隙体积
6	评估井筒周围水泥的完整性
7	评估完井质量和支撑剂的位置
8	计算分散相

9.2.1　分类

如图9.6所示，示踪剂的分类是基于是否具有放射性，化学示踪剂或非放射性示踪剂

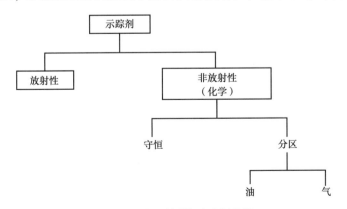

图9.6　用于监测的示踪剂分类

被归为一大类。

> 传统的示踪剂是和水溶液同相运动的示踪剂。含油情况下，分配示踪剂作为时间的函数在两个相之间相互作用和出入。

由于与原油之间产生交互作用，分配示踪剂在运移过程中比较缓慢（Tang，1995）。分配示踪剂与传统的示踪剂相比则运移得更加缓慢。分配示踪剂的缓慢运行，与色谱分离的情况非常相似，可以成为油藏中测量剩余油最直接的方法。

9.2.2　示踪剂的特性

地下油藏使用的理想的示踪剂需要具备以下特性：
（1）具有可溶性并与示踪剂承载对象的运行速度一致；
（2）除了放射性示踪剂外具有稳定性，因为非放射性示踪剂会在半衰期时出现衰退；
（3）不会被大量吸收或在目的层中不会被化学元素分解；
（4）在油藏中含量非常少或者浓度比较低；
（5）低浓度环境中具有可探测性和可测量性；
（6）成本效益比较好；
（7）产品的注入、生产和处理非常安全；
（8）用来测量的分析性仪器具有可重复性并非常规范。

对放射性示踪剂来说，操作的安全性是使用示踪剂程序中最为重要的一项指标，并且在操作过程中需要重点关注。从可操作性角度来说，总成本和可探测性都非常重要。一项示踪剂测试的成功和定量使用是由油藏中保持物质的平衡性决定的。为了实现这一点，示踪剂挑选过程中需要根据具体的化学成分、动态特征及与岩石和流体之间的交互作用进行选择。

9.2.3　示踪剂类型

示踪剂在不同类型工业中使用已有很长的历史。任何一种化合物或者化学元素都可以被用作示踪剂，只要这些成分符合标准。诸如燃料一类的化合物和诸如硝酸盐类和卤化物类的无机阴离子都可用作示踪剂。

大多处在实际半衰期的放射性核元素含有阳离子不能作为水相示踪剂。而诸如硫氰酸和钴氰化钾的离子具有稳定的阴离子，可用作阴离子同位素钴（Co）或者碳14同位素（碳同位素），油田中经常使用的示踪剂种类参见表9.3。

表9.3　油田中常用的示踪剂种类

示踪剂	化合物	化学分子式	放射性同位素
放射性	六氰钴酸盐	$Co(CN)_6^-$	60Co，58Co，14C，57Co
	氚化水	HTO	3H
	硫氰酸盐	SCN	14C，35S
	卤化物	Cl^-，I^-	36Cl，125I
	轻质醇类	CnH_2nOH	3H，14C
	全氟苯甲酸		Na盐

示踪剂	化合物	化学分子式	放射性同位素
分区	乙酸乙酯 甲酸乙酯 中级醇类	$CH_3COOCH_2CH_3$ $COOHCH_2CH_3$ $C_5 \sim C_8$	
气相	六氟化硫 全氟碳 放射性气体示踪剂 氯碳氢化合物	SF_6 $C_4 \sim C_{10}$	Kr85，Xe133

六氰钴酸离子是非常稳定的，并且可以作为两个钴核素和碳-14的载体，也广泛地用作水相示踪剂。氚化水作为油田示踪剂已有很长的历史，它含有质量为3的氢，而不是质量为1的氢。液体闪烁探测器对外界辐射危害小或无辐射危害，计数容易，是目前常用的一种液体闪烁探测器。水驱中常用的一些特殊的放射性示踪剂包括碘-131，它的生命周期比较短暂。这些放射性示踪剂也可用于注入反应比较快的区域或含裂缝储层或漏失储层。

长期经验认为一种放射性示踪剂的使用时间是半衰期的六倍，半衰期的前期处理和问题的分析就会变得很复杂。

虽然已高频率地使用放射性示踪剂，但是越来越多的人认为化学示踪剂既是传统的示踪剂又是分区示踪剂。然而，不像放射性示踪剂，该检测方法和化学示踪剂分析过程是相当容易改变的，并且需要的注入量非常大。业内认为最成功的无机示踪剂有硝酸、硫氰酸盐、溴化物和碘化物离子。可用作化学示踪剂的为数不多的有机材料是全氟化合物。

表9.3中，分区示踪剂通常是烷基酯酸（甲酸乙酯、乙酸乙酯）和低碳中级醇。酯的选择是由地层的温度决定的，并且也与pH值有关系。酯可以溶解于油水两相中，并且在油水两相之间分区。理论上，它们应具有一个恒定的分配系数。

气相示踪物质数量也很多，其常见的问题是灵敏度分析、成本及在油藏条件下应处于气态。

气相放射性示踪剂包括以氚作的氚化烃、碳-14标记的烃、氪-85和在有限情况下的氙-133。其他化合物如CO和N_2O是稳定的，在储层条件下不发生反应，并且可以很好地作为气体示踪剂使用。所有气体示踪剂在储层条件下保持气态，可以区分油和水。如果系统中存在油和水，需要注入多个气相示踪剂（达到3种以上才精确）。如果油水比例是已知的，可以求解示踪剂运动滞后时间的方程组来估计流体饱和度。在气驱提高石油采收率中，确定剩余油的唯一理想方法是使用井间示踪测试。

9.2.4　设计注意事项

大多数情况下，在进行示踪试验前，有许多问题必须认识清楚，还要进行价值信息的演算。这些问题便是实现测试目标所需完成的任务及提供有效管理油有价值的储层信息。实施示踪剂测试的优缺点见表9.4，对储层来说，示踪剂测试的不足之处影响较大，应当通过设计注意事项来弥补其不足。

表 9.4　示踪剂测试运行的优缺点

优　　点	缺　　点
允许动态油藏描述	所有的示踪物质可能无法收回，造成模棱两可的定量结果
在油藏中调查井间距	由于吸附、离子交换和区域漂移，其损失是难以估计的
最小的场地设备要求	测试可能需要很长的时间才能完成
提供了定性信息和定量信息	测试费用昂贵
单井测试可以提供有价值的完井信息和整体性信息	缺乏标准的分析测量和校准系统

测试应回答的一般问题是：

（1）测试的目的是什么（储层特征、支撑剂位置测定、单口井注入分布、剩余油饱和度测定、边界确认、波及系数表征、突进特性）？

（2）判断单孔还是多孔示踪试验？

（3）什么影响储层体积（规模大小、单井排量或注入量）？

（4）基于目标的可行的示踪剂类型和数量是什么？

（5）所选示踪剂的检测能力范围是什么？

（6）最大允许的示踪剂浓度是多大？

（7）测试的设计是否可用来回答一些定性的连通性问题或者是否需要定量评价？

（8）示踪剂的注入量是多少？

（9）用哪些分析技术来估算示踪剂洗脱液浓度？

（10）采样的频率和取得结果的成本是多少？

（11）在线取样和分析的方法可行吗？

（12）在线取样安装成本和实验室测试之间如何权衡？

（13）需要通过实验室测试来确认储集岩、液体和水之间的兼容性吗？

（14）是否了解一些有问题的示踪剂的吸收方式以及检测能力与设计浓度之间的关联？

（15）测量方式及分区示踪剂的稳定性是什么？

（16）分配系数是否为衡量标准？或者是否了解示踪剂的分配系数函数？

（17）混合、注入取样程序及现场处理程序对现场设备的要求是什么？

（18）什么是单井分区示踪剂的浸泡时间测试和回流时间测试？

（19）示踪剂的混合、注入和取样过程及现场处理程序对现场设备有什么要求？

9.2.4.1　单井示踪试验可用于估算剩余油饱和度（ROS）

对于这项作业，特定时间内示踪剂以脉冲形式被注入井中，然后将井回流，测量得到示踪剂的响应。显然，为了确定剩余油饱和度，必须注入具有不同分配系数（K_d）的多种示踪剂，如图 9.7 所示。如果注入示踪剂混合物每个示踪剂（这取决于它们的分配系数）以不同的速度移动，具有较高分配系数的示踪剂移动速度较慢，示踪剂 A（高 K_d 值）和 B（低 K_d 值）的位置显示在图 9.7 的第二个面板图上。一定时间后，油井回流导致每个示踪剂回流，这导致了各示踪剂的返排问题。然而，由于问题的对称性，移动最远的示踪剂 B 将移动的最快，并和示踪剂 A（移动速度缓慢）在同样的时间返回到井中。由于色散效应，返回脉冲的广泛分布是唯一的变化，这种对称性导致进行剩余油饱和度测量效果不佳。

因此，必须在系统中加以介绍某种示踪剂的不对称性（Deans，1978），这样做是要求

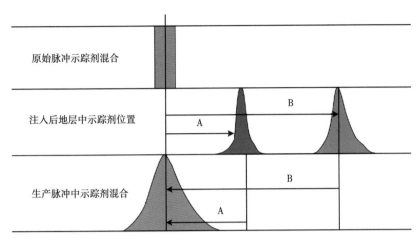

图 9.7　单井多示踪剂注入的对称性效应（Zemel，1995，获 Elsevier 重印许可）

在一定时间内注入单一示踪剂。然后示踪剂在半径为 r 的井中浸透（图 9.8），浸泡过程中由于水解作用，示踪剂分解成两个具有不同分配系数的示踪剂，然后油井回流，并且两个示踪剂在不同的时间到达井中。知道半径 r 和两个分离示踪剂的分布可以计算在监测范围内的剩余油饱和度。之前所述的烷基酯便可作为完成此任务的示踪剂。最常用的是乙酰乙酸酯，它可水解成乙酸和乙醇。

$$C_2H_5COOC_2H_5 + H_2O \Longrightarrow C_2H_5COOH + C_2H_5OH \qquad (9.2)$$

由于具有不同的分配系数，它们以不同的速度回流到井中，可计算剩余油饱和度；当然必须预先知道油和水的分配系数。

图 9.8　单井示踪试验不对称反应（Zemel，1995，获 Elsevier 重印许可）

另一个利用单井计算残余油饱和度的方法是：由于存在天然驱动行为，假如已知储层中速度场（或漂移），可以使用单一的示踪剂，在已知速度场的情况下，卷积单个示踪剂响应，获得剩余油饱和度（Tomich, et al.，1973）；只是这种方法的不确定性和风险很高。

9.2.4.2　井间示踪剂测试

按照体积来说，井间示踪剂测试样品需要更大的储层尺寸。因此要想测试成功就需要仔细地设计、测试及建模。井间示踪剂测试的三个主要问题是：

（1）井间岩石和流体组分的不确定性造成测量和实验室测量示踪剂分配系数的不准确；

（2）获取响应和结束的时间；

（3）注入需要示踪剂的用量。

图9.9是分割井间示踪剂测试突破曲线的示意图（Iliassov，et al.，2001）。作为储层物性评价的一种模式，经常会在小区块进行井间示踪测试或在一个区块打加密观测井。考虑到井间示踪测试的其他因素，包括示踪剂分散性、吸附性、储层中的离子交换，需要注入较高用量的示踪剂。此外，试验设计应考虑区块示踪剂的损失或运移。井间示踪剂测试的一般设计都会考虑覆盖区块，以确保能够获得物质平衡。这对追踪数据的定量工作是必不可少的。

> 对于非分区示踪剂的示踪剂反应曲线（没有漂移和区块流体向外运动）可以估计注水驱油的波及体积，此外分区示踪剂可以计算区域的残余油。

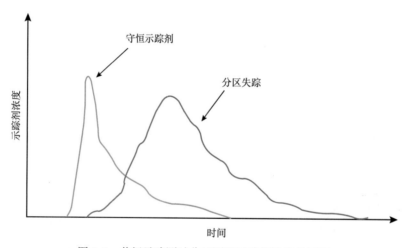

图9.9 井间示踪测试分区测量示踪剂浓度的原理

一种常见计算所需示踪剂量的方法是假设示踪剂已经在水波及范围内均匀稀释，可通过估计产出示踪剂的浓度来计算用量。

这个设计的原理是对流动区块内水驱替的总体积进行稀释，通过加入足够多的示踪剂，以确保检测结果处在合理的稀释浓度。实际上，示踪剂浓度产生的峰值应远高于这个平均值。

稀释量可以通过一个简单的径向孔隙体积公式来计算。井网面积 V_d 可以用下面方程中的圆面积替代：

$$V_d = \pi r^2 h \phi S_w \tag{9.3}$$

对于放射性示踪剂，检测放射性同位素灵敏度是以无示踪剂情况下的仪器作为参考来计算。它是从统计出发得出信噪比的一种测量方法。最低检测限值（MDL）是两个标准偏差的计算量，并且可信度为95%。最低示踪剂的放射性 A 要求超过 10 倍最低检测限值

（Zemel，1995）：

$$A \geqslant 10\mathrm{MDL} \cdot V_{\mathrm{d}} = \frac{20\sqrt{2C_{\mathrm{b}}}}{EtV_{\mathrm{s}}} V_{\mathrm{d}} \tag{9.4}$$

式中　C_{b}——计数时间 t 的本底计数；

　　　E——检测器的放射性计数效率；

　　　V_{s}——取样量。

方程式（9.4）可计算放射性示踪剂的活动水平，包括上述本底测量设备的检测水平。它可以作为选择适合测试示踪剂类型的一项准则。

对于化学示踪剂，所需的总示踪剂物质的质量，可以用多种方法计算，包括使用简单的模型（Smith and Brigham，1965）或简化的体积估算。采用体积法估算，示踪剂的质量（W_{t}）由下式给出：

$$W_{\mathrm{t}} = n \cdot \frac{M_{\mathrm{t}}}{M_{\mathrm{a}}} \cdot (\mathrm{MDL}) \cdot V_{\mathrm{d}} \tag{9.5}$$

式中　W_{t}——所需的总示踪剂物质的质量；

　　　n——每摩尔总物质中活性物质的摩尔数；

　　　M_{t}——示踪剂的分子量；

　　　M_{a}——活性物质的分子量。

对于分区示踪剂，有两种设计概念很重要。选择示踪剂，应提供足够的空间避免示踪剂发生防腐反应，这样选择的示踪剂的数据可信度高，因此分配系数应该高；同时具有较高分区系数，所需示踪剂量的成本可能更高。此外，分区示踪剂还依赖于剩余油饱和度。Shook 等（2004）为了确定分区系数，提供了一个设计目标的不等式：

$$0.2 \leqslant \frac{S_{\mathrm{or}}K_{\mathrm{d}}}{1 - S_{\mathrm{or}}} \leqslant 3.0 \tag{9.6}$$

式中　S_{or}——剩余油饱和度。

此式可作为权衡受注入量影响成本的标准。

9.2.5　分析过程

示踪剂测试通常涉及若干种示踪剂，分别在多种环境中将这些示踪剂注入井中。分析油井中收集的洗脱液所需的费用远超过示踪剂及注入所需的费用。挑选示踪剂及其注入液浓度的策略和分析测量技术与最低检测限值的简单性、一致性及可重复性息息相关。

处理放射性示踪剂的优点和分析过程相似，这样就可以使用一致性的标准。由于放射性测量是基于辐射技术来实现的，且其中的错误纯粹是由数据分析导致，因此，该测试可独立于分析放射性测量程序之外。

相对而言，非放射性示踪剂方法差异很大。能否正确评估测量过程依赖于实验室方法和标准指导的操作和分析过程。因此，如何在设计测试前得到最低检测限值并对其进行深入了解非常必要。通常，工程师对示踪剂的设计不包括实验程序及质量控制程序，它们未考虑校准技术、标准及不同分析过程的变化性。在存在样本操作问题和长时间测量过程中实验室数据可能改变等复杂情况下，如果测试程序不能在一个完整的过程中进行，那么数据的质量就可能存在问题。

9.2.6 取样方式

许多示踪剂测试程序失败是由不正确的取样方式造成的。取样通常是示踪剂测试程序中最便宜的一部分，然而，从操作性来说，取样过程中出现问题增加了结果的复杂性。这是因为取样过程是很重要的一个环节，取样过程要求样本的收集、贴标签、验证、运输、实验室测量及对数据的捕获都要有标准的操作流程。同时，尽量多取样要比少取样效果更好。为了确保有足够的油井样本，制作一个取样频率时间表很有必要（取样时间应该和示踪剂测试目的相对应）。油井见水时间越短，响应曲线越窄。因此，应该在注水开始阶段将取样频率提到最高，这样可以避免错过最初的油井见水情况。取样频率可以随着时间而降低直到达到最低取样频率。最初只需要分析一些有关联的样本，如果没有发现示踪剂，中间的样本可以废弃。

> 因为浓度是一种密集度，移动采样相当于在完整的生产流程中采样。

油田移动取样流程参见图9.10。为适应端口、控制阀和系统，移动取样过程需要更换管道。同时，移动取样过程安全且可信度高。

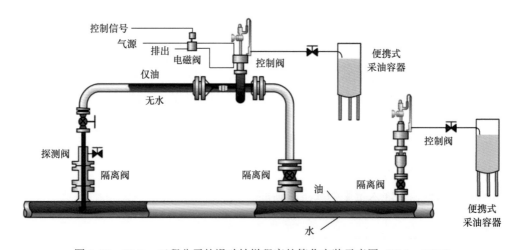

图9.10　Welker工程公司的滑动抽样程序的简化安装示意图（Fish，1992）

9.2.7 解释技术

示踪剂法作为一种监控技术，主要用于定性监测。由于其量化技术存在问题，示踪剂回收率较低且示踪剂在储层内部不受控制的运移使得结果的可信度降低。在检测流动屏障或油井与裂缝系统连通性的情况下，示踪剂突破仅仅是连通性的指标之一。如之前提到的，将多种示踪剂依据注水模式注入不同的注水井中，用相对的流动情况画出流场图可确定井间的相对连通性。示踪剂浓度在下降前，增长到一个平均值，可以在生产井见水后获得周围的信息。完整的示踪剂突破曲线反映了示踪剂系统的分散性，不明显的浓度分布曲线波动就很好地证明了这一点。

对传统示踪剂来说，井中波及孔隙体积由物质平衡法来确定。当示踪剂突破时，累计注入体积可对注入水波及孔隙体积进行衡量。在给定的稳态流场中，当体积注入率为 q 时，示踪剂段塞注入的时间为 t_s（在理想状态下，指瞬时参数），示踪剂的平均停留时间可用以下公式计算：

$$\bar{t} = \frac{\int_0^\infty Ct\mathrm{d}t}{\int_0^\infty C\mathrm{d}t} - \frac{t_s}{2} \tag{9.7}$$

式中　C——无量纲示踪剂浓度；

$\bar{t}$——储层中示踪剂的平均停留时间（Shook，et al.，2009）。

因此，可用以下公式计算在一口注入井、一口生产井情况下的波及孔隙体积：

$$V_p = fq\,\bar{t} \tag{9.8}$$

式中　f——给定井中示踪剂的比例。

实际的数据测量通常是很杂乱的，因此不能建立完整的曲线。为了完成分析，拟合指数递减曲线（最适合示踪剂曲线的尾部）比较常见，可用于评估含油饱和度。分析的基本原理是假设示踪剂在当前环境下两相平衡，并且分子在两相之间自由移动。当示踪剂分子存在于水相，它们以水速运行；当在油相时，它们以油速运行；在残余油中，实际速度可能是 0。所以，如果已知示踪剂的平衡分布（K_d）和两种比例示踪剂（分区示踪剂和一个守恒示踪剂）停留时间的差异，便可以计算出残余油饱和度。

简单来说，让我们假设将两种示踪剂（一个分区示踪剂和一个守恒示踪剂），同时注入含有油和水的储层中。如果油藏中阻滞系数 β 定义为储层分区平均停留时间和非分区示踪剂的比值，则可用以下公式计算：

$$\beta = \frac{\bar{t}_p}{t_{np}} \tag{9.9}$$

公式（9.9）中，分子和分母可以由如 9.7 中所给定滞留时间的一阶矩阵积分方程得出。此外，在给定相中的停留时间与该相中的分子数成正比。分子数与示踪剂浓度和相体积的乘积成正比。因此

$$\beta = \frac{C_{po}V_o}{C_{pw}V_w} = K_d\frac{V_o}{V_w} = K_d\frac{S_{or}}{1 - S_{or}} \tag{9.10}$$

式中　C_{po}——油相分区示踪剂的浓度；

C_{pw}——水相分区中示踪剂的浓度；

V_o——油相体积；

V_w——水相体积；

S_{or}——剩余油饱和度；

K_d——分配系数。

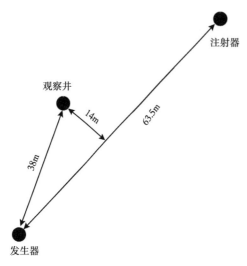

图 9.11　Leduc 油田示踪剂试验油井配置
（Wood，et al.，1990）

如果阻滞系数 β 由已知测量数据和储层中已知的分配系数得到，则可从式（9.10）中确定剩余油饱和度。

还有很多复杂的分析技术是通过油藏模拟器的逆建模技术来对吸附、离子交换及储层非均质性进行解释。

图 9.11 为 Leduc 油田（Woodbend D2A 油藏）一对示踪剂测试（Wood，et al.，1990），井的配置。分区示踪剂为氚化甲醇，该测试用来对比井间（两口井之间）、单井测试和连续取心获取剩余油饱和度方法的不同。成本对比、测试范围对比结果见表 9.5。由于井间测试的两口井非常靠近，所以测试结果与单井结果一致。

表 9.5　加拿大 Leduc 油田测试剩余油饱和度的不同方法（Wood，et al.，1990）

方法	ROS（%）	测试半径（m）	成本（加元）
井间测试	35±1	64	25
单井测试		4.6	80
单孔隙度	40±3		
双孔隙度	35±3		
连续取心	33	0.1	125

9.3　地球化学监测

地球化学监测是根据生物化学标志识别鉴定的。生物化学标志已广泛用于烃源岩的区分和年限测定，是烃源岩识别、成熟度及盆地评价等勘探活动的基础。地球化学数据可用于各种生产监测和储层管理（Larter and Aplin，1994）。具体来说，地球化学监测指生物标志物对比和同位素分析。地球化学方法为储层中的油气成分分析提供了依据。这些可用于分析以下及许多实际问题：

（1）确定储层的连续性及对其进行划分；

（2）帮助解决复杂的生产分配问题；

（3）识别封隔器漏失等生产问题；

（4）识别和加强规模化管理。

　　在时间和空间中流体轨迹的变化是地球化学监测成功的必要条件，因此基线测量必不可少。

原油是一种非常复杂的自然产物，其成分主要由生物因素、地质因素及物理化学因素决定。这些因素包括成熟度、运移过程、生物降解作用及流体岩石的交互作用。在大量研究中发现，地球化学遗迹可以替代生产测井来进行生产布局。从本质上来说，该项技术通过对不同样品的生物标志进行对比，从而找出其共同点及差异。如果两个生物标志不同，则说明它们来自不同区域；然而，即使生物标志相同，也不能保证其来源相同。

> 产自同一系统的原油，其生物标志一定相同的猜测并不合理，它们有相同的标志是必要条件，而不是充分条件。

因为同一油田的原油通常有相似的地质史、API 重度和通用色谱特征（n 种石蜡）等，这些特征不能用来区分成分相似的油质。事实上，需要更小的环烷和芳香族化合物对原油进行区分。

许多文献中提到了储层中的原油是均质的。近期，随着地球化学技术与电缆地层测试（WFT）、井下流体分析（WFT）（参见 6.5.2）等技术的结合，在某种程度上能合成储层流体存在重力分异的视图。新技术更高的分辨率可以解决项目早期评估和开发阶段存在的问题，从而对储层中原油的分布有更好的理解（Mullins，et al.，2007；McCain，et al.，2011）。这些技术对最初的井间连通性研究及生产过程中的监测都有作用。

9.3.1 测量技术和测量对象

生物标志不是对石油中个别有机化合物的识别和量化，而是石油天然气生物标志的持续再生，通常采用石油毛细管柱气相色谱法与火焰离子化检测器联合使用进行分析测试。图 9.12 是一个典型的气相色谱仪图。运载气流经多孔包，提供背景基线，石油样品和运载气混合后通过色谱包。在不同的时间，仪器对单个组分进行洗提。换句话说，它随不同滞留系数而发生转移。洗提结果显示为图 9.13 色谱图上的峰值。色谱图可以显示超过 500 个测量峰值，而其中只有少数测量值与明确的化合物相匹配。

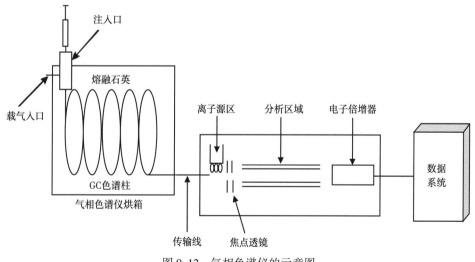

图 9.12 气相色谱仪的示意图

几个组分的混合会形成许多峰值。比较不同样品的峰值是一项艰巨的任务，从而衍生出了更多相关的技术，可能会用到峰高和位置的属性。最常见的方法是使用峰高比。峰高

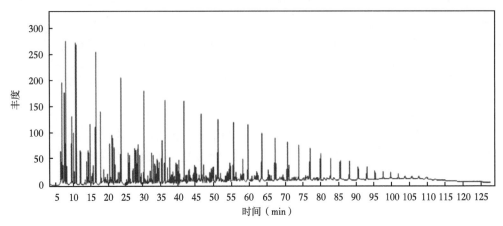

图 9.13　一个气相色谱图的例子

比是对一个特定可识别峰值的相邻或相近的峰值进行标准化得到的（图 9.14）。注入量的不同和基线的变化引起的差异，可以通过此法来进行补偿。

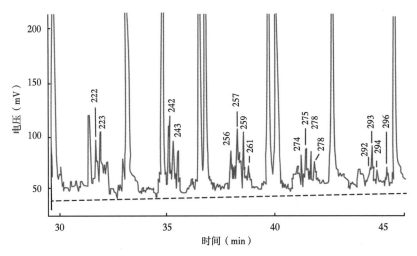

图 9.14　选定的色谱峰高（Kaufman, et al., 1990, 获 GCSSEPM 许可转载）

　　因原油来源不同及油质的差异，选择的峰值通常也不一样。要确定原油的生物标志，必须提供尽可能多的峰值。通常采用 6 ~ 14 个峰值。

9.3.2　识别的依据和分析

　　给定的色谱图上有大量的峰值，为了理解样品间的差异，在生成简化且直观的形象前，需要进行自动化处理。假设有三个样品 A、B 和 C，每个样品可能有数百个峰值需要对比。为了找到更好的判别方式，在进行比较前应该使用相邻峰值比（为了规范化）。利用多变量统计程序发现可用特征，这些特征可用于解释大量的样品差异。如果定义样品差异的主要组分减少了，峰值比就可以被标注为极地星状图（图 9.15）。表 9.6 显示了每种原油的峰值比。如图 9.15 所示，将每个峰值比绘在一条单独的放射轴上，当这些点相连时，形成的星形模式可识别原油的特征。它类似于质量评估框架中使用的网状图。多个样本可以绘制在同一星状图上，可更容易识别样品的差异性或相似性。在石油生物标志上，样品 A、B 和 C 的特点清晰可见，A 和 B 相同，然而 C 似乎不同。星形图特别适用于数量及规模都很小的储层的连续相关性研究。

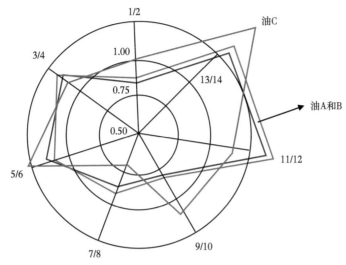

图 9.15　地球生物标志的星形示意图

表 9.6　三种油的峰值比

色谱图中烃峰值比率						
油	1/2	3/4	5/6	7/8	9/10	11/12	13/14
A	0.84	1.17	1.15	0.89	0.82	0.72	1.33
B	0.86	1.19	1.11	0.91	0.82	0.7	1.36
C	0.99	1.09	1.29	0.72	1.09	0.86	1.56

用于相似油品分组的另一种方法是基于聚类分析技术。类似的油品由于其属性相似而聚集在一起，树状图可以清晰地表现出族内部成分间的关系及族与族之间的关系。

树状图是一种基于聚类分析的描述对象间成对差异的简便方法。

树状图如图 9.16b 所示。树状图是一种分支图，每个分支称为演化分支。每个分支的终端称为"叶子"。分支点的高度表明油样之间的相似度或差异度；分枝点越高，差异越大。相似性通常是测量 n 维空间中样本之间的欧氏距离（其中 n 是峰值比）。X 轴为欧几里得距离。

在土壤分析中的一个简单的双变量示例可用来显示树状图的结构、构造和解释。图 9.16（a）显示了五个土壤样品根据黏土含量及岩石碎屑可分为两类。图 9.16（b）显示了五个土壤样品的树状关系。

从本质上来讲，每个分支的最大有效采收率（相当于"树根"）与它的相似度有关。在这个例子中，很明显（从黏土含量及岩石碎屑的成分来看）与样品 2 相比，样品 4、

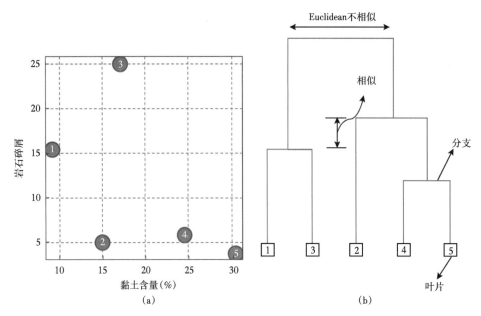

图 9.16 岩石组织样品的聚类（a）和关系树状图（b）

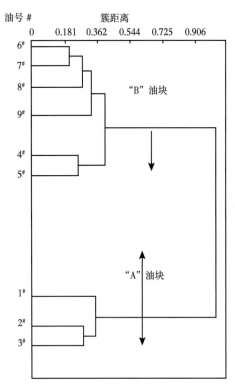

图 9.17 基于北海油田 9 种原油聚类
分析的树状图（Kaufman, et al., 1990,
获 GCSSEPM 许可转载）

样品 5 的相似度明显略高。此外，样品 1、样品 3 和样品 2 的相似度明显高于样品 4、样品 5 的相似度。这次试验中，两两不同是根据土壤中黏土含量及岩石碎屑成分的不同而得出的欧几里得距离。可见，岩石碎屑与黏土的散点图与对差异的简单评价有着直接关系。

图 9.17 显示了北海油田中 9 个油样的色谱分析结果。有两种方法解释树状图，一种方法是看大量组分及同一族中单个分支之间的关系和相似性。越接近一个分支图底部（图 9.17 中 X 轴的起点）的组分越相近。另一种方法是看垂直距离，垂直距离越远，就越不属于同一族。北海原油可分为 A 块和 B 块两组。B 区块内，油品之间有很多细微的变化。

9.3.3 成本和价值

与其他测试及监测方法相比，地球化学技术相对便宜。其他技术大多需要钻井平台、测井电缆或其他侵入方法来收集数据。例如，在普拉德霍湾，地球化学生物标志的成本不足配产测井花费的 10%。从地球化学工作中得到有价值的认识，需要细致的、规范的现场操作及分析工作。为了确定结果，也有必要用其他数据加以证实。

9.3.4　风险和不确定性

当可精确控制操作条件时，可重新获得气相色谱数据。峰值比的精度主要在 1%~3% 的范围（Kaufman, et al., 1990）。

成功绘制地球化学图谱的关键在于获得良好的流体样品。在电缆测井和井下流体分析之后就可以采样，在测井完成后、二次完井时或在提高采收率的措施实施之前或之后，含水率会变得更大。一般样品取 100cm³ 即可。对于基线数据，应在每个完井区取样，需要没有加压过的样品；同时建议对水样进行取样。水同位素分析与被动监测技术一样重要，水源（注入水或地层水）和水的化学成分对理解储层流体的混合、沉淀及酸化至关重要。

9.3.5　通用方法

如前所述，原油样品随着运载气体（一般为氢气）进入恒温加热炉。由火焰离子检测器检测产生的洗脱液，形成数字化的峰值。每个峰值代表单个化合物或几个化合物。将色谱图数字化并导入分析软件，确定出石蜡峰值（因为石蜡更容易被区分）。对于一个确定的样本，需要将几百个比值与其他样品相应的比值进行比较。数学算法是根据峰高比寻找原油成分的差异。比值差异较大的容易识别，可绘出可视化的同族树状图或者极地星形图。图 9.18 给出了地球化学分析基本步骤及流程图。该流程图显示了从收集数据到解释和地球化学验证阶段的一些关键步骤。

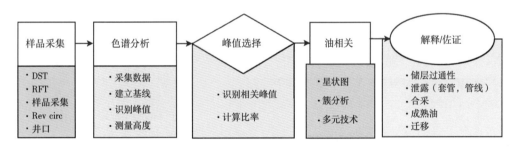

图 9.18　地球化学分析的流程图和步骤

本领域很多优秀文献中的实例已证明这项技术的实用性和价值（Huc. et al., 1999; Milkov, et al., 2007, Schafer. et al., 2011）。尽管在油田管理中，地球化学工具大多是用于分配生产（Nouvelle. et al., 2012），但越来越多的例子表明这项技术亦有其他用途。

9.4　四维地震

工程师将在多个领域有所发展的四维技术用于油田管理当中。虽然这种技术比较特殊、复杂，但却从监测的角度提供了目标的价值、风险、不确定性、评价因素等基本信息。

重复三维地震勘探统称为四维技术。地震监视的关键是使用延时测量技术成像的理念。理想情况下，由于储层的反射作用和流体性质会直接影响地震信号，所以储层和流体性质不同、成像不同。

过去的 10 年，在油藏管理中人们频繁使用四维地震技术。北海公司率先成功地使用了该技术，很多公司将该技术应用到了常规近岸监测中。表 9.7 是一个用地震方法和用其他方法获得的数据的对比。显然，在获得储层变化数据完整图像方面，没有比地震更好的方法。地震信号是对多个储层的综合响应，需要对地震信号进行卷积，这种方法将多储层机制与单个组分相结合，这些组分对决策极为有用。

表 9.7 地震和其他方法获得信息的比较

参数	地震数据	工程数据
测量范围	整个油藏	仅在井中
垂直分辨率（ft）	50	1-油层厚度
面分辨率（ft）	50	井间距
参数解析	仅有结合反应	单独测量每个变量

9.4.1 业务简介

四维测量技术的价值在于其数据的时效性和有效性。如在第 3 章中讨论的，在决策分析中需要清楚价值和成本，决策分析包括影响评价的不确定性和可能性。图 9.19 中简单的可行性象限可作为四维地震定量测量和可行性评价的指标。那么，四维地震可以用来做什么呢？四维地震可以确定油藏性质，有助于降低油藏开发中的不确定性。四维地震具体应用于：

（1）确定接触移动；

（2）定位"死油"层；

（3）监测注入的流体（水、蒸汽、二氧化碳等）；

（4）区域评价；

（5）绘制流体运移通道。

通过标定可做以下工作：

（1）加密钻井；

（2）井位优化；

（3）通过修井、侧钻或冲钻获得大量的剩余油；

（4）通过注液管理进行油井见水优化。

图 9.20 为一个油田生命周期的四维地震图像。阴影部分为开发阶段的生产状况。底部为与这些阶段有关的问题，沿黑线逐步减少。四维地震大幅降低了开采的不确定性，带来了可信度高的资源基础。油田开发过程中，项目开发后期由于监测和发现剩余油的成本很大，四维地震通过确定油藏

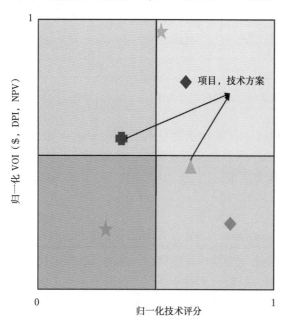

图 9.19 四维地震监测评估的可行性象限

产油可能性的大小从而减少监测费用。值得注意的是，在以开发项目中减少不确定性和成本只是四维地震技术的一种应用。

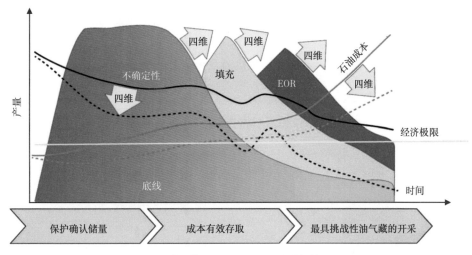

图 9.20　油田整个生命周期过程的四维地震增加值（Barkved，2012）

图 9.21 为通过定量操作和决策目标展现四维成像的全局视图。信号强度、成像质量和过程处理都是决定图像质量的关键决定因素。

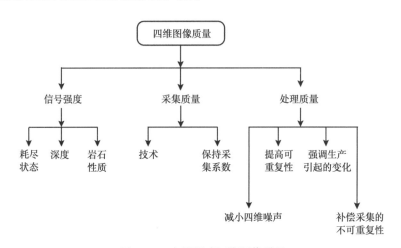

图 9.21　变量驱动四维图像质量

9.4.2　基本原理

地震勘探信息是由声波的反射和转换得到的，岩石的波阻抗（密度×速度）比较大。声波特点是由振幅、速度、频率及相移表现出来的。振幅和速度是主要测量对象。地层中任一点都会被多次测量和获取信息（Johnston，1997）。振幅的变化是由孔隙流体的压缩性、岩石压缩系数、流体的性质、孔隙压力变化、岩石基质变化（胶结物和黏土矿物的改变）等因素决定。

图 9.22 为两次不同勘测中的一个地震道，振幅在一个时间点发生改变，另一个点时间

发生转换（Barkved，2012）。从岩土力学角度来讲，时间变化可能是由于岩石结构的变化及岩石压实作用引起的。如前文所示，地震振幅主要反映岩石和流体性质。在不同时间进行的地震勘探中，测量振幅的变化表明了储层物性的变化。如图 9.23 所示，松软的散砂或严重破碎的岩石最适合用于流体监测，而结构坚硬的砂岩则很难监测。

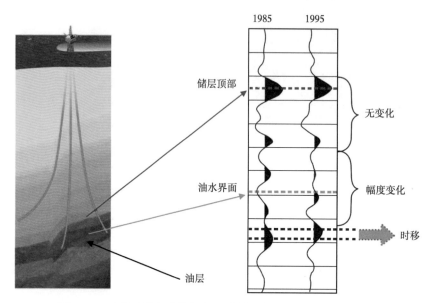

图 9.22　时移地震表现的幅度和时移的变化（Barkved，2012）

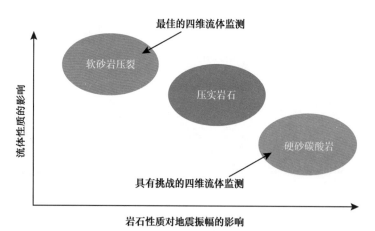

图 9.23　适合于地震监测岩石特性（Lumley and Behrens，1998）

为达到设计目的，应按以下步骤建模：

（1）根据岩心和测井数据，在储层压力和温度下，计算干燥岩石的弹性模量，计算岩石的体积模量（K）和剪切模量（μ）；

（2）根据各相体积模量的逆加权和计算流体的体积模量；

（3）使用干燥岩石和岩石颗粒模量计算饱和岩石的体积弹性模量；

（4）根据饱和度加权总和计算饱和岩石的密度；

（5）压缩体积（V_p）和剪切波速度（V_s）都可以通过岩石的体积模量和密度计算得出；

（6）从上面可以计算波阻抗（$V_p \cdot \rho$）；

（7）使用现场提取的地震子波卷积阻抗，获取地震振幅信号。

为了解释储层，需要将测量的地震振幅差异和对储层认识的合成地震进行比较。通过迭代循环可提高对储层的认识，从而进行储层预测。使用区块内过滤的短波进行卷积，是改善地震振幅数据的折中方法，在知道岩石弹性性质的情况下可对储层的饱和度进行反演。

9.4.3 可行性调查

可行性包括检测能力、可重复性两个元素。

检测能力是指与生产储层弹性性质相关的一个变化量。如前所述，弹性性质会受流体饱和度、压力、孔隙度和温度的影响。

重复性如第 5 章中所述，是两个连续测量差异之间的量度。重复测量之间的差异（不包括与生产相关的影响）是由采集和处理的差异造成的。

上述两个元素之间有一个权衡，检测能力高的情况下，可接受较低的可重复性；但在检测能力低的情况下，则需要高重复性。将两项勘测之间的归一化均方根（NRMS）误差作为两项勘测之间幅度差异的度量依据，并且是重复性的度量（Behrens, et al., 2001）。

$$NRMS = \frac{2\sqrt{\sum\left(A_{survey1} - A_{survey2}\right)^2}}{\sqrt{\sum A_{survey1}^2} + \sqrt{\sum A_{survey2}^2}} \tag{9.11}$$

对于不相关的轨迹，特定度量值的范围在 $0 \sim \sqrt{2}$ 之间。

图 9.24 为零噪声模型和信噪比为 5 的模型中振幅变化（ΔA）和含水饱和度之间的关系。

9.4.4 采集与处理

如果存在三维地震勘探，重复测量是为了最大化地获取有效性的参数。除改变储层的相关性以外，能使影响最小化是重复监测的一个重要方面。然而，由于技术改进、地面基础设施变化或移位、海况变化和来源变化等影响因素也不能忽略。接收器位置的重复性是非常重要的，但它并不能保证整个系统的可重复性。受不可重复信号及四维地震测试中其他因素的干扰，数据处理成了一个挑战性难题。为了减少其他数据的影响，必须仔细地采集数据。如图 9.21 所示，四维图像的质量不仅由信号强度和信号质量决定，同时也与操作过程的规范性有关。为了提高信噪比，应该运用大量的数学计算进行处理。

在谈到相关的测量仪器（如地震检波器和水听器）时，一些相关的专业刊物对此问题已有提及。用于记录地震波的传感器是基于运动测量或压力测量的，运动传感器用来记录特定方向或轴向的运动、加速度或速度。任意的运动需要由三个正交传感器来记录。水听器是基于压电换能器的压力传感器。地震检波器是基于磁场线圈的电磁传感器。

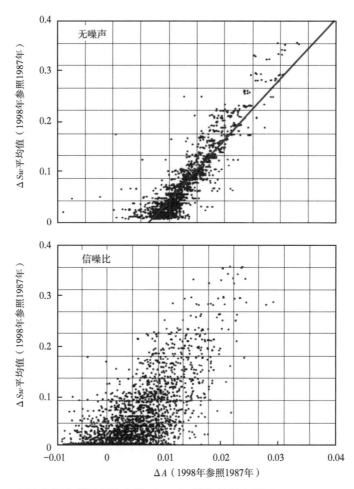

图 9.24 两次监测之间振幅均方根（RMS）误差的散点图（Behrens，et al.，2001）

9.4.5 地震解释

像追踪测试一样，地震解释可分为定性解释和定量解释两种。对于定性解释来说，地震探测变化是公认的，只能推断出这些变化的含义和发展趋势，而在定量解释中，人们致力于将地震波性质的变化转换为储层性质的变化。储层饱和度的定量综合评价包括地质模型、油藏模拟模型及岩石物理模型。

在工作流程中，这些参数经过反复迭代计算，以保证地震解释数据的更新与传统模型中历史拟合的参数变化规律相一致。

图 9.25 为一个将四维地震资料运用到油藏管理的典型流程图。虽然每个公司在数据采集和反演上采取的工作流程稍有不同，但效果相同。

这项技术为检测和监控提供了新的选择。随着该项技术在测量、采集、降噪和处理技术上一致性的提高，发现的差异将会越来越小，若与其他提供储层完整视图的测量技术相联系，可得出更加精确的储层变化地面测试图。这些变化也将带来新的机遇，在本书序言中已进行了介绍，可参见图 1.2。

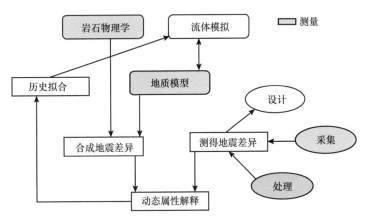

图 9.25 一个典型的四维地震工作流程图

对于现代油藏监测技术来说，已有新的突破。呈现指数增加的纳米级传感器，包括泵吸传感器等新型的应用为现代油藏监测技术打开了一扇门。针对井下环境，已快速发展出更多的包装技术及材料技术为改善监测工具带来帮助。由于光纤技术精确性及应用范围的提高，非侵入测量技术将持续占取一席之地。除此之外，处理程序较大的进步、解释和数据开发技术的重大进展将在很大程度上提高对油藏的认知程度。可以肯定，石油公司油田管理组织结构达到监测自动化和控制自动化的日子不远了。

10   非常规油气藏

目前，受到极大关注的非常规油气资源已成为众多学者研究讨论的课题。非常规油气藏是由大面积广泛分布的碳氢化合物沉积得来的，大部分在原位生成。连续的油气带区具有较低的连通性，其基质孔隙度和渗透率极低。世界各地已探明了巨大的资源储量，如果非常规油气资源具有经济可采性，它将会改变未来世界的能源格局。如今，已有数百台钻机在各个地区的非常规油气藏中钻了数千口井，诸如美国的 Marcellus、Haynesville 及 Bakken 地区。此类资源在世界各地的储量极其丰富，澳大利亚、阿根廷、中国、罗马尼亚、波兰、乌克兰和加拿大等国家正在如火如荼地在许多盆地开展勘探工作。

非常规油气资源在评估、特征描述和资源的开发方面与常规油藏的技术体系相比有明显差异。新的测量和生产技术及对老技术的适应性正在改变。

本章简要介绍了非常规页岩气和页岩油的资源成藏机理，以及在开发和评估概念上与常规油藏的差异。由于该主题比较新颖，因此在资源成藏条件和实验室基本测量原理认知上有很大的发展空间。在讨论关于控制储藏聚集和产量的参数时可以引进现有测量技术，这些测量技术对了解非常规资源起着重要作用，并可提高对成藏条件的预测能力。有关非常规油气藏的测量技术将在本章详述。

10.1   资源特征

非常规油气资源是局部分布的，具有非常低的基质孔隙度和渗透率，并通常形成独立的圈闭。资源成藏区域可能延伸数百平方千米，同时岩石驱动机理和从岩石中排出的油气流体都受到微观孔隙的控制。图 10.1 显示与各种烃类、水的分子比较大小时，非常规油气

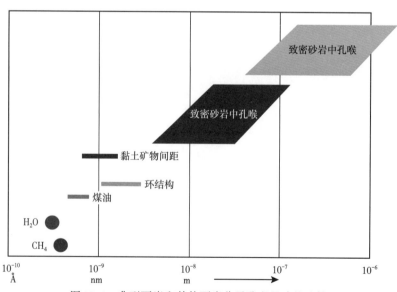

图 10.1   典型页岩和其他页岩分子孔喉尺寸的比较

藏（多为页岩）的孔喉比例。由图知，仅有 5~10nm 的甲烷（CH_4）分子可以容纳在该空间内，这便是非常规油气藏典型的孔喉直径的大小尺寸。为了理解在这种油藏中流体的运移规律、分子力及它们与岩石之间的相互作用，必须有效地提高井筒和油藏的生产预测水平。非常规油气藏中储层岩石多为烃源岩，一般都是页岩。在这种成藏区域中，成熟烃的运移通道呈现不可预测的斑片状，导致这些油藏难以描述。

10.1.1 油气藏的成分

某些以干酪根形式存在的有机物，在地壳中以某一速度加热到特定温度就会转化为烃类。有机质也称显微组分，可以由淡水藻类、孢子或来自陆地植物的木质材料组成。镜质组是其中的一个显微组分，其反射能力是烃源岩有机质热成熟度的指标。表 10.1 显示了目前已了解的页岩油气藏的成分，该表未考虑影响因素的大小。很多研究机构已经为这些属性制订了排序标准。表 10.1 展示的是在现有生产评估的基础上测定的通用参数。这些参数的不同组合使油气藏结构有所不同。

表 10.1 成分或油气藏组分

油气资源成分	限额标准	备注
孔隙度	>2%	气体填充时的孔隙度
压力梯度	>0.45 psi/ft	气体填充时的孔隙度
镜质组反射率	1~3	热成熟度指标
总厚度	>100ft	净产层的经济有效厚度
黏土含量（V_{caly}）	<0.30	确定岩石延性起裂/传播
总有机碳含量（TOC）	2%~10%	潜在的烃类指标

表 10.2 列举了在非常规油气藏中描述、模拟及开采过程中，储层性质的一般测量方法（Sondergeld，et al.，2010；Clarkson，et al.，2011）。实验室测量技术或测井监测技术不是本章介绍的重点，读者可以在参考文献中找到相关内容。本章重点关注可以用于测量储层关键参数、流体参数或者岩石参数的多种方法，每种方法都有缺点和不足。通常建议工程师使用多个技术对其运行状况进行测试，确保数据合理化。在煤层气领域及天然气研究所（GRI）涉及的致密气领域中，这些测量技术多数已经有了长足的发展，但测量标准一直没有建立起来。此外，核能废料处理领域也在进行致密地层中岩石特性和流体运移特性的研究。

表 10.2 非常规油气藏中储层物性的普遍的测量方法

参数	测量技术
成熟度	视觉—镜质组反射率（R_o）显微组分存在
总有机碳含量	Leco 方法（CO_2 燃烧粉碎性岩石）RockEval［热分解定义 S_1、S_2、S_3 的峰值—烃蒸馏（S_1）时，可转换干酪根（S_2）和无机 CO_2（S_3）］
岩石成分	X-射线衍射 Fourier 变换红外光谱（FTIR）可视角度计
孔隙度	氦气膨胀压汞毛细管压力（MICP）NMR 和基本测井技术
孔隙压力	注入衰减测试（IFOT）穿孔流入测试分析，基本测井技术

参数	测量技术
渗透率	稳态和非稳态（压力和脉冲衰减）DFIT，IFOT，率瞬态分析（RTA）
含水饱和度	岩心萃取（Dean Stark，Retort）毛细管压力和基本测井技术
储层温度	裸眼井测井，生产测井
流体性质	钻井液录井 PVT，压力梯度
自由和吸附气体	Canister 解吸和 Langmuir 吸附
弹性性能	DSI（动态），周围岩心挤压（静态）
破裂和闭合应力	小型压裂，DFIT，基本测井技术（DSI），岩心校准

10.1.2 储层成熟度

随着储层的成熟，所含总有机碳含量（TOC）就会转换成烃。在烃源岩中普遍存在的含烃相是通过热成熟度和有机质裂解作用形成的。由于储层较低的渗透率和孔隙度，使得烃源岩中更多的烃被保留，而不是迁移出去。因此，资源基本储量和质量是由 TOC 和烃类转化率决定的。在常规油气藏中，生成的油气会发生运移直到遇到圈闭，但像页岩气这种非常规油气在聚集、生成油气之后会就地分布，导致在垂向上和平面上的差异很大。

10.1.3 油气存储机理

油气在页岩中的存储机理与常规储层是不同的。在页岩中存储空间主要是孔隙和裂缝，以及吸附场所。可以用标准体积法确定气体存储空间。此外，从岩石样品热分解产生的地球化学数据也可以估计其存储体积。

如果 S_1 是在 300℃ 热分解温度下，从 1g 岩石中经"蒸馏"挥发出来的自由油含量（S_1 峰值在表 10.2 中指定）。然后

$$OOIP = C \cdot S_1 \cdot A \cdot h \cdot \frac{\rho_{sh}}{\rho_o} \tag{10.1}$$

式中　OOIP——原油地质储量，bbl；

$\quad\quad$ C——转换常数；

$\quad\quad$ S_1——从岩石裂解蒸发出的油，mg/g；

$\quad\quad$ A——面积，acre；

$\quad\quad$ h——总厚度；

$\quad\quad$ ρ_{sh}——页岩密度，g/cm^3；

$\quad\quad$ ρ_o——油的密度，g/cm^3。

式（10.1）需要重点确定原油或干酪根的密度。干酪根的密度可以通过热解数据计算，并且 TOC 值由式（10.2）表示。

$$\rho_{干酪根} = \frac{干酪根的质量分数（\%）}{\dfrac{1}{\rho_{颗粒}} - \dfrac{矿物的质量分数}{\rho_{矿物}}} \tag{10.2}$$

其中干酪根质量分数可以由 TOC 测量值中确定，颗粒密度可以通过使用气体检测仪（GRI）技术或压汞毛细管压力测量计算，矿物密度可以由 X—射线衍射（XRD）数据和矿物模型去计算。

在页岩气储层中的第二存储机制是在岩石表面由微弱的范德华力产生的气体分子吸附。吸附测量可以在实验室中进行，通常通过 Langmuir 等温吸附曲线表示。气体的吸附特性是岩石储层中气体的组成、温度及 TOC 的强函数（Glorioso and Rattia，2012）。大部分的页岩气几乎是纯甲烷，因此，单组分等温吸附曲线可作为合理的一种表征形式。图 10.2 显示了等温吸附曲线中压力与不同的 TOC 值的函数关系图。可以看出，如果储层压力降低，岩石的吸附能力就会降低，因此可释放出吸附的气体。这种存储机制，在页岩气储层中比较明显，但与其他储存机制相比，通常贡献的产量较小，大部分油田在开采末期才会考虑。同时，该存储机制在页岩油藏中发挥的作用较小。

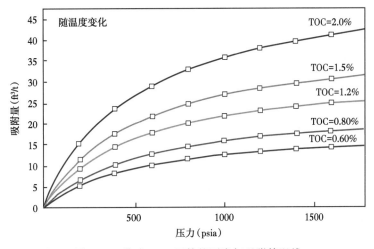

图 10.2　作为 TOC 函数的页岩气吸附等温线

10.2　评价方案

在常规油气藏中，评价方案依靠对圈闭、接触及包括断层和边界在内的内部砂体结构的了解，地质特征控制着孔隙度、渗透率及其他参数的变化。在油田未钻探区域，评价方案可能会进行较成功的预测。因为这些油气藏一般具有相关性，一旦理解了标准和控制机制、原始体积、波及范围、采收率及储量都可以用数学分析对油藏进行描述。

然而，在非常规储层中发现油气，仅等于有发现油气藏的机会（DRO）。发现之后，由于要在非常规油气藏"甜点"确认工作中花费大量的精力，同时要优化完井技术使这些油气藏达到经济可采标准，导致评价工作可能持续很长一段时间。事实上，出于经济原因考虑，油气藏评估和开发工作都是相互交织地开展和进行的。

在一个非常规油气藏中，评价方案的目标就是快速、可靠地识别控制产能三个关键组成部分的参数：油藏质量、完井质量、完井效率（Cipolla，et al.，2011）。

油藏质量是衡量油藏生产力的重要因素，由岩石物理参数组成——结合这些参数使得非常规油气藏的开发成为可能，在表10.2列举了这些参数。

完井质量表明了裂缝起裂的能力和为了产生裂缝所需的地质力学参数。这些参数包括近场应力和远场应力、矿物学资料、垂向应力分界线及天然裂缝的存在、方向和特性。

完井效率用于测量储层、井眼、目的层与增产措施之间的联系。主要任务是为压裂过程、射孔簇、缝间距、裂宽、缝长和裂缝几何形状的设计提供依据。非常规油气藏生产动态变化很大，如图10.3所示，非常规油气藏中特殊的完井技术的生产率 P_{90} 与 P_{10} 的比值可能大到100:1。评价方案的目的就是迅速理解曲线并识别"甜点"，确定成本最优化的压裂方案，并钻足够的探井以提高平均期望最终采收率（EURs）、平均初始流入动态（IP）（一般定为第一个月的日常生产速度的平均值），以及平均递减率、起始递减率和末期递减率的统计预测能力。

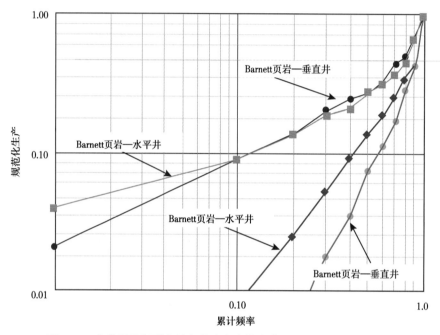

图 10.3　非常规油气藏中油气井生产率的变化（Cipolla, et al., 2010）

10.3　生产机理

非常规油气藏的盈利能力取决于快速学习评估、钻井、完井经验的能力，并且利用Lean-Sigma 概念降低钻井成本、优化完井方案及提高动态预测能力。钻井和完井的施工方案要求提高盈利能力，工程人员应努力寻找非常规油气藏动态预测的物理关系及控制因素。

存储和流动两者均由微米级到埃级单位的网络控制。如果天然气存在，会以游离气的形式存储在孔隙和裂缝中，以吸附气形式吸附在干酪根和黏土的表面，并且以扩散气储存在有机质固体的内部。在较大的连通孔隙中符合达西定律的流动称为连续或无滑移流动，在纳米级孔隙中占主导地位的是非连续（滑动）和表面相互作用力（扩散）（Sondergeld, et al., 2010）。

　　非常规油气藏中垂直井和水平井的泄流半径有限。基于对流体物理特性的理解，在纳米级或微米级岩石孔隙中岩石基质的贡献很小。不稳定流动的特点是在相当长的时期内，压力快速下降和生产率呈指数下降。通过水力压裂及与天然裂缝网络连通性形成的泄流面积被定义为储层改造体积（SRV）。图10.4显示了SRV的概念示意图。SRV的测定是很困难的，一般是通过微地震监测技术进行评价。增产技术对储层孔隙体积有影响，但不一定有助于生产。SRV形状是不规则的，由微地震事件密度（每ft^3）所确定。微地震监测的细节将在后面的章节中介绍。

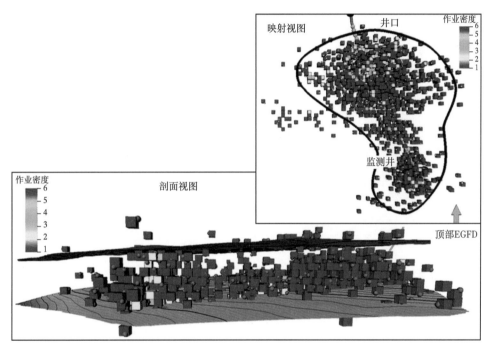

图 10.4　通过微地震数据模拟储层改造体积（SRV）（Suliman, et al., 2013）

　　基于流体物理学的常规预测技术还不能说明非常规油气藏的连续性。这是因为控制参数的相对贡献及贡献的时序尚未明了。页岩油气藏的变化及通过水力压裂强加的变化使预测基本生产动态更加具有挑战性。相反，石油开发专业是依据基础的生产动态数据分析解释各个油气藏的特点。动态预测的关键是使用同一类型油气藏模拟曲线进行预测。在统计上讲，要使一个油田的模拟曲线合理，必须完钻足够数量的油井。图10.5显示了页岩气井中产量递减的典型案例，其初始下降的形式明显呈双曲线下降。由于现有的分析技术不能很好地拟合早期的生产类型曲线，因此对早期生产类型曲线的选择方法存在很大争议，学者已经提出了拉伸指数、双曲线及其混合方法等手段对早期生产类型曲线进行拟合。（Clarkson, et al., 2011）

　　应该基于目标井或油田的开发类型曲线来设计预测模型的步骤，或者是基于井组产量衰减行为统计学上的关键参数进行分析，这些重要的参数为：

　　（1）稳定的初始生产速度（通常以1个月为初始生产时间）；

　　（2）初始递减率；

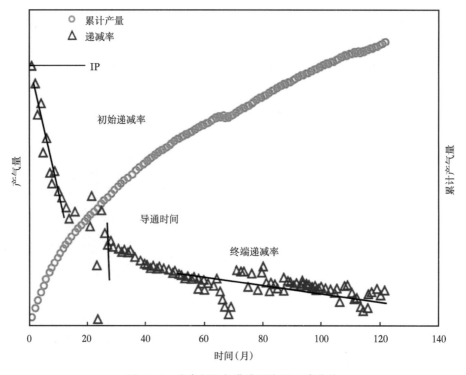

图 10.5 非常规油气藏典型产量下降曲线

（3）初始递减阶段的转折点；

（4）终端递减率（双曲线特性）；

（5）当双曲线特征不再适用并且达到经济极限时所需的确定依据。

由于储藏控制条件存在很大的不确定性，页岩油气藏中油井的动态预测性很差。因此，抽样统计的原则和意义是获得动态分布、可变性及平均期望最终采收率（EUR）曲线。

假设油田是一个整体，以其中任意一口油井作为随机样本。对以上问题的回答是：确定合理的井网分布需要多少口井？（一个类似于总体抽样问题）以及在评价井网分布时，必须钻探多少口油井才能达到合理的分布，并且可以减少对单井动态的影响？

单井的预测是基于生产类型曲线，对目前生产数据和周围相关油井生产数据进行模拟的方法。钻井方案的平均期望最终采收率曲线及其可变性是从统计集合技术中产生的。"未开发储量的实用评估指南"（2011）给出了统计类型曲线聚合方法的逐步程序。值得注意的是，这些曲线是钻井规模的强函数。简单地说，平均期望最终采收率（EUR）是通过许多油井生产数据的统计样本来确定的。程序根据要钻进的井数，引入了校正系数。校正系数也是平均期望最终采收率可变性的强函数，它被定义为 P_{90}/P_{10} 的比率。校正系数曲线的案例可参看图 10.6：某个油藏的 P_{90}/P_{10} 比率为 11。可以看出生产结果的变化很大，应采用 50 口油井或者更多的油井才能实现最终采收率系数 80% 的可信度。

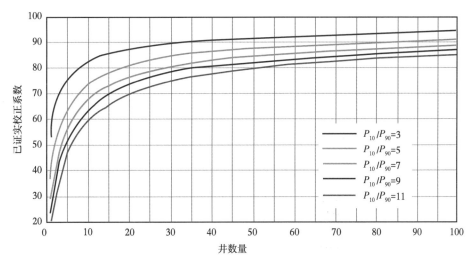

图 10.6　针对非常规油气藏钻井规划的一个完整的生产概况（未开发储量的实用评估指南，2011）

10.4　岩心测量实验

除孔隙度、渗透率、含水饱和度之外，在实验室对 TOC、气体的吸附—解吸等温区线及岩石的弹性性质进行测定也很有必要。实验室测量所用的一些技术列于表 10.2。

由于页岩气的特性，学者正在研究从微米级到纳米级范围内新的渗透率测量技术。该渗透率级别下，孔喉内仅有少许分子填充，标准的气体测量因微弱的范德华力而变得比较困难。学者正在努力完善可以提供相同和相似价值的多种技术。

通过实验室测量数据与测井数据的相关性，对未被采集信息的核心区域进行性质判定很有必要。之后需要解决的技术难题是从区域地质和测井相关性去预测未钻探区域的性质。这是非常规油气藏勘探中最大的挑战，而这些储藏勘探遇到的主要问题是区域地质和测井相关性的缺失。

> 在非常规油气藏中，测量的连续性及应用技术中的各种假设引起的误差，使得利用不同技术去验证测量的正确性是相当困难的。

Spears 等（2011）通过多个实验室对来自相同油藏的相同岩心进行了孔隙度与含水饱和度测量值的对比研究。他们发现，所有实验室都是对 20 世纪 90 年代开发的 GRI 技术（Luffel，et al.，1992）做出某种解释或稍做修改，似乎没有共同的标准。测量方法的细微差别将导致结果差异巨大。

对于非常规油气藏的岩心，通常使用常规测量方法去测量孔隙度、渗透率及破碎岩心样品的饱和度，以便在合理的时间内快速完成测量。孔隙度测量方法是通过标准氦汞测定的，但是取心过程引入了另一个测量不确定度。此外，实验室中使用温度不同时的步骤通常也不同。

例如，使用脉冲衰减技术测量岩心渗透率，使用变换方法去测井，基于压力瞬变和速率时间分析去测试流体注入诊断测试（DFITs），基本上温度步骤都不尽相同（超过一个数量级）。

Spears 等（2011）认为步骤的差异会引起测定总孔隙度和有效孔隙度的结论不同，黏土中的束缚水是导致这一结果的主要原因。总孔隙度与有效孔隙度的定义如图 10.7 所示，黏土束缚水主要是岩心中硅类和黏土体积的函数。岩心的 XRD 矿物学数据可用于确定使测量标准化的标度系数，以提供更精确的对照标准。

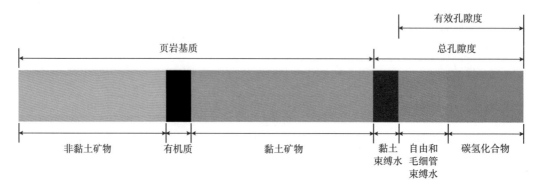

图 10.7　非常规油气藏的总孔隙度与有效孔隙度

由于缺乏页岩储层的岩心数据，通常做法就是利用这些常规数据集与页岩储层做类比，导致地层原始气体计算结果（GIIP）会产生很大的误差。可以使用考虑差异测量的归一化方案来实现数据集的充分利用。图 10.8 显示在使用不同技术后，油井所测量孔隙度的变化。在不同的实验室开展实验，特定技术的测量结果存在相似的变化规律。

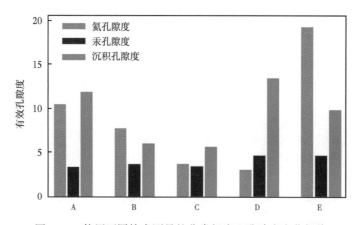

图 10.8　使用不同技术测量的非常规岩心孔隙度变化规律

与常规油气藏 Berea 岩心的标准不同，非常规油气藏中没有这样的标准。由于热成熟度的迭加影响有机质孔隙系统的构成，这可能会导致取样结果出现偏差。

Spears 等（2011）使用标准化方程来比较从不同实验室采集的孔隙度数据，标准化方程是：

$$\phi_{tot} = \phi_{eff} + 黏土束缚水 \times 比例系数 \tag{10.3}$$

可用类似的方法校正不同实验测得的含水饱和度。

10.5 确定完井质量的测量

非常规储层中完井的有效性，在压裂处理后可通过一系列测量来解释。在常规油气藏中，完井效率可以通过表皮系数或者是与预模拟相比的有效井筒半径来表示。有效井筒半径定义为

$$r_w^l = r_w e^{-5} \tag{10.4}$$

式中 r_w——井筒半径；

S——表皮系数。

等效井筒半径可用在生产指数方程中来计算压裂对产能的影响。然而，该方法缺少针对性，它不能提供对压裂参数的分析（如裂缝高度、长度或宽度）。

压裂工艺测量技术分为两类。第一类是提前压裂测试或小型压裂测试，需要设计一个有效的水力压裂工艺，储层性质可以通过提前压裂测试确定；这些测试可以在裸眼井中，也可以套管井中进行，套管井中的测试包括 DFIT。第二类测量技术是在压裂后进行，可以完全了解压裂特性；其作用是进行油藏动态预测，并提高未来压裂设计产量。

一般情况下，含有更多硅质的页岩或硅化页岩比黏土、有机质或碳酸含量丰富的页岩更脆，表示断裂的可能性较大（具有更大的杨氏模量和低泊松比）。然而，具有高二氧化硅含量的地层具有低至无孔隙率或低至无渗透性的特点。

Cipolla 和 Wright（2002）及 Barree 等（2002）在过去二十年中发表了大量关于压裂、裂缝测量及压裂设计技术的文章，尤其是关于致密气和煤层气油气藏的相关文章更多。压裂模型关键输入参数包括岩石弹性性质（杨氏模量、泊松比），详细的地层特性（厚度、孔隙度、渗透率），矿物分析（岩石脆性），应力梯度及压裂液滤失性质。大部分信息可以从岩心、测井、实验室测试及 DFIT 数据中获得。

一直被用于确定大部分常规油气藏和致密油气藏裂缝性质的不稳定压力测试，应用较为广泛，但不是完全适用于非常规油气藏。生产测井和温度测井通常也被用于测试多段压裂碳氢化合物的垂直成分，学者们也对这些技术进行了广泛讨论。

在非常规油气藏密集间隔井的开发中，方位、方向和垂直密封是很重要的三个参数。测试技术在不断地改进，工程人员越来越多地偏重使用 DFIT 测试技术、测斜仪测量及微地震监测。这些技术的开发细节将在之后讨论，同时也会涉及新兴确定流量的放射性测井技术。

10.5.1 诊断压裂注入测试（DFIT）

这个测试有多种名称，小型压裂测试、流体漏失试验及已知的 DFIT 等。DFIT 需要注入液体进入地层并长时间关井诱导形成短距离水力裂缝。通常情况下，这一类型的测试要求对压裂破裂压力和闭合压力进行评估，以及进行原始油气藏压力、滤失特性、地层连通性的测量（Nojabaei and Kabir，2012；Nguyen and Cramer，2013）。提前压裂诊断注入测试分析技术提供了压裂设计模型和用于预测压裂后产量的油藏表征数据。

　　所有使用的分析方法应该用于闭合裂缝的连续解释，前期闭合分析和后期闭合分析也必须是一致的。在许多分析方法中，流型识别一直存在问题和争议。后期闭合分析更加可靠并且应该作为首选项，但是，由于在非常规油气井测试中要求长期关井，人们有时不得不依靠前期闭合分析方法。地质力学特性，主要指最小地应力，它与裂缝闭合状态有着直接关系，可以通过推导压力衰减数据来识别裂缝闭合信息。图 10.9 是一个典型的 DFIT 测试流程示意图。

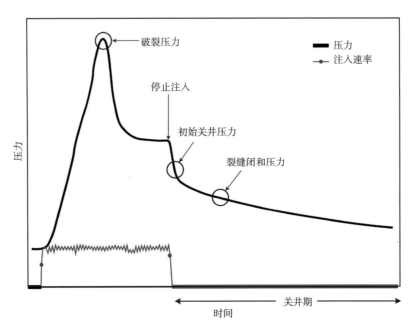

图 10.9　典型的 DFIT 测试过程（Nguyen and Cramer，2012）

　　地层破裂后，当裂缝继续延伸及压力稳定增加时，应继续注入压裂液。关井后，压裂液从延伸裂缝中漏失，会导致裂缝闭合，一旦裂缝闭合，压力将会持续衰减，油气藏压裂特征就能通过以上数据反映出来。

　　在非常规油藏中，为了确定 DFIT 的渗透率，必须尽量减小裂缝的尺寸，以便在合理的时间内实现拟径向流动。拟径向流动时间可通过下式来确定：

$$t = \frac{\phi c_t \mu x_f^2}{0.000264K} \tag{10.5}$$

式中　t——时间，h；

　　　K——渗透率，mD；

　　　μ——黏度，mPa·s；

　　　ϕ——孔隙度；

　　　c_t——综合压缩系数，1/psi；

　　　x_f——裂缝半长，ft。

　　在非常规油气藏中，DFIT 是通过较小的注入量和较低的注入速度进行测试的（0.1～3bbl/min）（Nguyen and Cramer，2013）。在水平井中使用 DFIT，考虑的因素就变得更加复杂，受水平井中岩性变化的影响，建议使用单个射孔簇进行测试。同时，它要求额外的射孔作业去创建其他的簇，这将会大幅增加完井成本。

DFIT 解释：由 Nolte（1979）提出的小型压裂测试解释技术现已有显著发展，并已成为压裂分析的基础理论，现在已经应用于非常规油气藏中。在注入期间，Hall 曲线图（第8 章）用来估计压裂破裂压力。尽管可以通过可视化监测来处理压力数据并得到结果，但是最好还是使用 Hall 曲线图或者压力导数方法来更精确地确定破裂压力。

如图 10.9 所示的 DFIT 测试流程示意图，压裂破裂后继续注入压裂液，直到压力稳定。在此期间，通过 Nolte（1979）的 G 函数图进行前期闭合分析，确定裂缝闭合压力。很难通过单独的压力曲线来确定闭合压力。一般来说，最好是绘制压力曲线图，利用压力导数（dP/dG）和半对数导数（GdP/dG）来估计裂缝闭合压力。G 函数用延迟时间的无量纲表示，延迟时间是关井后裂缝延伸的持续时间。当裂缝正在延伸时，应对 G 函数做出相应的修正，以满足可变滤失时间的叠加。在裂缝延伸期间，假定裂缝表面积随时间呈线性变化。

$$G(\Delta t_D) = \frac{4}{\pi}\big[g(\Delta t_D - g_o)\big] \tag{10.6}$$

$$g(\Delta t_D) = \frac{4}{3}\big[(1 + \Delta t_D)^{1.5} - \Delta t_D^{1.5}\big] \tag{10.7}$$

还有

$$\Delta t_D = \frac{t - t_p}{t_p} \tag{10.8}$$

从起裂开始算起的总延迟时间（不是开始注入）是 t；总泵注时间（从开始起裂到关井所经过的延迟时间）是 t_p；关井时的无量纲漏失函数为 g_o（Barree, et al., 2009）。g 为关井时的无量纲损失体积函数。

图 10.10 显示了相关导数的 G 函数图。裂缝闭合时机是通过从半对数导数图上过原点

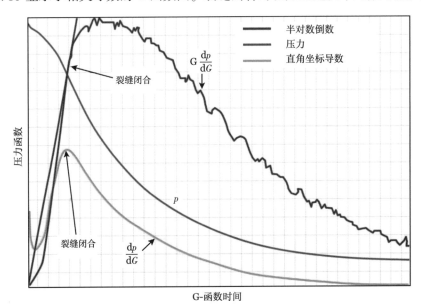

图 10.10　DFIT 数据的 G 函数图（Martin, et al., 2012）

切线开始出现偏差和导数曲线图上平稳期过后产生稳定下降趋势来判断。半对数导数图上切线与原点的偏差和平稳期在一次导数图上对应的稳定下降趋势来表示。

对于后期闭合分析，Soliman（1986）论证了压力导数图在短期压裂后期的正确性。Barree 等（2009）确定了前期闭合行为和后期闭合行为的斜率特征（表10.3）。

表 10.3　裂缝闭合前后压力导数曲线斜率特征

双对数图	闭合前		闭合后		
半对数	双线性	线性	双线性	伪线性	拟径向
导数图	1/4	1/2	−3/4	−1/2	−1

压力瞬变的相关文献中提出，用于诊断和参数计算的技术可用于计算储层的渗透率，然而，非常规油气藏中衰减会消耗很长时间，所以计算起来比较困难。因此，很有必要依靠其他方法来确定渗透率。本书中记录了很多成功的测量案例，但应注意的是，通过DFIT、单速率测试（SRT）及其他生产/（流入）测试方法得到的渗透率结果可能不一致（Taco，et al.，2011），因为每个技术都有其不确定性。然而，根据上述多个方法得到的渗透率数据很有价值，可以更好地将认知结果圈定在某个范围。

10.5.2　测斜仪测量技术

简单地说，测斜仪是高度灵敏且复杂的"工匠级"工具。它们测量由断裂偏移引起的地层倾斜形变。现代测斜仪的灵敏度可以检测十亿分之一的形变。该测量技术可以对裂缝高度、方位角、倾角和长度进行定性认识。测斜仪在地表和井底都可应用（Wright，et al.，1998）。

地面倾斜仪测量结果可以提供裂缝倾角和起始断裂方位，而放置在邻井的井底测斜仪可以检测出裂缝的高度、宽度及长度。最新的测斜仪技术可以将其直接放置在压裂井中进行测试，附近不需要设置观察井。

总体而言，信号衰减限制了该技术的使用。在地表，感应的变形幅度很小（通常为0.0001in 的数量级）。幸运的是，测量位移场或倾斜场的梯度比较容易，并且诱发变形的应力场几乎不依赖储层的力学性能和地应力状态。地面倾斜测试最大的局限性是由于裂缝所在深度距离远大于裂缝自身尺寸，导致无法解析单个裂缝。

对于井底测斜仪，为了有更好的分辨率，观测井需要距测试井在 2~3 个裂缝长度之内（Cipolla and Wright，2002）。倾斜测量精度随监测距离的三次方而减弱，将裂缝尖端到偏移监测井的距离减少两倍，将使诱发倾斜率增加近 10 倍。实际中由于缺乏这种间隔紧密的观测井，在某种程度上，这项技术的适用性受到一定限制。

通常，阵列测斜仪是在有线条件下运行的，6~20 个测斜仪可以耦合到井筒扶正弹簧位置。倾斜的映射达不到像微地震压裂映射相同水平的地层描述水平（如速度分布、衰减阈值）。因此，测斜仪解释可能变得非常复杂，特别是对非椭球几何形状的解释。

现代测斜仪是发展非常快的仪器，具有±10°范围的内部机械校准能力。最高效率的倾斜仪具有倾斜小于 1nm 弧度和总范围小于 100μm 弧度的分辨率。这种高分辨率设备内部的平衡机制可以实现测量的高分辨率和大的测量范围。内部信号数字化和串行数据通信协议的应用，有利于提高现代测斜仪数据的保真度和传输效率。图 10.11 显示了直井储层产生垂直裂缝引起的变形和倾斜。

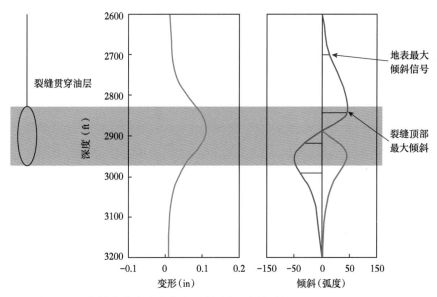

图 10. 11　在补偿井中垂直水力压裂引起地层倾斜（Wright，et al.，1999）

10.5.3　微地震监测

对于微地震监测，接收器放置在能够接收小型地震的位置（通过一些井下作业诱导微地震），用于发现和提供关于该过程的几何形状和特性信息（Warpinski，2009）。微地震监测可以测量和解释油藏压裂作业中引起的声学特性，并提供裂缝扩散的某些特性参数。由于孔隙压力的增加，在压裂作业期间，地层压力上升。孔隙压力的增加会影响特定岩石结构面的稳定性，从而导致剪切滑动。滑移（很像小型的地震作业）引起的弹性（声）波可以被放置在邻井的地震检波器检测到。有利于产生和传输微地震波的地层有致密砂岩、石灰岩、硬天然裂缝性页岩和软的高孔隙度地层。

使用微地震信号检测裂缝的原理是基于横波和纵波传播速度的不同。地震点的距离和深度可以利用监测井收到的多个波进行测量。信号波的方向可以进行三角化处理，用来提供裂缝方位信息。非常规油气藏中，该技术是一种创新的测量技术，可用于解释裂缝延伸及裂缝发展程度。这项技术的主要限制条件是监测点附近是否有观测井，信号衰减特性要求把检测窗口放置在离压裂井 1000~2000ft 距离以内。

图 10. 12 展示了微地震监测设置（Warpinski，2009）的典型布局。阵列检测是通过使用三个分量检波器或加速度计来获取微地震所产生的地震能量。处理算法用来计算作业点的位置，通过阵列监测获取压缩波（P 波）和剪切波（S 波）的部分信息。

10.5.3.1　工具定位和取样

测量过程中，必须有合理的微地震阵列定位，包括水平和垂直定位。在目标井上进行监测是最为理想的情况，因为不需要知道声波速度信息。对于邻井来说，最好的接收器位置应该是在储层处，但其是否实用因地而异，因为在上下移动接收器位置时，增加了层段和速度对结果的影响。

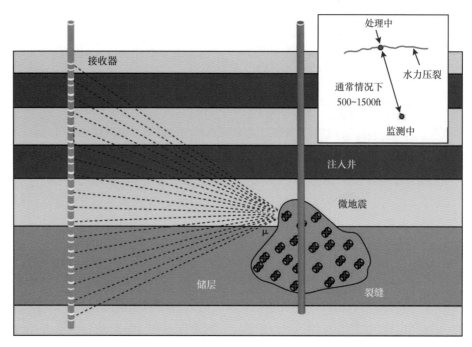

图 10.12　微地震监测设置示意图（Warpinski，2009）

　　从监测井位距离来看，较远的距离会降低作业的振幅，从而产生较低的信噪比。幅度下降主要是由振幅扩展引起的，其中有一个 $1/R$ 衰变（$R=$ 距发生源的距离）特性。地震检波器可以部署在垂直井、斜井或多分支井中，并且检波器可以是有线的、牵引车或泵式启动。

　　在一定限制范围内，大多地震检波器工具的优选条件主要是从分辨率和三角测量的角度进行考虑。垂直井角度的不确定性随着 $1/\sqrt{n}$ 的减小而减小，其中 n 是工具的数量，当工具从 8 增加至 32，不确定性会减小一半。最优接收器孔径（顶部和底部工具之间的距离）的确定是一个几何问题，由于准确作业位置的识别需要三角测量，所以较大的孔径更有优势。然而，接收工具的外边缘可能不会收到任何微地震能量，地震波速的不确定性也将增加（Warpinski，2009）。传感器系统的设计需要仔细考虑频率和加速度响应。在确定的频率范围内具有高灵敏度和平滑响应的传感器测量效果更佳。除了传感器的性能之外，采样率、模拟和数字之间转换的特性决定了整个系统的频率响应和动态范围。

　　对监测和事件处理的讨论已经超出本书的范围，这里不再论述。需要检测一次作业行为，必须检测 P 波和 S 波到达时的能量，以及作业的位置和三角方位角。数据测量和速度结构的不确定性导致了裂缝几何位置的不确定性，测试结果可能会产生明显的差异。

　　因为噪声、距离、事件强度、作业类型（冲击范围有限的拉伸事件）或速度模型的不确定性，不是所有的测试都能成功。图 10.13 显示了微地震监测和解释基本原理示意图。图 10.14 显示了在 Barnett 页岩油气藏中，利用微地震监测处理多级水力压裂的结果。将微地震检测工具放置在震源附近，可以产生大量的数据云，每个压裂作业都可以用彩色云图来表示。

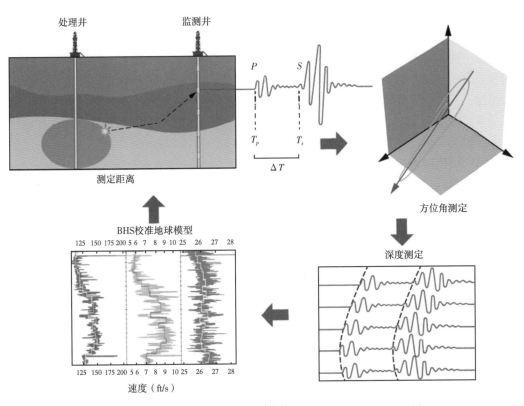

图 10.13　微地震监测和解释基本原理（Cipolla，et al.，2011b）

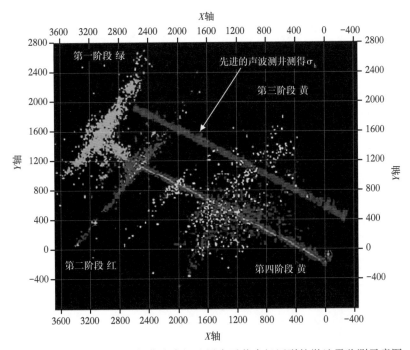

图 10.14　Barnett 页岩油气藏非常规地层水平井多级压裂的微地震监测示意图
（Cipolla，et al.，2011a）

部署大的地面阵列具有大面积监测的优点，和井下测量技术比起来，它可以克服作业位置的不准确性。地震处理技术可以运用多重测点来克服噪声影响。

10.5.3.2　监测的可靠性和分析的唯一性

单个井的监控在监测结果上会产生误差，并且误差将随着作业位置与监测井距离的增加而增加，可能会产生几十米的误差。通过多个检测器同时监测，会降低结果偏差，并得到微地震震源更精确的轨迹（Johnston，2011；Duncan，2010）。速度模型的类型及震源定位的方法也会对微地震结果产生显著影响。

10.5.3.3　目前和未来的技术

在裂缝重新评估设计中，将裂缝几何监测结果、改造体积参数和泵送参数相关联，可以有效地重新评估裂缝设计，并能更好地估计裂缝模型中使用的参数是否合理。

未来监测成熟的技术将对地震事件的破坏机制做出评价。这样的评价包括确定破裂面的倾角和走向、运动方向（剪切、拉伸或二者都有）及破裂区域范围。该技术可以区别直接造缝和次生缝，并解释是否有裂缝体积可以为支撑剂提供支撑空间（Duncan，2010）。

10.5.4　压力瞬变测试

在纳米级岩石渗流通道下，储层长期处于非稳态生产模式。压力恢复测试要求油井必须维持较长的关井期，因此，为井场提供良好的远场连接信息及裂缝特性有一定的局限性。该测试主要是收集有关裂缝导流能力或裂缝半长的信息，原始储层压力和渗透率可以通过其他方式计算。该技术也可对生产数据进行处理（速度和速率对时间的导数）。如果储层处在非稳态生产模式下，该测试更为有效。由于如今油井可以实现高频率和高质量的生产数据采集，诸如速率时差分析技术（RTA）等其他一些技术也具有高度的准确性。RTA 可以提供油藏的产能信息，并可以外推数据来估计最终采收率。Houze 等（2009）讨论了压力瞬变分析和 RTA 之间的相似性，并在这方面做了大量的工作。Clarkson 等（2011）提供了在非常规油气藏中一个经典的 RTA 使用案例。

10.5.5　放射性测井

从非常规油气井中获得经济产量与水力压裂的质量及完井成本有着直接关系。单段、多段水力压裂与 Lean-Sigma 技术的联合应用降低了完井作业成本，即使更复杂的施工步骤也可以实施（如在 Bakken 页岩油气藏中，在单个水平井中进行了多达 32 段的水力压裂处理）。该类油井中，每一段压裂段都具有多个射孔簇，裂缝垂向延伸依赖于岩石的脆性和应力比。影响造缝长度相比设计长度更小的因素有支撑剂充填的有效性、支撑剂嵌入、残留压裂液分解和清理、树突状裂缝发育。

有效裂缝可能比造缝长度更小。新技术的发展使得可以更好地识别射孔簇和裂缝中支撑剂填塞和流体流动质量。这些技术也可以得知裂缝质量随着压裂过程的进展降低的程度。

两种技术可用于诊断这些特性。一种是使用非冲刷放射性陶瓷微珠示踪剂，利用光谱伽马射线测井仪来监测裂缝随时间的变化。超过 500 光谱波道就可用于同位素识别，因此多种示踪剂可用在同一油井内的不同射孔簇和裂缝中。这些具有精确标记性能的放射性同位素支撑剂已经达到诊断技术所需的精度和可靠度。利用光谱伽马射线数据精密算法，可对示踪剂存在区域进行识别。确定射孔附近支撑剂浓度可以用来计算支撑裂缝宽度。当然，这种技术的局限性是测量区域被限制在离井筒 24～30in 范围内。由于存在很多问题，非平面裂缝检测的效率问题一直存在争议，放射性示踪剂现场施工和环境污染的弊端（在第 9 章中已讨论）仍然没有解决。

另一种诊断技术是利用非放射性示踪剂代替放射性示踪剂，并且该技术已成功地应用于不同的作业环境中（Saldungaray，et al.，2012）。在制造支撑剂颗粒过程中，该方法给所有支撑剂颗粒混合低浓度的高热中子俘获化合物，它对支撑剂的物理性质没有影响（包括强度和导电性）。基于该化合物的一个补偿中子工具（CNT）或脉冲中子捕获（PNC）工具的效果，可对提前标记过的支撑剂进行检测，这些测井方法已在本书第 6 章中讨论过。

当使用补偿中子捕获工具对目标井进行测井时，支撑剂中化合物的存在将降低探测器中记录的中子计数率，并可与预压裂测井进行比较，用来确定支撑剂充填密度。油井步入生产周期，可进行后续监测，观察生产过程中填充支撑剂的降解或运移。

对于 PNC 工具，捕获伽马射线或中子数量减少，从而在计算井孔和地层剖面时增加了计算量。表 10.4（Saldungaray，et al.，2012）比较了测量裂缝几何参数的各种技术。

表 10.4 比较几种压裂几何测量技术（Saldungaray，et al.，2012）

技术		测量变量			执行要求			决策变量	
		高度	长度	方位	简单测量	多重示踪	定时测量	环境	成本
远源场	微地震	水力	中	高	复杂	N/A	当压裂时	物理方法	■
	测斜仪	水力	中	高	复杂	N/A	当压裂时	物理方法	■
	瞬变测量	支撑	高	无	持续时间长	N/A	后期压裂，多重	物理方法	
近井	非放射性	支撑	建模	无	中子	可能	任何时间，多重	惰性	
	放射性	支撑	建模	无	光谱仪	是	天数—周	放射性	
	声波	支撑	建模	无	中	N/A	生产时间		
	温度测井	水力	建模	无	中	N/A	分钟—小时		

＊绿色代表对测量结果是可以确信的。

表 10.4 中分成三类：测量变量，执行要求及决策变量。用绿色标出的区域说明此技术的成果有很高的置信度。值得一提的是，没有一种近井测量技术可以提供裂缝方位的所有信息，必须依靠诸如微地震或测斜仪的远场技术。有些技术可以对水力裂缝长度提供测试，而其他技术可以测量支撑裂缝长度的信息。表 10.4 显示，从测试成本、操作要求和信息质量角度出发，非放射性近井测量技术更有前景。

从监测的角度来看，由于低产量、高压力及非常低的渗透率，且储层内部包含复杂且叠加的天然裂缝，开发非常规油气藏具有很大的挑战性。使用动态方法测量油藏特征和油藏动态参数比较困难，因为数据的解释不易或需要花费很长的时间得到测量结果（压力瞬态测试、稳态测试）。油田现场每天要钻大量的油井，工程人员正在以指数增加速度获取油井测量和解释技术方面的经验，测量的一致性、可重复性和精度将不断提高。同时，理解孔隙尺度的物理学特性，并将它转化为生产规模的新技术也将会被开发出来。

11 案例研究

现有大量关于监测方面的实践方法及创新解决方法的优秀文献。尽管在工业应用方面还缺少标准化的实践，但仍有大量优秀的油藏开发规划和油藏监测案例可供参考。很多公司都在监测花费和运行成本之间找到了平衡点。

部署和维护预测工具包、工作流程、协作环境及整合实践过程，与成功获得现场信息同等重要。如同数据采集项目中数据的成功采集是非常重要的。不断变化和改善工具的管理变革为公司的组织能力带来的新的挑战，这也要求整个系统要完整地广泛部署各种工作流。通过教育和培训工程师、分享成功的过程和案例，已取得了明显的效果。该种形式的学习和最佳实践方法是通过知识管理系统实现的。

本章汇集了现在流行的油藏监测实践方法的案例。在每一小节中提供了一个相关的简短介绍，在末尾也提供了相应的建议。虽然理论上这些建议可以指导油田利用现代工具或者通过事后分析获益，但是清晰地理解关于这些油田足够的细节往往是困难的，因此很难全面地得到以上建议。

11.1 规划

此案例证实了监测规划及监控规划的价值，同时强调了频繁的财产审查能够帮助识别风险，并且可以帮助保持特定工作流畅性及组织的一致性。

11.1.1 红木气田

红木气田于 1968 年在特立尼达和多巴哥东南沿海发现，是含气砂岩堆叠气藏。但是由于 Atlantic 液化气厂的制裁，在 20 世纪 90 年代初才开始对其开发。发现后，已钻三口附加探井证实了在主要的砂岩堆中存在气藏。

红木气田是更新世砂岩泥页岩横向拉伸断块背斜构造（图 11.1）。该气田由三角洲、滨岸环境的一些沉积旋回组成。气田的复杂性给达到规定的天然气生产指标与储量最大化目标带来了挑战。

所以非常需要一个明确的方案来开发探明油藏和满足既定目标。除了对断层的不确定性管理，管理单井风险对于确保产能和维持合同规定的天然气供应也很重要。因为建立了监督机制，这有助于管理层在面临运营费用挑战的情况下保持高水平的监督。为此，开发出来两个具体流程用以预测主要风险、油井事故和油藏动态，它们是井的风险管理审查流程和逐井审查流程程序。

为了保持有效地衰竭式开采，每口井要保持尽可能长的生产时间。该井的风险管理流程的重点是明确油井生产的主要风险。这是由一个多学科团队开发的，该团队由油藏工程师、石油工程师、设备工程师和操作工程师组成。图 11.2 所示的蜘蛛网状图概述了全局的主要风险和气井生产的风险程度。值得注意的是，对于这口井来说，主要风险来自井底水淹和井底出砂。如个别油井的图表允许每年制订全面的和优先的监测计划。由于从执行监测计划中的每一部分获得的直接产能无法明确识别，因此减产风险是该项目更好的标志。

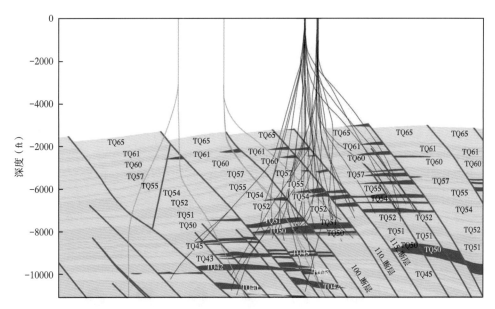

图 11.1　红木气田的构造图（Samsundar, et al., 2007）

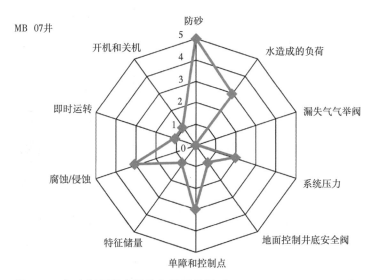

图 11.2　红木气田钻井风险蜘蛛网状图（Samsundar, et al., 2007）

相关工作流程定义了指标，并提供了有关技术、危险来源和危险位置的信息。一旦工作指示明确，测量计划落实到位，该计划将满足识别早期问题和制订缓解计划的预定目标。

例如，为了管理防砂失败的风险，并且有些生产井由于产层砂体未固结而出砂，这些生产井都安装了永久的声波监测装置。这种实时信息可以尽早地补救井底出砂。

逐井审查流程满足油田开发的重要监测需求。油井的评估着眼于绩效及改进方法，而不是已有的风险下，审查风险缓解情况。在红木气田中，严格的审查程序识别出了监测要求高的重点区域，构建审核过程应考虑以下因素：

（1）储层特性；

（2）保护基本生产并将递减速率最小化；

（3）确定油井作业和二次完井条件；

（4）生产优化；

（5）提高油藏管理策略。

类似于在第 2 章中讨论的，一张简化的图表可帮助红木气田团队评估不确定性，从而达到评估不利结果的风险的目的。一旦了解了这些风险，就可以发掘出减少风险的工具和数据。如图 11.3 所示，各颜色代表工具可以协助诊断风险的程度，其中，红色表示该工具没有能力来协助诊断风险。每家公司都有不同的工作流程，价值驱动因素、目标、操作细节、成本及作业风险都可以用来帮助完成结构化监测项目。工作汇总数据表（表 11.1）为

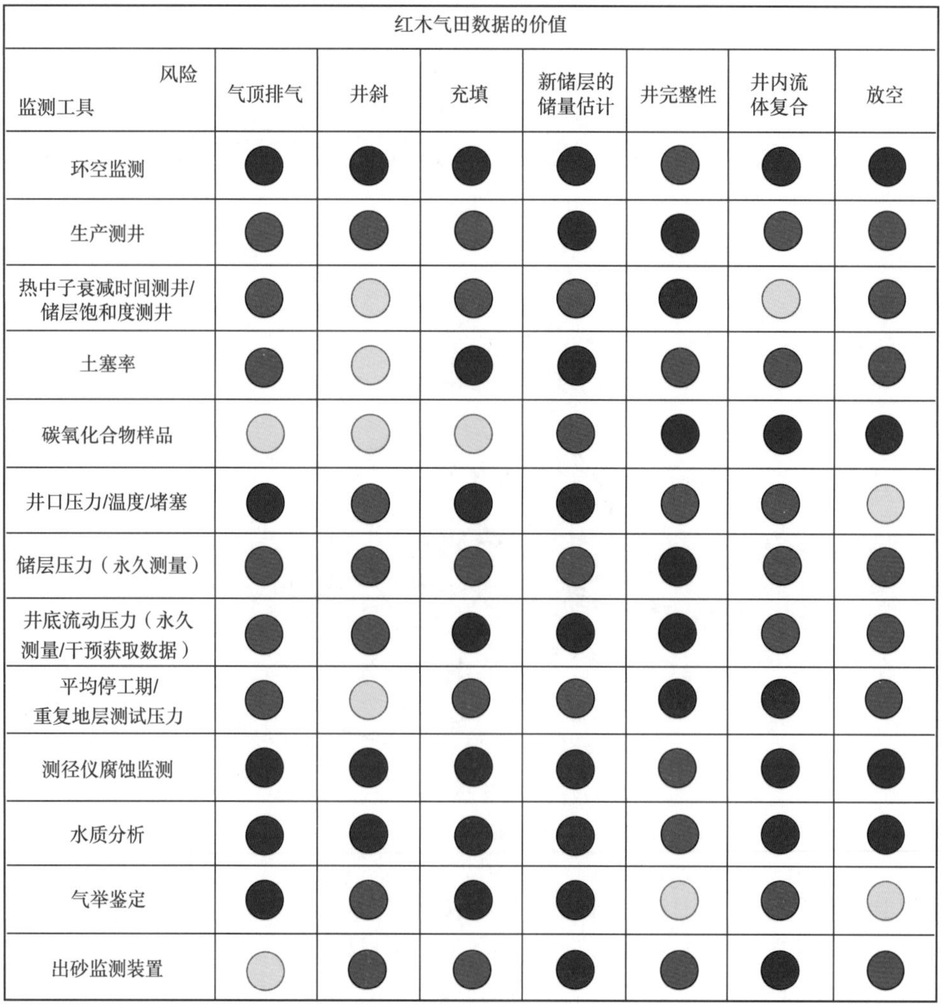

红木气田数据的价值							
监测工具 ＼ 风险	气顶排气	井斜	充填	新储层的储量估计	井完整性	井内流体复合	放空
环空监测	●	●	●	●	●	●	●
生产测井	●	●	●	●	●	●	●
热中子衰减时间测井/储层饱和度测井	●	○	●	●	●	○	●
土塞率	●	●	●	●	●	●	●
碳氧化合物样品	○	○	○	●	●	●	●
井口压力/温度/堵塞	●	●	●	●	●	●	○
储层压力（永久测量）	●	●	●	●	●	●	●
井底流动压力（永久测量/干预获取数据）	●	●	●	●	●	●	●
平均停工期/重复地层测试压力	●	○	●	●	●	●	●
测径仪腐蚀监测	●	●	●	●	●	●	●
水质分析	●	●	●	●	●	●	●
气举鉴定	●	●	●	○	●	●	○
出砂监测装置	○	●	●	●	●	●	●

图 11.3　红木气田可减少生产不确定性的工具图（Samsundar, et al., 2007）

在红木气田运行 RSTTM 的例子。

表 11.1 监测作业数据摘要表（Sansundar，et al.，2007）

项目	当前储层的储量确定
	井减产和工作评估预测
	降压井的设计
	气田监测标准
	油田管理政策
造价	定向井—数据采集 250000 美元/井
	水平井—数据采集 350000 美元/井
严重损失	MB01—无，关井
	MB04—无，关井
	MA13—800bbl/d 连续 2 天
事故	MA13—在 $116×10^3$bbl 的持续产量减少
生产风险	列出事故损失和应对措施清单

气井水侵是影响气藏生产力和可采储量的重要风险。红木气田团队使用 PLT 测井来了解混合砂的贡献和绕过气体的概率；他们还广泛地利用 RST 测井追踪了气水界面的运动。

经过几年的生产与当时应用的大多数诊断工具的诊断（p/z 图，Havlena）表明体积耗竭，几口井开始产水。如图 11.4 中 p/z 图所示，该图线性地表示体积系统。红木气田团队描述了运用延时瞬时压力测量方法，即边水的流动可以通过压力导数图明显区分和检测。图 11.5 显示了在一段时间内，断块红木气田中多个压力恢复试井与压力导数的重合。试井末尾一个斜率为 1 的压力导数曲线说明了强烈的流度比（气水界面）。这个在每次后续试验之前检测到的界面移动指示了气水界面的运动。这一诊断方法被用于预测水侵和计算可采储量。

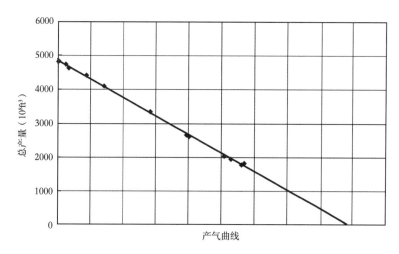

图 11.4 红木气田 p/z 指示的总储量减少的示意图（Khan，et al.，2012）

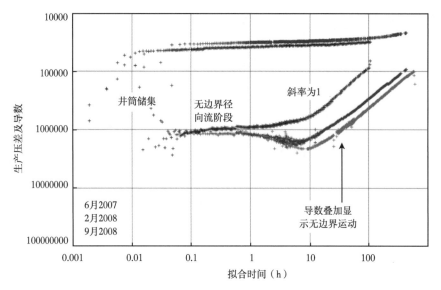

图 11.5　红木气田时间推移压力的瞬态现象所指示的水的运移示意图（Khan，et al.，2012）

11.1.2　经验及教训

红木气田监测过程清楚地表明严格收集基准数据是非常重要的，因为油气藏的开发机制并不能在油气藏开发初期很好地显示出来。如果早期的数据不可用，则很难重新构造系统的性能和仔细分析数据。关于数据的洞察，如红木气田的瞬时压力测试，随着时间进展可以成为一个分析驱动机制和气田产能的重要判断依据。从红木气田的开发过程中，可以学习到应用于别的油田的开发策略方法。

红木气田的实践经验引出了一个问题，即如何在该气田开发的早期规划井位部署？此外，收集有关驱油机制早期的数据是至关重要的。尽管气藏展示出良好容积性，但砂体的复杂连通性可能会误导人们认为含水层处于封闭状态。除了常规的压力瞬变测试，四维地震也提供了有价值的构造信息及含水层界面的运动信息。

11.2　集成

此案例强调在预测模型中需要集成整合多种类型的监测数据。这个案例同时也说明了数十年来不同的油藏测量工具不断更新换代带来的问题。

11.2.1　Takula 油田

Takula 油田位于距安哥拉 25mile 的近海，水深 170~215ft 的 Block 0 区块中。该油田由 7 叠上白垩统 Vermelha 油藏组成，油藏构造为背斜和断层。（King，et al.，2002，2005；Dale，et al.，1990）油藏西南侧和北侧的储层构造是断裂背斜圈闭，圈闭是由断层提供的，油藏东侧、西侧及南侧由油水界面封闭。这个欠饱和油藏的油品 API 重度为 33°，由 60 个垂向不可渗透层将油藏划分成 20 个产层，12 个产层的厚度范围为 5~15ft。油藏自

1982 年开始生产，1990 年开始外围注水，图 11.6 展示出了该油田的顶部结构。

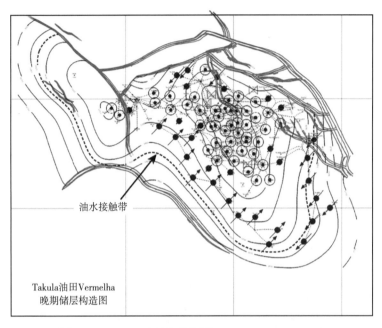

图 11.6　Takula 油田的构造图（King, et al., 2002）

提高最终采收率并为该油田提供最高价值最大化的关键是健全油藏管理。为此，本案例研究提供了一个观点，即制订油田生命周期内监测计划是很重要的。然而，随着额外的不确定性因素的确定和适应非计划情况的现场开发，这些计划将不断地发展。

如前所述，监测不是目的，而是手段。Takula 油田的监测活动可以帮助工程人员做出生产决策，同时也积累更多的油藏模型信息，以获得足够的可预测性。这些模型可以用来改变发展战略及策略。这种高集成方式可以最大化目标油田的监测价值。

Takula 油田设计监测项目的目的是为了在流动单元尺度下定期获取数据。新钻的井对裸眼井测井和有线压力测井数据进行收集，可以了解储层连通性和油藏衰竭（当油田进行生产时，因为开发井钻在不同的时间）的时间推移图。一般对生产井或是注入井实施套管测井和生产测井，得到的数据可作为流动单元的动态数据。这些数据作为油藏数值模拟动态数据，以恰当的形式被输入油藏模拟模型中。

随着技术的进步，新的测井技术组合被投入应用，如长源距声波测井技术和光谱伽马射线测井技术。自 1997 年后钻的井，在裸眼井中广泛应用碳氧比测井技术，该测井手段是一种区别于底层水和注入水的测井方法。

近期，核磁共振（NMR）测井技术也已投入到一些井中使用。这些数据与其他测井数据结合，能够区分游离水和束缚水、地层、注入水、储层和非储层岩石。

最初针对套管完井都使用脉冲中子俘获测井（PNC）。随着注水的进行，工程人员认识到 PNC 测井可能无法区分碳氢化合物和水（浓度为 20000mg/L 的氯化物），因此使用碳氧比测井来测量。根据这些测量结果绘制了水侵版图，不仅可以校准储层模型，还可以进一步确定油田开发方案。所有含水率超过 30% 的油井使用了存储器生产测井工具（MPLTs）

与俘获中子测井共同运行的方法。它们定义了可产生水的射孔装置并估计总液量和流动水产量，每口井每年测量一次。

对于日常油藏管理，MPLTs 与电缆测量压力和正面推进数据相结合用于设置注水的目标流量、修改配置方案和设计注入完井。

为了解油藏的水侵，多种技术可用于饱和度的测量，这些措施包括：

（1）存储器生产测井工具（MPLT）测量；

（2）作为天然示踪剂的总溶解固体（TDS）的测量（注入的 TDS 浓度为 20000mg/L，结合 135000mg/L 的地层水）；

（3）套管井伽马射线测井（由于注入水和地层水有化学差异，水侵导致产生了放射性）。

图 11.7 展示了使用上述技术构建的水侵图。

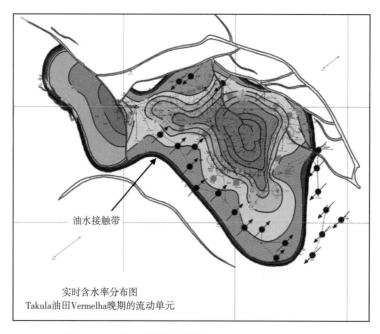

图 11.7　Takula 油田水侵图（King, et al., 2002）

单独的数据资源可用于油田操作和短期策略管理。然而，只有将分散的数据结合起来为油藏提供新的见解和资料，数据才能发挥作用。

对于 Takula 储层模拟模型，大多数测量数据是用来调节模型的。例如，在该模型构建阶段，使用延时伽马射线数据和偏移 MPLT 注水数据用来检查储层分区。在该油田的一些区域，MPLT 数据表明一个或两个流动单元是主要的注水层，分支生产井中的伽马射线测井表明 1~2 个流动单元需要注入大量的水。这种不一致性是通过检查裸眼测井来解决的，这些裸眼测井的油田区域标志是模糊的。

该模型校准分两个阶段进行。首先，整体压力匹配完成之后，然后进行更细致的饱和度或液体匹配。先要对储层和油井水平的不确定性进行辨别，这些不确定性的成分影响了储层参数。接着，优先测量一组参数，这些参数可以通过适当校正进行调整。该过程中对压力匹配调整的主要数据有：

（1）含水层尺寸；

（2）井的连通性系数（匹配生产指数/吸水指数）；

（3）流动单元渗透率；

（4）断层描述；

（5）分段流动时的相对渗透率。

对于饱和度匹配调整的主要数据为：

（1）终点饱和度；

（2）流动单元渗透率；

（3）生产井之间的流动系数。

经过校准的模拟模型可用于长期战略性的油田管理技术、评价加密井和提高采收率。由于混合系统中水运动的复杂性，应注重单层衰竭开采战略。通过多组分隔器或其他封隔控制装置来将油藏分隔成多个流动单元，采用了更为集中的单层耗尽策略。

11.2.2 经验及教训

Takula 油田有着悠久的的开发历史。随着时间的推移，油藏的复杂特征逐渐被解开，拥有一个稳健的基线监测规划是明智之举。本案例着重描述了在一个特定油田中利用非传统的监测方法。在 Takula 油田，该例子使用注入水和地层水之间的 TDS 差作为天然示踪剂来了解储层中水的运动。

某些参数的值是使用多种工具测量的，这使得工程师能够重新描述油田特征。这些更高的置信度带来了新的钻探机遇。当获得明确的动态数据时（如基于 MPLT 和伽马射线测井的流动单元重映射）就可以对这一方法进行修改。当比较不同类型的数据时，需要认识到它们有不同的误差条件和互相预测的不确定性。因此，使用不同测量方法得到的相同参数是比较精确的，这在第 7 章中已经讨论过。

在混合开发井中，智能系统的使用和在各层基础上尽量维持注采比的方法实质上能够大幅提高 Takula 油田的产能。

11.3 空间—时间监测

这个案例强调了利用四维地震技术识别"阁楼油"和在油井较少和结构不确定性的大型油田加密打井的技术。

11.3.1 Draugen 油田

Draugen 油田位于挪威近海 100km 处，于 1993 年开始生产，除了 1 口垂直生产井、5 口注水井，其他井都是水平井。水平井的水平段长度从 370~395m 不等（Langaas，et al.，2007；Mikkelsen，et al.，2008）。由于良好的储层特征及有效地执行不确定性管理计划驱使的集中监视程序，使得拥有注水井和相对较少生产井的 Draugen 油田开发已经非常成功。油藏管理策略是由最大生产期限值定义的，并且通过了解井下的不确定性、减缓井下的主要风险、抓住有利机会维持。

图 11.8 表明了油藏构造和油井的配置。Draugen 油田的构造是一种低幅度南北走向背斜封闭，其闭合深度约为 50 m。油田由两个侏罗系砂岩储层组成（Rogn 储层及 Garn 储层），油藏西面被岩性尖灭所分隔，南北方向被马鞍状构造分隔。如图 11.9 是该油藏的南北向截面。滨面砂体质量优良，平均孔隙度为 28%，渗透率的范围是 5~30D。这种高度非饱和油藏从生产第一天就开始注水开发。Garn 油藏下有一个活跃的水体，Garn 西部和 Rogn 南部是通过海底油井开发的，并将海底油井汇聚到主 Draugen 平台生产，所有井都使用了气举开采方式。

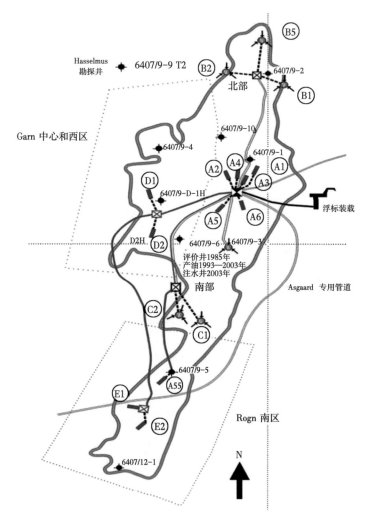

图 11.8　Draugen 油田储层构造图（Langaas，et al.，2007）

该油田的生产峰值达到 2.2×10⁸bbl/d，截至 2007 年初，已累计产油超过 7×10⁸bbl。图 11.10 展示了 Draugen 油田的生产曲线。在 120km² 的区域内，井的高产和井密度的稀疏导致了对油藏结构和油藏储量认识的模糊性。此外，井位是基于含水率的增量开采成功的关键。主要的地下不确定性和可以解决不确定性问题的测量技术列于表 11.2，类似于对 Mahogany 气田的案例研究。

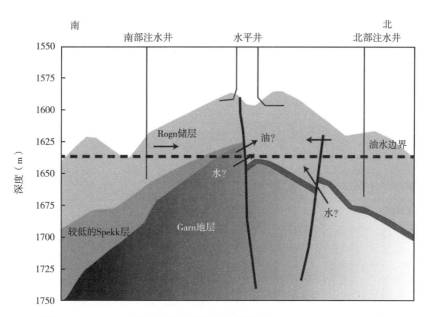

图 11.9　Draugen 油田南北向地层结构截图（Langaas，et al.，2007）

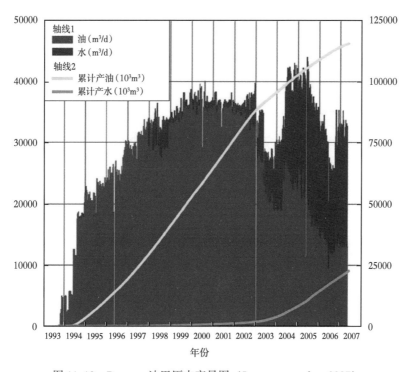

图 11.10　Draugen 油田历史产量图（Langaas，et al.，2007）

　　符合油藏管理目标的监测策略是通过数据采集、常规监测和非常规监测及机遇评估执行的。可以捕获或同化数据以帮助减少不确定性、提高预测能力的工具及方法。表 11.2 指出多次测量的一个不确定性数据的方法，用在油田作业解释中是可靠的。

由表 11.2 可知，在海底混合生产环境下，油井比率和每层产量的分配对于理解油水前缘是至关重要的。在这样一个井位稀少的开发区域，需要了解海水的运动来协助定位加密井。四维地震解释作为新生技术是实现这一目标的关键。除了压力测量外，其他非常规监控活动还包括生产测井和流动梯度测量。

表 11.2 Draugen 不确定的分辨矩阵 (Langaas, et al., 2007)

	生产布置	含水率和水化学样本	气体样本	井的完全监测	井下压力测量计	井口压力测量计	储层模拟模型	完整生产系统模型	四维地震	生产测井仪
原始地质储量、储层结构	■						■			
地下水和海水分布		■							■	
含水层性征和连通性	■				■				■	
相对渗透率和可能的反向锥进							■			■
剩余油分布									■	
井内流入动态和流相分布										
气举系统性能								■		
含水前缘位置							■		■	
储层压力					■					
油藏酸化			■							
井内流入动态和流相分布					■					
在 Garn 区采油注水压裂所压出的裂缝	■									
Rogn 区不当的亏空充填	■				■					
储层内水运移不均匀									■	

每口井每季度都会进行生产分离器测试。计算每口井口产能（油管头压力与产量）曲线，并根据该数据校准模型。根据含水率和油气比测量，分配水和天然气的比率。在每个月末，利用这些测量值与销售量进行核对，以确定一个适当的分配系数（参见第 4 章中讨论的）。对于海底混合井，在永久性数据测量的基础上，工程人员利用基于模型的预测系统，并定期进行调整。

对主要事件应尽早下达指示，来明确定义工作流程和过程。通过有预定义的监视图，不断更新霍尔曲线图及孔隙度置换率图，用于理解和集成油田特征，并对生产做出调整。

Draugen 油田成功的最大关键是四维地震的使用。继 1990 年的基础调查后，分别于 1998 年、2001 年和 2004 年进行了监测调查。图 11.11 显示了在 1990 年期间的声幅差并且清晰地勘察了储层中的水运动，暖色表示高振幅对比。2004 年调查的目的是确定未波及区域。通过对储层顶部接触面的精细填图，详细的图版揭示了"阁楼油"的发育过程。图 11.12 中声波阻抗延时切片显示了"阁楼油"的存在。

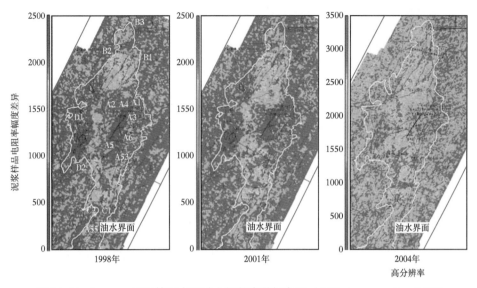

图 11.11 Draugen 油田储层水运动之间的声学幅度差 (Mikkelsen, et al., 2008)

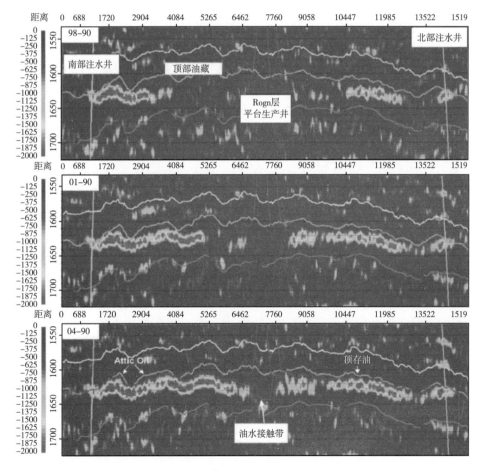

图 11.12 Draugen 油田声阻抗的时间推移切片显示了"阁楼油"的存在 (Langaas, et al., 2007)

11.3.2 经验及教训

拥有明确的管理目标、执行不确定性管理规划是成功的关键。不确定性管理规划要与目标监测方法中减少风险的项目有效地联系起来。如果不对有用的数据进行备份并在正确的时间序列下对数据进行整合，那么复杂环境下的油藏监测将难以成功。Draugen 油田的成功可以归结为减少了构造的不确定性和有效地了解了水的运动，以最大限度地提高原油采收率和合理安排加密井的位置。它是早期将四维地震解释作为油藏监测工具的油田之一。可以理解的是，四维地震的使用依赖于每个勘测设计参数的有效性和一致性，这样出自勘测的地图就不会与其他采集相关工作重复（详见本书第 9 章）。

11.4 蒸汽驱监测

此案例属于典型的高温蒸汽驱的监控实践应用。蒸汽驱操作的两个特点使得监测需求有所不同，一个是利用蒸汽驱的性质直接对井温进行实地测量，另一个是井密度的热管理。

涉及高温蒸汽驱项目的监测，增加了对掌控储层能量的要求。其目标是应用最小的热量从地层中开采出最多的重质油。当蒸汽注入量不恰当时，可能会出现两种结果：一种情况是产量达不到预期，导致蒸汽浪费，成本可能高达蒸汽驱整个运营成本的 70%~80%；另一种情况是资金大部分花费在蒸汽处理、过度油井作业和超高压等方面。

在初始阶段，一个典型的蒸汽驱过程应具备有效降压和角度一致的蒸汽喷射（储层的有效加热）。随后，随着注蒸汽的流态稳定，确定蒸汽注入的时间和面积减少成为最小化蒸汽油比的核心。在此期间对加密井实施有效监测，将有大量的机会可以发现绕流油。

最佳的热力所需数据包括蒸汽注入速率、蒸汽质量、蒸汽注入井剖面、蒸汽鉴定测井（饱和度测定）和温度分布。

11.4.1 Coalinga 油田蒸汽驱

Coalinga 油田位于加利福尼亚州 San Joaquin 河谷，自 1964 年以来就一直使用蒸汽驱（Zahedi，et al.，2004）。该百年油田的主要储层由 500~2000ft 地震砂层组成，原油 API 重度为 12~14，孔隙率为 33%，渗透率为 0.7~3D。地震储层内每个砂体具有不同阶段的排水和热成熟度。该油田是一个向东倾斜 14°的单斜构造（图 11.13），面积为 65mile^2，是一个有棱角的不整合油气圈闭。沉积环境被描述为一个带有多个洪水周期的通道体系。砂泥岩层序厚 25~35ft，由相似厚度的泥岩和页岩区分。薄砂层和低净毛比（0.5~0.7）导致蒸汽驱过程中大量的热量损失。Coalinga 油田的地层剖面如图 11.14 所示，该油田的一些低渗透的区域给注蒸汽带来了困难，而在其他高渗透率区域则有助于蒸汽的突破。

在该油田 22 个高温注蒸汽驱的区域内，已经钻了超过 4500 口井。以收集到的监测数据为基础，并使用高温控制工具开采。以半年一次的频率，对注入井的比率做出调整。

11.4.1.1 温度观测井

温度观测井是一个蒸汽驱监测项目的重要组成部分。在 Coalinga 油田，每五种模式就有一个温度观测井（在 KernRiver 地区，温度观测井间距为平均每 15acre 一口，在 Duri 地区约为每 45acre 一口），观测井测得的数据可外推到偏移模式，观测井通常用电缆测井或

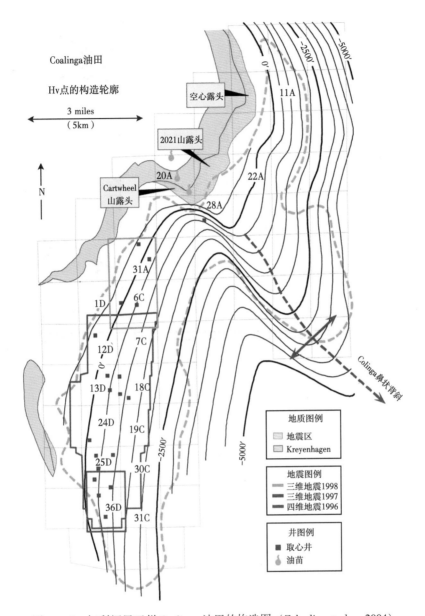

图 11.13　加利福尼亚州 Coalinga 油田的构造图（Zahedi, et al., 2004）

光学纤维测井，该数据用于优化热能利用和计算井口和井底的负荷损失。Coalinga 油田早期进行了现场试验以完善光纤传感和安装技术。图 11.15 显示了多次的温度分布勘察情况，可以很容易地从这些时间推移曲线中识别温度分布。然而，无法推断饱和度分布情况（Zalan, et al., 2003）。

11.4.1.2　蒸汽 ID 测井

　　蒸汽识别测井一般是指套管井的中子孔隙度测井。裸眼井与标准套管井之间中子孔隙度明显减少标志着存在一个蒸汽带，该特点在多个蒸汽驱区块中已被证实。因为此种测井技术价格低廉，所以这些结果可能不太准确，应当结合温度测井一起使用，来确认蒸汽

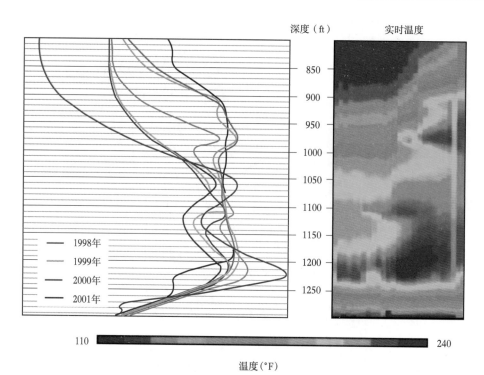

深度（ft）　实时温度

110　温度（°F）　240

图 11.14　Coalinga 油田的地层剖面图（Zahedi，et al.，2004）

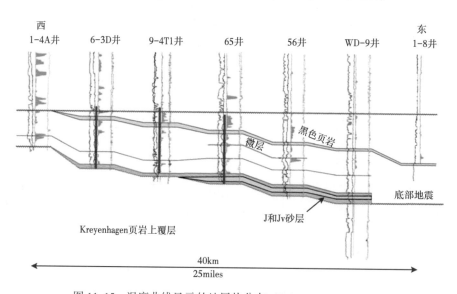

图 11.15　温度曲线显示的地层热分布（Zalan，et al.，2003）

带的运移。碳氧比测井可用于绕流油饱和度的评估和鉴定特殊三相流蒸汽环境下的解释算法。

11.4.1.3　蒸汽质量和速率测量

单井蒸汽注入是由临界流动段塞控制的。根据蒸汽压力计算连续注入量。定期进行现场蒸汽质量抽查以确保其符合设计要求。蒸汽注入剖面采用惰性气体分布勘察，使用氪示踪剂计量。

当出现补充射孔、修井、调整和加密钻探井的情况时，要仔细考虑成本和维修成功的概率。蒸汽系统（高温条件）测量工具的精度和寿命普遍较低，因此，需要经常进行校准。

11.4.2 经验及教训

监测蒸汽驱运动具有一定的挑战性。其设备的可靠性和分辨率一般较低，需要频繁地校准。解释和预测蒸汽运移极具难度，因此需要使用温度观测井。现代测井技术在蒸汽环境下已经取得了长足的进步，然而，熟练运用这种技术校准工具和使用各种算法仍然是一个关键点。从生产寿命长的油田，如 Coalinga、Duri 和其他油田的经验来看，通过加密钻井可以开采死油区，但是这需要严格的监控和分析程序预先了解蒸汽的活动。

11.5 工作流程自动化及协作环境

该案例研究讨论一种新的组织结构的应用，以利用现代实时监控活动带来产值。当拥有结构化支撑和专业知识使储层目标最大化时，这种应用才会允许自动处理异常情况。

监控范围的总体观测在本书第 1 章中讨论过，不仅包括监测，还有创新认识和随后兴起的智能化油田。智能手段可以对油田中的附加条件进行确定。参考文献中有大量在结构和组织方面有关监测活动的讨论，并且大多数公司（如壳牌公司）还在这一领域继续开发，这同时也提供了一个深入了解公司实力的机会。

11.5.1 基础监测设施

在低成本和高效运营原则的推动下，加利福尼亚州的美国航空航天能源公司（Aera Energy）与壳牌公司合资经营。壳牌公司在 Aera 能源公司支持下的加利福尼亚州联合运营考虑了精益流程，以提高对运营风险的反应时间，同时提升管理职能组织能力。

考虑到壳牌公司在改善监控基础设施方面的重大投资及当前组织能力所面临的挑战，壳牌公司与丰田公司合作，基于典型的下游控制室理念，提出了一种改善经营和精益估值的方法。其框架基于一个简单的问题：在现有的所有数据条件下，为什么不让油井直接反馈哪里出现了问题？

实施前提建立在异常情况监测和实施监测服务（Brutz，2009）的基础上。图 11.16 是由 Brutz（2009）、Yero 和 Maroney（2010）提出的结构概念，图中显示了基本数据连接层和所有来自底部现场设备的不同的监测数据。异常的操作层上安装了一个工具包。该工具库包含先进的报警工具、自动化工作流程工具、资料储存设备。

该工具含有集中监测服务中心，跨越多个领域和工程功能并提供监测和一致性分析。先进的报警工具使得多元化的警报得以实现。该工具还可做事件升级判断、数据过滤和标准化，以及利用预警参数快速分析有效性和进行质量控制。

大多数报警使用趋势型报警，而不是可能导致大量误报事件的简单的阈值报警。该报警器还可以使用多变量逻辑删除无效结果，并删除抵消作用。应注意的是，无论是开发层系还是自动报警系统都可以给井控制系统发出指令，如减少电阻抗、改变智能井中的间隔

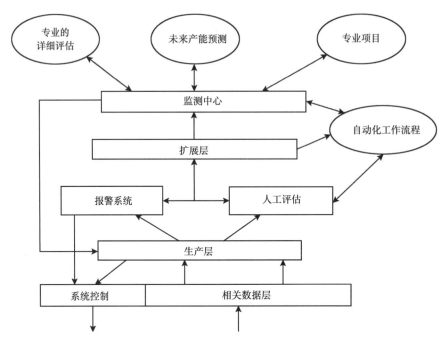

图 11.16 根据不同操作结构使得监测价值最大化

控制阀（ICV）、关停井等。监控中心升级后可以使得价值最大化并改变相关操作控制。即一旦有风险出现，自动监控中心就会做出更多的细节佐证，从根本原因分析并改善决策，实现价值最大化。

图 11.17 的（a）至（c）展示了在井底压力数据清除时，可以报警的自动化工作流程的例子。可能需要注意的是，对于适当的阈值和报警都需要进行预测。要自动做到这一点，必须要有强大的基础数据。因此，所有数据会被初次过滤，下降型数据或零值将被删除，所有累计被清除，并且对数值的偏移进行调整。数据集中、趋势预测和多元阈值被用来确定异常情况，然后用于报警系统的计算。

当故障发生时，将进行验证和数据的快速分析。系统会立即采取降低风险的行动，并将信息传递到独立的资产监测服务团队。该团队利用先进的工具进一步分析信息并提供给资产管理团队。资产管理团队凭借其专业知识决定或启动一个专业项目或维修计划。专业项目的功能是比较井和设施的运营情况或油田内部和油田外部的最佳实践，以设计出长远的生产规划。对于这项工作，Grable 等（2009）提出了数据模型，概念图如图 11.18 所示。需要注意的是，图 11.18 定义的连通性层段是从测量/数据管理层起始的。此数据总线可用于所有类型的数据收集，为连接层中定义的功能工具提供了互通性。应用工具包层可以结合定义的集成数据和工作流，提供一种一体化的连接层，这是个金字塔式的层次结构。

根据资产价值最大化所需的行动，高效数据驱动决策的传导连接层可以根据需要采取对策，以制定有效的数据驱动决策，最大限度地提高资产价值。

壳牌公司已将基于监控服务中心理念的异常情况监控系统应用于多个油田。Yero 和 Maroney（2010）描述了该应用在加利福尼亚州油田的使用情况。在每个异常情况出现后，

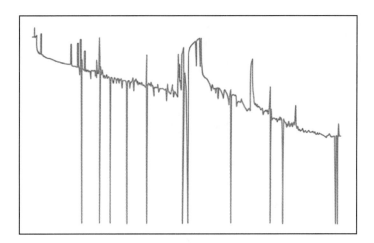

(a)井底数据收集的典型示例

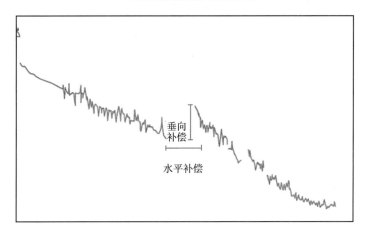

(b)下降期数据和无效运移

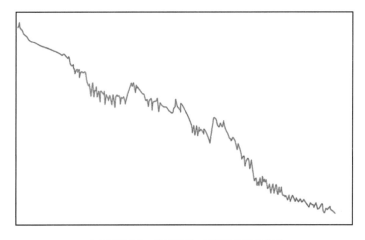

(c)累积减少，偏移调整，平滑数据趋势分析

图 11.17　井底压力清除时可以报警的自动化工作流程（Yero and Maroney，2010）

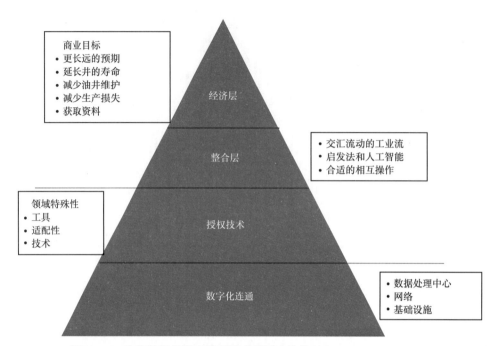

图 11. 18　协作数字化资产管理模式的层次结构（Grabe，et al.，2009）

他们工作流程中遵循的是标准作业程序原则。

　　这个综合性的监测系统包括先进的警报系统、高效的信息获取方式、创新的监测技术和数据集成管理，这就催生出了 240 个新的监测活动，它们聚焦在化学性能、注水与分离、分离处理系统、防砂管理、间歇井管理等方面。

　　这种工作流程缩短了决策周期时间。比如，75% 的异常警报事故都可以在 24h 内进行处理。在关键绩效指标基础上，壳牌公司监控了 2008 年 6 月到 2009 年 8 月之间的报警程序值。在此期间发生了 2000 多次报警，其中 1000 多次报警被解除并进行了有效的维护。其中完成了 400 次维修，其余的报警经过进一步分析，被证明是无关紧要的。同时，非专业团队在处理这些事件时，会将这些数据转发给拥有专业技术的工程师处理，这就多采取了 250 次行动。资产工程的反馈表明 92% 的维修是有效的，至少 60% 的维修需要采取行动。通过工作分层和专家评估，重新评价这些统计和收益，最大限度地提高了资产价值，这促进了系统平衡并建立了系统理论。在这样拥有多种协作工具（如共享点站点和视频链接等工具）的环境中包含了决策环境，可以通过检测相关活动创造很多的价值，完成从数据中获取信息并迅速采取行动的循环流程。

11. 5. 2　经验及教训

　　由于程序的安全风险性、操作的复杂性要求提高对储层的认知，大部分的石油工业项目将向这一方向发展。鉴于员工问题和专业知识的实用性不会很快得到改善，石油公司需要更有效地对监测加以利用。改善的方法之一是将自动化和控制室概念用于处理高风险事件。这需要后方的组织机构能根据不同事件来进行运营、战术或战略决策的调整。随着快速的数据采集技术和更好的事故处理方法的发展，实时控制数据收集（不仅是监测）将会变得可行性。由于油田管理技术的提高，利用数据驱动方法与学习系统结合创造机会的组织结构（模型和预测）将更为普遍。其他公司也在油田、仪表化油田、未来油田和许多其他新概念的支持下致力于新概念油田的研究。

这些案例研究包括一些概念、工具、分析技术和构造的应用，需要在油田执行有效且可创造价值的监测计划。个人和组织都在适应这些变化，未来的监测设备将会有效地推动石油工业的发展。

附录 A   油田监测计划

下面给出一个有关油田监测的例子，虽然未涵盖对项目中所有因素的定量评价，但在执行和需求方面提供了一定的向导。现实中存在多种不同类型的监测计划，但并没有某个监测计划比其他的更卓越。唯一需要考虑的重要因素是监测计划应该具备一定的功能性和可执行性。

Prudent 油田，Prehistoric-1 油藏监测和数据采集计划（2010 年 6 月，第 5 修订版）

1. 目标

该计划的目标是从既是低压油藏，又是油气存储和伴生气类型的 Prehistoric-1 油气藏中获得最大原油采收率，并提出数据采集要求。因为历史数据和测量结果质量差，且在约束压力下将气体高速注入每个井中具有相当大的不确定性，因此需要采集新的数据。有效的油藏管理需要对当前油藏的状态有更详细的了解。

保持稳定的数据采集的好处是促进利益相关者，包括石油工程师（PE）、地球科学家（ES）、地层评价专家（FE）、设施、钻井、作业及健康安全环境专家（HSE）之间的一致性，显著地减少不确定性，并获得管理层的认可，以便慎重地保障油藏管理。

油藏数据采集，监测及分析要求涉及以下方面：

（1）从现有油井中收集基准数据；

（2）收集来自新井和大型钻机修井中的初始静态和动态数据（MRWO）；

（3）收集每天的油藏监测数据、规划井间干扰，并更新油藏模拟模型，以提高性能预测；

（4）监测注入能力和吸水剖面。

监测计划的预期成果包括：

（1）油藏动态变化的早期识别和正确的简化操作；

（2）最大限度地减少干气回注和压缩其他组分气流；

（3）提高关于注气性能的认识，以帮助最大限度地提高最终采收率；

（4）确定注入井和生产井之间横向上和纵向上的连通性；

（5）了解影响其监测性能的储层特征（如垂直位移与储层分层）；

（6）调整额外加钻注入井和加密生产井的需求；

（7）更新地表和管道系统设施以提高产量预测。

2. 引言

对 Prudent 油田 Prehistoric-1 油藏的管理被认为是提出油藏监测规划所必需的。因为信息价值的变化，实际数据采集方案必须是动态的且具有持久性的；因此，这个记录资料应该定期修订，以确保解决不确定性问题，且确保所得信息可以持续获得价值。

基准数据的采集将方便日后的设施配置和进行油藏的决策。长期监测数据的采集应以增值为基础，采集工作必须对操作或油藏开发规划产生实际影响。收集、处理、解释数据的成本及延迟开采（注入）的成本均包括在购置成本中。此外，所有的数据采集必须遵守操作程序和监管要求。

表 A-1 显示了原始石油地质储量（OOIP），并利用模拟从 Prehistoric-1 油藏中两套砂体进行一次采油和二次采油所确定的可采储量。这两套砂体以鞍形连接且压力衰竭同步。因此，基于本资料而言，它们被认为是同一套储层。

表 A-1 原油储量和采收率估算

区域	地质原油储量（10⁶bbl）	累计产量（10⁶bbl）	预计最终采收率（EUR）一次采油（10⁶bbl）	一次采油预计最终采收率（%）	二次采油预计最终采收率（10⁶bbl）	二次采油预计最终采收率（%）
A 砂体	640	200	220	34.4	20	3.1
B 砂体	120	32	35	29.2	2	1.7
合计	760	231	255	33.5	22	2.9

3. 不确定性管理

该油藏监测计划将有助于识别在 Prudent 油田不确定性管理规划（UMP）中的标志。

3.1 地质

3.1.1 断层的位置和封闭性

北部油藏数据拟合效果不佳，大量地质断层的解释成果使得在关于 Prudent 油田断层方面的理解中出现较大的不确定性。断层可能影响储层中注气量及注入气体的运移。利用叠后时间偏移（PSTM）地震数据体重新鉴定该断层。

3.1.2 油层物理数据和解释

尤其是测井数据与岩心测量渗透率数据之间的转换，将影响注入量和注入能力。历史测井记录的数据质量及对比性较差。Prehistoric-1 油藏目前几乎没有可用的岩心信息，随着油藏的枯竭及其裂缝性质的影响，可能会限制取心和测井能力。裸眼井测井将运用于所有的新井，而随钻测井（LWD）将代替电缆测井，有助于降低丢失录井工具和潜在打捞作业的风险。

3.2 油藏工程

3.2.1 在很长一段时间里气体以高速率注入

连续获得新井的注入速率和注入压力可以评估是否需要其他的注入井。此外还需要进行不稳定试井和注入剖面试验，进一步评估注入能力。

3.2.2 气水相对渗透率和残余油饱和度

这些不确定性会影响最终采收率，在较小程度上将影响气体注入和储层的存储能力。在模型中使用的数据是基于有限的特殊岩心分析（SCAL）测试获得的，为了解决这个问题，关于特殊岩心分析的项目已经启动。

3.2.3 气油界面（GOC）和油水界面（WOC）的当前位置

当前气油接触面的位置将影响新井的完井方式。计划是在所有新注入井的气油界面以上注入气体，因此需要在新井中进行裸眼测井，以确定接触面的位置。这可能由于近井地带的基质孔隙度较低其受冲洗带的影响，这将对找出界面造成一定的困难。如果在 B 砂体中发现界面，裸眼测井应该在评估界面方面是有效的。在开钻新的注入井之前，为了帮助评估目前界面的位置，对现有井将推荐使用套管井热中子多门衰减岩性测井仪和生产测井仪。

3.2.4 油藏压力

当前的储层压力将影响储层的储气能力。由于相关数据的缺乏性，其他的静态压力和压力恢复测试可在现有井中选择进行。在所有新的注入井中进行静压调查，对优化油藏管理，了解砂体 A、B 之间压力沟通情况将有助于优化油藏管理。

3.3 油井

3.3.1 井筒故障

井筒故障问题将直接影响该系统的长期可靠性。现有井筒条件下，实施故障统计预测及套管压力测试进行的彻底检查以解决井筒故障问题。

3.3.2 液体压差对注入的影响

将液体压差和注入气体的相态一起分析，条件允许的情况下，将采用节点分析法。注入气体组成将通过气体取样和分析来监控。通过评估表皮系数和产能系数（KH）随时间变化来确定对注入井的表面压力监测和每年衰减测试。

3.3.3 钻井液漏失导致的地层伤害

在钻井、完井和伴随着有完井可能的增产措施过程中，地层伤害会通过各种方法得到缓解。对地层伤害的监测评估将包括注入速度和压力、压力瞬态测试及配注。

4. 推荐的数据采集程序的详细信息

4.1 注入测试

对每个新的注入井或正在进行 MRWO 的井进行注入测试，这些测试为四点流体测试和延长衰减流量测试。该测试将评估井的吸水指数及完整的油井流入动态（IPR）曲线以便帮助控制流体。虽然等时时差测井可能是较理想的方法，但为避免多次关井及扩井的需求则不允许使用这种方法。可采用具有较高精度和分辨率的仪器对井底和地表压力进行测量。

4.2 试井

所有生产井应至少应每月测试一次。附加测试应在油嘴变化、修井作业或油井动态方面发生显著变化时进行。由于稳定时间增加，当观察到生产井中气油比增加后，应该重新核查通过测试分离器的试井过程。

4.3 套管压力测量

注入开始后，应每半年对套管压力计算一次并进行监测，即使是已关井的油井也应如此。持续观察井的套管压力将为快速堵井提供评估建议。

4.4 油藏压力测量

油藏压力测量对于更新预测模型及了解储层气体存储空间至关重要。推荐方案和频率在后面论述，油藏管理者可以更新该计划。压力数据将从以下来源中收集：气体注入开始前，应对偏移生产井中的压力恢复和流动（静态）梯度进行调查。所设计的测试应尽量减少停机时间且可获得高质量数据。一些压力恢复测试将与生产测井的测量值进行顺序匹配，以帮助理解分层开采情况。高气油比或实施气举的井可能需要关闭井下工具。生产压差较低的井（从生产测井识别）可能需要高分辨率测量仪器，这也会导致实际成本比预算成本更高。

每年收集的静压数据将用于校准油藏模拟模型。由于系统压缩性的改变，开始注入气体后，需要重新审定当前的关井时间，短时间的关井可能导致生产井储层压力的评估值较低。

在每个注入井中进行初始静态井底压力测量，而压力衰减测试则应确保每年进行，其中一些测试可在停止计划供气时进行。

4.5 套管井测井

4.5.1 饱和度测井

基线脉冲中子俘获测井将在偏心注入井中测量，帮助识别当前的流体接触面。在新钻的注入井到达目的深度前，或对新的注入井进行射孔时需要这些数据。

4.5.2 生产剖面

由于油井在各区产量不同，建议使用生产剖面进行分析。应在注气前对符合这些标准的井进行基准生产测井，以帮助识别目前分区的贡献。当需要从基线来确定变化时，则需要进行测井，在大多数情况下将进行岩性测井（MPLTs）。

4.5.3 注入剖面

持续注气区每年都应进行注入剖面检查。

4.5.4 油管测蚀器测井

在注气之前对选定的井进行油管腐蚀测井，建立一条腐蚀基线。在基准数据的收集过程中，如果发现油管严重腐蚀，修井作业可以有计划性地更换管路。注入开始后，在生产井中发现 CO_2 气体时，将进行腐蚀测井来确定腐蚀速率。如果发现油管腐蚀的状态不佳，将开展修井工作。

4.6 裸眼井测井

油田所有新钻的井都应进行一套完整的裸眼测井。对于标准地层评价，此测井参数将包括密度、中子孔隙度、声波和伽马射线测井。对于饱和度计算，需要电阻率测井来实现。由于可以预期不利的钻井条件，测井组合应作为随钻测井、电缆测井工具的备用品。裸眼井电缆井眼成像测井，如全井眼地层微电阻率成像测井仪，可以提供次生孔隙发育的定性评价。

4.7 岩心

岩心分析包括压汞实验、薄片分析及描述、CT 扫描、基础孔渗饱测量、空气/盐水毛细管压力测试、稳态气体/油相对渗透率线性扫描测试、离心气/离心油相对渗透率测试、带有饱和度剖面的水驱端点测试。由于较低的岩心回收率和低压油藏的钻进难度较大，因此在新注入井中将无法获得岩心。

4.8 地震

没有地震勘探过的地区正在规划地震勘探。

4.9 流体取样和分析

采出气体和注入气体的常规取样和分析会成为数据采集程序的步骤之一。生产和注入气体的物理组分将每半年或每年进行一次分析。随着时间的推移，这将有助于确定注入气体的突进。液体样品将采取临时确定成分变化的测量。

表 A-2 提供了关于数据采集规划中提出的基础部分、常规部分、特定部分的总结。预期的成本估计在表中也有显示。

表 A-2　PRUDENT：数据收集程序

	类型	频率	质量	单位成本（美元）	总成本（美元）	井选择	时间	备注
基线数据	井径测量		5	25000/井	125000	36-A、36-B、36-C、36-F、36-K	在 2010 年前结束	井径测量前应该声明。选择标准：①活跃的生产井；②井筒年龄（选使用时间长的）；③靠近计划的注入井
	压力恢复		4	10000/井	40000	23-F（A+B）、36-J（A+B）、36-E（A）、36-C（A）	2010 第一季度	井应在压力恢复前声明（PBUs）。井被选为：①获得一个广泛的地理分布以确定可能的压力差异；②涵盖了多个完井时间间隔，以确定分区连通性
	静压力		5	10000/井	50000	23-A（B）、23-D（A）、GINJ-CC、GINJ-AA、23-A	2010 年第一季度生产 2010 年第二季度注气	砂体 B 的产量与砂体 A 储层压力对比需要静压力。静压力数据的收集源于新的注入井
	岩性测井		1	10000/井	10000	36-J（A+B）	2010 第一季度	选择标准：①活性的生产井；②大层段 1 或包含砂体 B
	脉冲中子测井		3	50000/井	150000	36-J、23-A、36-E	2009 第四季度	
	随钻测井		2		0	新钻井		伽马、电阻率、中子密度、声波测井
	电缆测井		2		0	新钻井		伽马—微电阻率扫描成像测井，井径测试
	套压压力调查					所有井		已完井
	合计				375000			
常规数据	静压力	每年一次	3	10000	30000	注入井		
	压力衰减	每年一次	3	10000	30000	注入井		
	岩性测井	每年一次	3	10000	30000			与天然气供应商核对计划
	注入气分析	每年一次	3	无法获得				源于计量分离器
	产气分析	每半年一次	10-12	无法获得				深地震探测软件包
	井测试	每月一次			0	所有活跃井		
	套压测试	每半年一次			0	所有井		
	合计			9000				

续表

类型	频率	质量	单位成本（美元）	总成本（美元）	井选择	时间	备注
岩性测井			1	10000			需要生产井
脉冲中子测井			3	50000			基于油井表现的变化
压力恢复测井			2	10000			
井径测试				25000			根据需要（在 CO_2 突破后）
产液分析							油和水
合计			180000				

4.9.1　角色和责任

为确保成功实施计划，所有利益相关者必须承担起责任。油藏监测协调员将负责协调与此相关的监测计划中所有数据的采集活动，并确保数据被恰当地存储和访问。

4.9.2　监控成本收益

表 A-3 提供了一些从监测技术中相关成本和利益。如果未检测到显著的变化，数据收集频率可能会降低。

表 A-3　监测的成本效益

什么	如何	成本（美元）	频率	效益
由钻井获得的油藏信息	钻井液录井、随钻测量地层评价（FEWD）、电缆测井	包括对钻井授权的费用（AFE）—随钻测试 17500/d	在所有新井钻进过程中	减少孔隙度、渗透率、饱和度（PKS）的不确定性；提高油藏模型；用于持续监测的基线数据
生产测试	井测试设备	包括业务运营成本	活跃井每月至少测试一次	可靠的生产分配；对问题的及早识别；天然气的突破行为
生产测井	使用钢丝进行岩性测试	10000/个	根据需要（每口井每年增加/减少）	性能优化；气体突破层鉴定
注入剖面	使用钢丝进行岩性测试	10000/个	每年一次或根据需要	在模拟模型中进行分配注入；砂体 A、B 的注入能力
饱和度测井	用电缆进行读取磁条/多门热中衰减时间测井	50000/个	需求（每年 1~3 口井）	本区块剩余油的运移位置
油藏压力	压力测量、压力恢复和衰减测试	每年 10000~20000，再加上一些生产延期导致的成本	每年 1~3 次的压力下降每年 1~2 次的压力恢复每年 3 次静态（流动）压力调查	推荐增产；评价注气性能；历史拟合仿真模型
更新油藏模拟模型	油藏模拟	包括油藏管理运营成本	根据需求	准确的储量估算；识别和判断井的工作时机
更新加工设备模型	过程模拟和管道模拟	包括业务运营成本	根据需求	对工艺设备容积和性能的准确评估；对设施的鉴定和评估

4.9.3 分析

（1）回顾新钻井获得的油藏数据，与当前的油藏模型进行比较，并根据需要更新以下数据：

①将预测岩性、孔隙度、渗透率预测结果与实际测量值进行比较；

②将当前测定的含水饱和度与模型预测的结果比较；

③当前压力与历史拟合模型的比较；

④按照新的信息重新核查并规划下一口井。

（2）定期查看以下诊断图，并对油藏和油井性能进行检查：

①油气产量、流体速率、含水率和气油比与时间的关系；

②生产井井口压力与时间的关系；

③气体注入速度、注入压力和吸水指数与时间的关系；

④地层压力与时间的关系（来自注入衰减测试）；

⑤油藏注采比与时间的关系；

⑥累计亏空、累计产量和注入量与时间的关系。

（3）使用以下图将现场性能与油藏模拟预测进行比较：

①生产和注入速率与时间的关系；

②采收率与注入的含烃类孔隙体积；

③气油比与累计产油量关系；

④累计油气产量与注气量关系。

每当模型预测与实际表现有显著差异时，将更新模拟历史，随着新井的钻探，模型也需要更新。

4.9.4 数据管理

原始、处理和解释的数据将被存储在相应的数据库中。将通过数据总线提供连接，为用于可视化和解释的定义工作流程和软件程序的输入提供便利。

附录 B 基于不确定性的混合供应配置方法

在第 4 章中讨论的计量分配是建立在某些假设的基础上，一般情况下假设矿场原油自动接收仪或参考资料是准确的。在整个体系的测量设备中其他部分对压缩系数的定义均是假设的，通常被称为比例分配法，这种方法不考虑测量的不确定性或个别仪表的准确性。根据校准数据或规格数据，此信息通常可用于测量环节中的每个仪表。

> 所有的测量都受限于不确定性。测量值的不确定性通常是围绕着测量值的一个区间，任何重复性的测量将产生一个新的位于这个区间内的结果。

本文讨论的分配方法是基于美国石油学会（API）推荐的做法（API RP85，2003）。由标准表确定的测量数量的最终分布过程中，这种方法采用了竞争测量输入流的相对测量不确定性分析。

在《分配测量系统中水下湿气体流量计的使用》（API RP85—2003）中详述的基于不确定度的分配（UBA）方法的原理可用于混合流体的总体积和气流中的每个组分。

该方法的核心是利用接收仪表作为参考表，全系统的不均衡性计算公式为：

$$\varepsilon = 参考输入表 - \sum 输入表 \tag{B.1}$$

该技术依赖于在输入表精度的基础上进行分配不平衡 ε。

分配到第 i 个流：

$$\widetilde{Q}_i = Q_i + \alpha_i \cdot \varepsilon \tag{B.2}$$

式中 $\widetilde{Q}_i$——个体理论量；

  Q_i——个体测量量；

  α_i——用于分配不平衡系数到第 i 个仪表；

  ε——系统的不平衡性。

不确定性基础分配系数基于方差：

$$\alpha_i = \frac{\sigma_i^2}{\sigma_Z^2 + \sum_1^N \sigma_i^2} + \frac{Q_i}{\sum_1^N Q_j} Q_j \cdot \frac{\sigma_z^2}{\sigma_Z^2 + \sum_1^N \sigma_i^2} \tag{B.3}$$

式中 $\sum_1^N Q_j$——所有个体测量值的总和；

  σ_i^2——（测量个体数量×测量不确定性系数）^{2}；

  σ_Z^2——（主测量值×测量不确定性）^{2}；

  $\sum_1^N Q_i^2$——所有 σ_i^2 的总和。

从说明书和厂商提供的图表知道，这里列出的分配方法是测量不确定性的关键。下面结合一个例子来说明这个概念。

例 B-1：气体测量体积分配系统

其中四个资源样品送入中央测量设施

参考值：

数量（Q_Z）= $215 \times 10^6 ft^3/d$ 不确定性 = 1.00%。

资源 1：

测量数量（Q_1）= $50 \times 10^6 ft^3/d$ 测量 1 不确定性 = 5.00%。

资源 2：

测量数量（Q_2）= $50 \times 10^6 ft^3/d$ 测量 2 不确定性 = 2.50%。

资源 3：

测量数量（Q_3）= $65 \times 10^6 ft^3/d$ 测量 3 不确定性 = 4.00%。

资源 4：

测量数量（Q_4）= $55 \times 10^6 ft^3/d$ 测量 4 不确定性 = 1.80%。

确定每个测量值是总和：

$$\sum \text{（管道输入测量值）} = 50+50+65+55 = 220 \times 10^6 ft^3/d。$$

计算系统不均衡性（公式 B-1）：

$$\varepsilon = 215-220 = -5.0 \times 10^6 ft^3/d。$$

确定吞吐量中每个表的不确定性及其方差：

参考表 = $(215.0 \times 0.01)^2 = (2.15 \times 10^6 ft^3/d)^2$；

$\sigma_Z^2 = 4.6225$；

资源 1 = $(50.0 \times 0.050)^2 = (2.5 \times 10^6 ft^3/d)^2$；

$\sigma_i^2 = 6.25$；

$$\sum_1^N \sigma_i^2 = 6.25+1.5625+6.76+0.9801 = 15.5526 \times 10^6 ft^3/d。$$

确定 α_i = 每个资源的分配系数（式 B-3）：

资源 1 = 0.36186；

资源 2 = 0.12952；

资源 3 = 0.40276；

资源 4 = 0.10586。

计算每个样源分配的数量：

资源 1 = $\{50.0+[(-5.0) \times 0.36186]\} = 48.19 \times 10^6 ft^3/d$；

资源 2 = $\{50.0+[(-5.0) \times 0.12952]\} = 49.35 \times 10^6 ft^3/d$；

资源 3 = $\{65.0+[(-5.0) \times 0.40276]\} = 62.99 \times 10^6 ft^3/d$；

资源 4 = $\{55.0+[(-5.0) \times 0.10586]\} = 54.47 \times 10^6 ft^3/d$；

$$\sum_1^n A_i = 48.19+49.35+62.99+54.47 = 215.0 \times 10^6 ft^3/d。$$

例 B-2：气体组分分配系统

如果在管道进口和工厂及炼油厂中进行采用色谱法测量，仍然可以使用以上分配方法，用一个额外的迭代计算进行摩尔百分数的组分分配。

（1）如上所述计算体积分配。

（2）由相关的组分摩尔百分数（工厂色谱法测量）乘以该厂输入量计算出各组分体积。

（3）在组分水平中重复上述的过程。

甲烷入口成分的分配显示见表 B-1。

表 B-1　甲烷入口成分的分配表

	流量分配 （$10^6 ft^3/d$）	甲烷 （mol%）	组分计算 （$10^6 ft^3/d$）	气相色谱法不确定性
参考表	215	85.00%	182.75	1.00%
资源 1	48.19	86.00%	41.444	2.00%
资源 2	49.35	87.00%	42.9366	2.00%
资源 3	62.99	84.50%	53.2233	3.00%
资源 4	54.47	84.00%	45.7554	2.00%

参考值：

数量（Q_{ZComC1}）＝ 182.750×$10^6 ft^3/d$；气相色谱不确定性＝1.00%。

资源 1：

测量数量（Q_{1ComC1}）＝ 41.4440×$10^6 ft^3/d$；气相色谱 1 不确定性＝2.00%。

资源 2：

测量数量（Q_{2ComC1}）＝ 42.9366×$10^6 ft^3/d$；气相色谱 2 不确定性＝2.00%。

资源 3：

测量数量（Q_{3ComC1}）＝ 53.2233×$10^6 ft^3/d$；气相色谱 3 不确定性＝3.00%。

资源 4：

测量数量（Q_{4ComC1}）＝ 45.7554×$10^6 ft^3/d$；气相色谱 4 不确定性＝2.00%。

$\sum$ 进口测量＝41.4440+42.9366+53.2233+45.7554＝183.3593×$10^6 ft^3/d$。

计算 C_1 系统失衡：

ε＝182.7500−183.3593＝−0.60932×$10^6 ft^3/d$。

利用吞吐量和它的方差确定每个气相色谱（GC）的不确定性：

参考气相色谱（GC）＝（182.7500×0.01）^{2}＝（1.82750）^{2}；

σ_{ZC1}^2＝3.3398；

资源 1 的气相色谱（C1）＝（41.4440×0.020）^{2}＝（0.82888）^{2}；

σ_{iC1}^2＝0.6870；

$\sum_1^n \sigma_i^2 (C_1)$＝0.687042+0.737420+2.549451+0.837422＝4.811336×$10^6 ft^3/d$。

确定 α_i＝每个资源分配系数：

资源 1（C_1）＝0.17690；

资源 2 （C_1） = 0.18641；

资源 3 （C_1） = 0.43171；

资源 4 （C1） = 0.20498。

计算每个资源分配数量：

资源 1 = {41.44+[（−0.60932）×0.17690]} = 41.34×10^{6}ft^3/d；

资源 2 = {42.94+[（−0.60932）×0.18641]} = 42.82×10^{6}ft^3/d；

资源 3 = {53.22+[（−0.60932）×0.43171]} = 52.96×10^{6}ft^3/d；

资源 4 = {45.76+[（−0.60932）×0.20498]} = 45.63×10^{6}ft^3/d；

$$\sum_1^n A_i = 41.34+42.82+52.96+45.63 = 182.75×10^6 \text{ft}^3/\text{d}。$$

附录 C 汤普森有效性测试

汤普森有效性测试是一个 2σ 测试；换言之，样品组中的数据点有 5% 的概率被否决，并且数据点并非是一个孤立的点，而是基于平稳性正态分布假设。该方法依赖于样本量，需要应用该方法的测试，首先应计算样品平均值（$\bar{X}$）和样本标准偏差（S_x）。计算采用平均值的异常数据点（称为 δ）的绝对距离和汤普森 τ 与样本方差的乘积做比较。如果 δ 大于 τS_x，数据点即为异常点。方程形式为：如果 $\delta = |\bar{X} - x_0| > \tau S_x$，$\delta$ 是一个异常值。

汤普森的 τ 值取决于样本的大小，已在表 C-1 中给出。

更加严格的异常值检测是可行的，可以参照 3σ 格拉布斯（Grubbs）技术。对于这种技术，如果一个数据点被否决，则有 99.73% 的概率说明这是一个异常值。正如在第 7 章中讨论的，这是一个更为严格的技术，致使更少的有效点被否定，具有更高的可信度。表 C-2 提供了要用的 δ 值以及用 3σ 技术构建否决数据的可信度。

表 C-3 提供了一个位于特定标准偏差正态分布的数据点的置信水平。换句话说，它证明了出在正态分布中，特定的随机样本位于与平均值一定距离内的位置。这个距离反映为分布标准偏差的倍数。

表 C-1 15% 有效性的汤普森 τ^*

样本大小	τ	样本大小	τ	样本大小	τ
3	1.515	16	1.856	29	1.910
4	1.425	17	1.871	30	1.911
5	1.571	18	1.876	31	1.913
6	1.656	19	1.881	32	1.915
7	1.711	20	1.885	33	1.916
8	1.749	21	1.889	34	1.917
9	1.777	22	1.893	35	1.919
10	1.798	23	1.896	36	1.920
11	1.815	24	1.899	37	1.921
12	1.829	25	1.901	38	1.922
13	1.840	26	1.904	39	1.923
14	1.850	27	1.906	40	1.924
15	1.858	28	1.908		

注：被否决的有效点的概率为 20:1 或更小。

表 C-2 3σ 有效性汤普森 τ（格拉布斯技术）

样本大小	τ	样本大小	τ	样本大小	τ
3	1.155	16	2.613	29	2.789
4	1.496	17	2.637	30	2.796
5	1.758	18	2.657	31	2.803
6	1.954	19	2.676	32	2.809
7	2.101	20	2.692	33	2.815
8	2.214	21	2.707	34	2.821
9	2.303	22	2.721	35	2.826
10	2.374	23	2.733	36	2.831
11	2.432	24	2.745	37	2.835
12	2.481	25	2.755	38	2.840
13	2.522	26	2.765	39	2.844
14	2.557	27	2.773	40	2.848
15	2.587	28	2.782		

表 C-3 数据的置信度在一定范围呈正态分布

标准偏差	置信度（%）	标准偏差	置信度（%）
0.00	0.000	1.50	86.640
0.10	7.960	1.60	89.040
0.20	15.860	1.70	91.080
0.25	19.740	1.75	91.980
0.30	23.580	1.80	92.820
0.40	31.080	1.90	94.260
0.50	38.300	2.00	95.440
0.60	45.140	2.10	96.420
0.70	51.600	2.20	97.220
0.75	54.680	2.25	97.560
0.80	57.620	2.30	97.860
0.90	63.180	2.40	98.360
1.00	68.260	2.50	98.760
1.10	72.860	2.60	98.920
1.20	76.980	2.70	99.300
1.30	80.646	2.80	99.480
1.40	83.840	2.90	99.620
1.50	86.640	3.00	99.740

参 考 文 献

Ambastha, A. K. 1995. Practical Aspects of Well Test Analysis Under Composite Reservoir Situations. *J. Cdn Pet Tech.* 34 (5). http: //dx. doi. org/10. 2118/95-05-05.

ANSI/API 2530 (American Gas Association Report No. 3). 1994. In Manual of Petroleum Measurement Standards, Chap. 14—Natural Gas Fluids Measurement, Sec. 3—Concentric Squared-Edged Orifice Meters, Parts 1-4. Washington, DC: API Publishing Services.

ANSI/ASME MFC-2M, Measurement Uncertainty for Fluid Flow in Closed Conduits. 1983. New York: American Society of Mechanical Engineers.

ANSI/ASME MFC-4M-1986, Measurement of Gas Flow by Turbine Meters. 1986. New York: American Society of Mechanical Engineers.

API RP 85. Use of Subsea Wet-Gas Flowmeters in Allocation Measurement Systems. 2003. Washington, DC: API.

Apgar, D. 2006. Risk Intelligence—Learning To Manage What We Don't Know. Boston, Massachusetts: Harvard Business School Press. 978-1591399544.

Arps, J. J. 1945. Analysis of Decline Curves. *Trans.*, AIME 160 (1): 228-247. SPE-945228-G. http: //dx. doi. org/10. 2118/945228-G.

Athichanagorn, S., Horne, R. N., and Kikani, J. 2002. Processing and Interpretation of Long-Term Data Acquired From Permanent Pressure Gauges. SPE Res Eval & Eng 5 (5): 384-391. SPE-80287-PA. http: //dx. doi. org/10. 2118/80287-PA.

Baldauff, J., Runge, T., Cadenhead, J. et al. 2004. Profiling and Quantifying Complex Multiphase Flow. *Oilfield Review* 16 (3): 4-13.

Barkved, O. I. 2012. *Seismic Surveillance for Reservoir Delivery.* Houten, Netherlands: Education Tour Series, EAGE Publications bv. 978-90-73834-24-8.

Barree, R. D., Barree, V. L., and Craig, D. 2009. Holistic Fracture Diagnostics: Consistent Interpretation of Prefrac Injection Tests Using Multiple Analysis Methods. *SPE Prod & Oper* 24 (3): 396-406. SPE-107877-PA. http: //dx. doi. org/10. 2118/107877-PA.

Barree, R. D., Fisher, M. K., and Woodroof, R. A. 2002. A Practical Guide to Hydraulic Fracture Diagnostic Technologies. Presented at the SPE Annual Technical Conference and Exhibition, San Antonio, Texas, USA, 29 September-2 October. SPE-77442-MS. http: //dx. doi. org/10. 2118/77442-MS.

Behrens, R., Condon, P., Haworth, W. et al. 2001. 4D Seismic Monitoring of Water Influx at Bay Marchand: The Practical Use of 4D in an Imperfect World. Presented at the SPE Annual Technical Conference and Exhibition, New Orleans, 30 September-3 October. SPE-71329-MS. http: //dx. doi. org/10. 2118/71329-MS.

Benson, P. G. and Nichols, M. L. 1982. An Investigation of Motivational Bias in Subjective Predictive Probability Distributions. In *Decision Sciences*, 13, 2, 225-239. Blackwell Publishing Ltd. http: //dx. doi. org/10. 1111/ j. 1540-5915. 1982. tb00145. x.

Braaten, N. A., Blakset, T., Johnsen, R. et al. 1996. Field Experience with a Subsea Erosion Based Sand Monitoring System. Presented at the European Production Operations Conference and Exhibition, Stavanger, 16-17 April. SPE-35551-MS. http: //dx. doi. org/10. 2118/35551-MS.

Bradley, H. B. 1987. *Petroleum Engineering Handbook.* Richardson, Texas: SPE.

Brami, J. B. 1991. Current Calibration and Quality Control Practices for Selected Measurement-While-Drilling Tools. Presented at the SPE Annual Technical Conference and Exhibition, Dallas, 6-9 October. SPE-22540-MS. http: //dx. doi. org/10. 2118/22540-MS.

Brinsden, M. S. 2005. A New Wireless Solution to Real Time Reservoir Surveillance. Presented at the SPE Middle

East Oil and Gas Show and Conference, Kingdom of Bahrain, 12-15 March. SPE-93512-MS. http://dx. doi. org/10. 2118/93512-MS.

Brodie, J. A., Jhaveri, B. S., Moulds, T. P. et al. 2012. Review of Gas Injection Projects in BP. Presented at the SPE Improved Oil Recovery Symposium, Tulsa, 14-18 April. SPE-154008-MS. http://dx. doi. org/10. 2118/154008-MS.

Brooks, A. G., Wilson, H., Jamieson, A. L. et al. 2005. Quantification of Depth Accuracy. Presented at the SPE Annual Technical Conference and Exhibition, Dallas, 9-12 October. SPE-95611-MS. http://dx. doi. org/10. 2118/95611-MS.

Brutz, J. M. 2009. Anomaly-Driven Engineering Empowered by a Central Surveillance Center. Presented at the SPE Digital Energy Conference and Exhibition, Houston, 7-8 April. SPE-123147-MS. http://dx. doi. org/10. 2118/123147-MS.

Bucaram, S. M. and Sullivan, J. H. 1972. A Data Gathering and Processing System To Optimize Producing Operations. J. Pet Tech 24 (2): 185-192. SPE-3468-PA. http://dx. doi. org/10. 2118/3468-PA.

Cable, M. 2005. *Calibration: A Technician's Guide*. Research Triangle Park, North Carolina: International Society of Automation (ISA).

Chan, K. S. 1995. Water Control Diagnostic Plots. Presented at the SPE Annual Technical Conference and Exhibition, Dallas, 22-25 October. SPE-30775-MS. http://dx. doi. org/10. 2118/30775-MS.

Chan, K. S., Bond, A. J., Keese, R. F. et al. 1996. Diagnostic Plots Evaluate Gas Shut-Off Gel Treatments at Prudhoe Bay, Alaska. Presented at the SPE Annual Technical Conference and Exhibition, Denver, 6-9 October. SPE-36614-MS. http://dx. doi. org/10. 2118/36614-MS.

Christianson, B. A. 1997. More Oil from Better Information: New Technological Applications for Testing Producing Wells. Presented at the International Thermal Operations and Heavy Oil Symposium, Bakersfield, California, USA, 10-12 February. SPE-37526-MS. http://dx. doi. org/10. 2118/37526-MS.

Cipolla, C. L. and Wright, C. A. 2002. Diagnostic Techniques To Understand Hydraulic Fracturing: What? Why? and How? *SPE Prod & Oper* 17 (1): 23-35. SPE-75359-PA. http://dx. doi. org/10. 2118/75359-PA.

Cipolla, C. L., Fitzpatrick, T., Williams, M. J. et al. 2011a. Seismic-to-Simulation for Unconventional Reservoir Development. Presented at the SPE Reservoir Characterisation and Simulation Conference and Exhibition, Abu Dhabi, UAE, 9-11 October. SPE-146876-MS. http://dx. doi. org/10. 2118/146876-MS.

Cipolla, C. L., Lewis, R. E., Maxwell, S. C. et al. 2011b. Appraising Unconventional Resource Plays: Separating Reservoir Quality From Completion Effectiveness. Presented at the International Petroleum Technology Conference, Bangkok, Thailand, 7-9 February. IPTC-14677-MS. http://dx. doi. org/10. 2523/14677-MS.

Cipolla, C. L., Mack, M. G., and Maxwell, S. C. 2010. Reducing Exploration and Appraisal Risk in Low-Permeability Reservoirs Using Microseismic Fracture Mapping. Presented at the Canadian Unconventional Resources and International Petroleum Conference, Calgary, 19-21 October. SPE-137437-MS. http://dx. doi. org/10. 2118/137437-MS.

Clarkson, C. R., Jensen, J. L., and Blasingame, T. 2011. Reservoir Engineering for Unconventional Reservoirs: What Do We Have to Consider? Presented at the North American Unconventional Gas Conference and Exhibition, The Woodlands, Texas, USA, 14-16 June. SPE-145080-MS. http://dx. doi. org/10. 2118/145080-MS.

Coopersmith, E. M. and Cunningham, P. C. 2002. A Practical Approach to Evaluating the Value of Information and Real Option Decisions in the Upstream Petroleum Industry. Presented at the SPE Annual Technical Conference and Exhibition, San Antonio, Texas, USA, 29 September-2 October. SPE-77582-MS. http://dx. doi. org/10. 2118/77582-MS.

Coopersmith, E. M., Cunningham, P. C., and Pena, C. A. 2003. Decision Mapping—A Practical Decision Analysis Approach to Appraisal & Development Strategy Evaluations. Presented at the SPE Hydrocarbon Economics and Evaluation Symposium, Dallas, 5−8 April. SPE−82033−MS. http：//dx. doi. org/10. 2118/82033−MS.

Dale, C. T., Lopes, J. R., and Abilio, S. 1990. Takula Oil Field and the Greater Takula Area, Cabinda, Angola. Presented at the Offshore Technology Conference, Houston, 7−10 May. OTC−6269−MS. http：//dx. doi. org/10. 4043/6269−MS.

Deans, H. A. 1978. Using Chemical Tracers to Measure Fractional Flow and Saturation In−Situ. Presented at the SPE Symposium on Improved Methods of Oil Recovery, Tulsa, 16−17 April. SPE−7076−MS. http：//dx. doi. org/10. 2118/7076−MS.

Demirmen, F. 1996. Use of "Value of Information" Concept in Justification and Ranking of Subsurface Appraisal. Presented at the SPE Annual Technical Conference and Exhibition, Denver, 6−9 October. SPE−36631−MS. http：//dx. doi. org/10. 2118/36631−MS.

Demirmen, F. 2001. Subsurface Appraisal: The Road From Reservoir Uncertainty to Better Economics. Presented at the SPE Hydrocarbon Economics and Evaluation Symposium, Dallas, 2−3 April. SPE−68603−MS. http：//dx. doi. org/10. 2118/68603−MS.

Dieck, R. H. 1995. *Measurement Uncertainty: Methods and Applications*. Research Triangle Park: Instrument Society of America.

Doublet, L. E., Nevans, J. W., Fisher, M. K. et al. 1996. Pressure Transient Data Acquisition and Analysis Using Real Time Electromagnetic Telemetry. Presented at the Permian Basin Oil and Gas Recovery Conference, Midland, Texas, USA, 27−29 March. SPE−35161−MS. http：//dx. doi. org/10. 2118/35161−MS.

Du, Y. and Guan, L. 2005. Interwell Tracer Tests: Lessons Learnted From Past Field Studies. Presented at the SPE Asia Pacific Oil and Gas Conference and Exhibition, Jakarta, 5−7 April. SPE−93140−MS. http：//dx. doi. org/10. 2118/93140−MS.

Duncan, P. 2010. Microseismic Monitoring—Technology State of Play. Presented at the SPE Unconventional Gas Conference, Pittsburgh, Pennsylvania, USA, 23−25 February. SPE−131777−MS. http：//dx. doi. org/10. 2118/131777−MS.

Dynasonics. 2013. Doppler Ultrasonic Flow Meters, http：//www. dynasonics. com/products/doppler2. php (accessed 4 June 2013).

EMCO Controls. 2013. EMCO Classical Venturi Tube Machined, Type KVR with Weld ends or Flange Connection, http：//www. emco. dk/files/pdf/0−06−017−3e. pdf (accessed 13 June 2013).

Ershaghi, I. and Omorigie, O. 1978. A Method for Extrapolation of Cut vs. Recovery Curves. *J. Pet Tech* 30 (2): 203−204. SPE−6977−PA. http：//dx. doi. org/10. 2118/6977−PA.

Ershaghi, I., Handy, L. L., and Hamdi, M. 1987. Application of the X−Plot Technique to the Study of Water Influx in the Sidi El−Itayem Reservoir, Tunisia (includes associated paper 17548). *J. Pet Tech* 39 (9): 1127−1136. SPE−14209−PA. http：//dx. doi. org/10. 2118/14209−PA.

Fetkovich, M. J. 1980. Decline Curve Analysis Using Type Curves. *J. Pet Tech* 32 (6): 1065−1077. SPE−4629−PA. http：//dx. doi. org/10. 2118/4629−PA.

Fetkovich, M. J., Fetkovich, E. J., and Fetkovich, M. D. 1996. Useful Concepts for Decline Curve Forecasting, Reserve Estimation, and Analysis. *SPE Res Eng* 11 (1): 13−22. SPE−28628−PA. http：//dx. doi. org/10. 2118/28628−PA.

Fish, D. J. 1992. Isokinetic Crude Oil Sampling. *Pipe Line Industry* (April).

Gerhardt, J. H. and Haldorsen, H. H. 1989. On the Value of Information. Presented at the Offshore Europe, Aberdeen, 5−8 September. SPE−19291−MS.

Glorioso, J. C. and Rattia, A. J. 2012. Unconventional Reservoirs: Basic Petrophysical Concepts for Shale Gas.

Presented at the SPE/EAGE European Unconventional Resources Conference and Exhibition, Vienna, Austria, 20–22 March. SPE-153004-MS. http://dx. doi. org/10. 2118/153004-MS.

Golan, M. and Whitson, C. H. 1991. *Well Performance*, second edition. Upper Saddle River, New Jersey: Prentice Hall.

Govier, G. W. and Aziz, K. 1977. *The Flow of Complex Mixtures in Pipes*. Huntington, New York: Robert Krieger Publishing Co.

Grable, J. L., Sanstrom, W. C., and Wylie, G. S. 2009. The Digital Asset: Connecting People, Technology, and Processes in a Collaborative Environment. Presented at the SPE Digital Energy Conference and Exhibition, Houston, 7–8 April. SPE-122508-MS. http://dx. doi. org/10. 2118/122508-MS.

Grose, T. D. 2007. Surveillance—Maintaining the Field From Cradle to Grave. Presented at the Offshore Europe, Aberdeen, 4–7 September. SPE-108498-MS. http://dx. doi. org/10. 2118/108498-MS.

Guidelines for the Practical Evaluation of Undeveloped Reserves in Resource Plays. 2011. SPEE Monograph 3, Society of Petroleum Evaluation Engineers.

Hailstone, J. and Ovens, J. 1995. Do Electronic Pressure Gauges Have 20/20 Vision? Presented at the SPE Annual Technical Conference and Exhibition, Dallas, 22 – 25 October. SPE – 30614 – MS. http://dx. doi. org/10. 2118/30614-MS.

Hall, H. N. 1963. How To Analyze Waterflood Injection Well Performance. *World Oil* (October): 128–130.

Harrell, D. R., Hodgin, J. E., and Wagenhofer, T. 2004. Oil and Gas Reserves Estimates: Recurring Mistakes and Errors. Presented at the SPE Annual Technical Conference and Exhibition, Houston, 26–29 September. SPE-91069-MS. http://dx. doi. org/10. 2118/91069-MS.

Hill, A. D. 1990. *Production Logging: Theoretical and Interpretive Elements*, Vol. 14. Richardson, Texas: Monograph Series, SPE.

Holstein, E. D. and Berger, A. R. 1997. Measuring the Quality of a Reservoir Management Program. *J. Pet Tech* 49 (1): 52–56. SPE-35200-MS. http://dx. doi. org/10. 2118/35200-MS.

Houze, O., Kikani, J., and Horne, R. N. 2009. Permanent Gauges and Production Analysis. In *Transient Well Testing*, M. Kamal. Richardson, Texas: Society of Petroleum Engineers.

Huc, A. -Y., Carpentier, B., Guehenneux, G. et al. 1999. Geochemistry in a Reservoir and Production Perspective. Presented at the Middle East Oil Show and Conference, Bahrain, 20–23 February. SPE-53146-MS. http://dx. doi. org/10. 2118/53146-MS.

Iliassov, P. A., Datta-Gupta, A., and Vasco, D. W. 2001. Field-Scale Characterization of Permeability and Saturation Distribution Using Partitioning Tracer Tests: The Ranger Field, Texas. Presented at the SPE Annual Technical Conference and Exhibition, New Orleans, 30 September–3 October. SPE-71320-MS. http://dx. doi. org/10. 2118/71320-MS.

Ilk, D., Anderson, D. M., Stotts, G. W. J. et al. 2010. Production Data Analysis—Challenges, Pitfalls, Diagnostics. *SPE Res Eval & Eng* 13 (3): 538–552. SPE-102048-PA. http://dx. doi. org/10. 2118/102048-PA.

Ince, A. N., Topuz, E., Panayirci, E. et al. 1998. *Principles of Integrated Maritime Surveillance Systems*, 527, The Springer International Series in Engineering and Computer Science. New York: Kluwer Academic Publishers.

Izgec, O. and Kabir, C. S. 2009. Establishing Injector/Producer Connectivity Before Breakthrough During Fluid Injection. Presented at the SPE Western Regional Meeting, San Jose, California, 24–26 March. SPE-121203-MS. http://dx. doi. org/10. 2118/121203-MS.

Jacobson, L. A., Beals, R., Wyatt, D. F. Jr. et al. 1991. Response Characterization of an Induced Gamma Spectrometry Tool Using a Bismuth Germanate Scintillator. Presented at the SPWLA 32nd Annual Logging Symposium, Midland, Texas, Paper 2056.

Johnston, D. H. 1997. A Tutorial on Time-Lapse Seismic Reservoir Monitoring. Presented at the Offshore Technology Conference, Houston, 5-8 May OTC-8289-MS. http：//dx. doi. org/10. 4043/8289-MS.

Johnston, R. and Shrallow, J. 2011. Ambiguity In Microseismic Monitoring. Presented at the 2011 SEG Annual Meeting, San Antonio, Texas, USA, 18-23 September. 2011-1514.

Kaufman, R. L., Ahmed, A. S., and Elsinger, R. J. 1990. Gas Chromatography as a Development and Production Tool for Fingerprinting Oils From Individual Reservoirs: Applications in the Gulf of Mexico. Proc., 9th Annual Research Conference of the Society of Economic Paleontologists and Mineralogists, New Orleans, 1 October, 263-282.

Khan, Z., Roopa, I. V., Baksh, K. et al. 2012. "Volumetric" Reservoir Waters Out: Enhanced Aquifer Characterization Using PTA Derived Boundary Tracking. Presented at the SPETT 2012 Energy Conference and Exhibition, Port-of-Spain, Trinidad, 11-13 June. SPE-158252-MS. http：//dx. doi. org/10. 2118/158252-MS.

Kikani, J. 2001. Permanent Monitoring for Reservoir Surveillance. In *Oil World*. Elsevier Publications.

Kikani, J. 2005. Reservoir Surveillance Planning and Evaluation. Presented as an SPE Distinguished Lecture during the 2005-2006 season.

Kikani, J. 2009a. Value of Information. In *Transient Well Testing*, ed. M. Kamal, 53-68. Richardson, Texas: Society of Petroleum Engineers.

Kikani, J. 2009b. Well Testing Measurements. In *Transient Well Testing*, ed. M. Kamal, 27-52. Richardson, Texas: Society of Petroleum Engineers.

Kikani, J. and He, M. 1998. Multi-Resolution Analysis of Long-Term Pressure Transient Data Using Wavelet Methods. Presented at the SPE Annual Technical Conference and Exhibition, New Orleans, 27-30 September. SPE-48966-MS. http：//dx. doi. org/10. 2118/48966-MS.

Kikani, J. and Pedrosa, O. A. Jr. 1991. Perturbation Analysis of Stress-Sensitive Reservoirs (includes associated papers 25281 and 25292). *SPE Form Eval* 6 (3): 379-386. SPE-20053-PA. http：//dx. doi. org/10. 2118/20053-PA.

Kikani, J. and Walkup, G. W. Jr. 1991. Analysis of Pressure-Transient Tests for Composite Naturally Fractured Reservoirs. *SPE Form Eval* 6 (2): 176-182. SPE-19786-PA. http：//dx. doi. org/10. 2118/19786-PA.

Kikani, J., Fair, P. S., and Hite, R. H. 1997. Pitfalls in Pressure-Gauge Performance. SPE *Form Eval* 12 (4): 241-246. SPE-30613-PA. http：//dx. doi. org/10. 2118/30613-PA.

King, G., Tokar, T., Littlefield, L. et al. 2005. The Takula Field: A History of Angola's First Giant Oil Field. Presented at the 18th World Petroleum Congress, Johannesburg, South Africa, 25-29 September. WPC-18-1020.

King, G. R., David, W., Tokar, T. et al. 2002. Takula Field: Data Acquisition, Interpretation, and Integration for Improved Simulation and Reservoir Management. *SPE Res Eval & Eng* 5 (2): 135-145. SPE-77610-PA. http：//dx. doi. org/10. 2118/77610-PA.

Kragas, T. K., Bostick, F. X. III, Mayeu, C. et al. 2002. Downhole Fiber-Optic Multiphase Flowmeter: Design, Operating Principle, and Testing. Presented at the SPE Annual Technical Conference and Exhibition, San Antonio, Texas, USA, 29 September-2 October. SPE-77655-MS. http：//dx. doi. org/10. 2118/77655-MS.

Kragas, T. K., Williams, B. A., and Myers, G. A. 2001. The Optic Oil Field: Deployment and Application of Permanent In-well Fiber Optic Sensing Systems for Production and Reservoir Monitoring. Presented at the SPE Annual Technical Conference and Exhibition, New Orleans, 30 September-3 October. SPE-71529-MS. http：//dx. doi. org/10. 2118/71529-MS.

Kunkel, G. C. and Bagley, J. W. Jr. 1965. Controlled Waterflooding, Means Queen Reservoir. Presented at the

SPE Annual Meeting, Denver, 3-6 October. SPE-1211-MS.

Lachance, D. P. and McCleary, N. R. 1999. Offshore Mahogany Field Development to Support Trinidad's LNG Plant. Presented at the Offshore Technology Conference, Houston, 3-6 May. OTC-10733-MS. http: //dx. doi. org/10. 4043/10733-MS.

Lachance, D. P., McCleary, N. R., and Jones, J. R. 1999. The Impact of Front-End Loaded Data Collection on Development Plans for Mahogany Field, Offshore Trinidad. Presented at the Latin American and Caribbean Petroleum Engineering Conference, Caracas, 21-23 April. SPE-53985-MS. http: //dx. doi. org/10. 2118/53985-MS.

Lake, L. W. 1989. *Enhanced Oil Recovery*. Englewood Cliffs, New Jersey: Prentice Hall.

Langaas, K., Grant, D., Cook, A. et al. 2007. Understanding a Teenager: Surveillance of the Draugen Field. Presented at the Offshore Europe, Aberdeen, 4-7 September. SPE-109011-MS. http: //dx. doi. org/10. 2118/109011-MS.

Larter, S. R. and Aplin, A. C. 1994. Production Applications of Reservoir Geochemistry: A Current and Long-Term View. Presented at the SPE Annual Technical Conference and Exhibition, New Orleans, 25-28 September. SPE-28375-MS. http: //dx. doi. org/10. 2118/28375-MS.

Lochmann, M. 2012a. The Future of Surveillance—A Survey of Proven Business Practices for Use in Oil and Gas. *SPE Econ & Mgmt* 4 (4): 235-247. SPE-150071-PA. http: //dx. doi. org/10. 2118/150071-PA.

Lochmann, M. J. 2012b. The Future of Surveillance. Presented at the SPE Intelligent Energy International, Utrecht, The Netherlands, 27-29 March. SPE-150071-MS. http: //dx. doi. org/10. 2118/150071-MS.

Lohrenz, J. 1988. Net Values of Our Information. *J. Pet Tech* 40 (4): 499-503. SPE-16842-PA. http: //dx. doi. org/10. 2118/16842-PA.

Louis, A., Boehm, C., Sancho, J. et al. 2000. Well Data Acquisition Strategies. Presented at the SPE Annual Technical Conference and Exhibition, Dallas, 1-4 October. SPE-63284-MS. http: //dx. doi. org/10. 2118/63284-MS.

Luffel, D. L., Guidry, F. K., and Curtis, J. B. 1992. Evaluation of Devonian Shale With New Core and Log Analysis Methods. *J. Pet Tech* 44 (11): 1192-1197. SPE-21297-PA. http: //dx. doi. org/10. 2118/21297-PA.

Lumley, D. E. and Behrens, R. A. 1998. Practical Issues of 4D Seismic Reservoir Monitoring: What an Engineer Needs to Know. *SPE Res Eval & Eng* 1 (6): 528-538. SPE-53004-PS. http: //dx. doi. org/10. 2118/53004-PA.

Lynch, E. J. 1962. *Formation Evaluation*. New York: Harper & Row.

Martin, R., Cramer, D. D., Nunez, O. et al. 2012. A Method To Perform Multiple Diagnostic Fracture Injection Tests Simultaneously in a Single Wellbore. Presented at the SPE Hydraulic Fracturing Technology Conference, The Woodlands, Texas, USA, 6-8 February. SPE-152019-MS. http: //dx. doi. org/10. 2118/152019-MS.

Matthews, C. S. and Russell, D. G. 1967. *Pressure Buildup and Flow Tests in Wells*, 1. Richardson, Texas: Monograph Series, SPE.

Maydanchik, A. 2007. Causes of Data Quality Problems. In *Data Quality Assessment*, Chap. 1, 5. Bradley Beach, New Jersey: Technics Publications.

McAleese, S. 2000. Downhole Test Equipment. In *Operational Aspects of Oil and Gas Well Testing*, Chap. 10, 90. New York: Elsevier.

McCain, W. D., Schechter, D., Reza, Z. et al. 2011. Determination of Fluid Composition Equilibrium—a Substantially Superior Way to Assess Reservoir Connectivity Than Formation Pressure Surveys. Presented at the SPWLA 52nd Annual Logging Symposium, Colorado Springs, Colorado, USA, 14-18 May. SPWLA-2011-EEE.

McGee, T. D. 1988. *Principles and Methods of Temperature Measurement.* John Wiley & Sons, Inc.

McNamee, P. and Celona, J. 2001. *Decision Analysis for the Professional.* SmartOrg, Inc.

Meinhold, T. F. 1984. Liquid Flowmeters: An Overview of Types and Capabilities, Plus Guidelines on Selection Installation and Maintenance. *Plant Engineering Magazine* (21 November).

Mikkelsen, P. L., Guderian, K., and du Plessis, G. 2008. Improved Reservoir Management Through Integration of 4D-Seismic Interpretation, Draugen Field, Norway. *SPE Res Eval & Eng* 11 (1): 9-17. SPE-96400-PA. http://dx.doi.org/10.2118/96400-PA.

Milkov, A. V., Goebel, E., Dzou, L. et al. 2007. Compartmentalization and Time-Lapse Geochemical Reservoir Surveillance of the Horn Mountain Oil Field, Deep-Water Gulf of Mexico. *AAPG Bull.* 91 (6): 847-876. http://dx.doi.org/10.1306/01090706091.

Minear, J. W. 1986. Full Wave Sonic Logging: A Brief Perspective. Presented at the SPWLA 27th Annual Logging Symposium, Houston, 9-13 June. SPWLA-1986-AAA.

MoBPTeCh Consortium Study Results. 1999.

Moghadam, S., Jeje, O., and Mattar, L. 2011. Advanced Gas Material Balance in Simplified Format. *J. Cdn. Pet. Tech.* 50 (1): 90-98. SPE-139428-PA. http://dx.doi.org/10.2118/139428-PA.

Mohaghegh, S. 2000. Virtual-Intelligence Applications in Petroleum Engineering: Part 1—Artificial Neural Networks. J. Pet Tech 52 (9): 64-73. SPE-58046-MS. http://dx.doi.org/10.2118/58046-MS.

Montgomery, D. C. 2009. Introduction to Statistical Quality Control. John Wiley & Sons, Inc. Moore, J. B. 1986. Oilfield Surveillance With Personal Computers. *J. Pet Tech* 38 (6): 665-668. SPE-13632-PA. http://dx.doi.org/10.2118/13632-PA.

Mueller, T. D. and Witherspoon, P. A. 1965. Pressure Interference Effects Within Reservoirs and Aquifers. *J. Pet Tech* 17 (4): 471-474. SPE-1020-PA. http://dx.doi.org/10.2118/1020-PA.

Mullins, O. C., Sheu, E. Y., Hammami, A. et al. ed. 2007. *Asphaltenes, Heavy Oils and Petroleomics.* New York: Springer.

Newendorp, P. 1975. *Risk Analysis in Petroleum Exploration.* Tulsa: PennWell Books.

Nguyen, D. and Cramer, D. 2013. Diagnostic Fracture Injection Testing Tactics in Unconventional Reservoirs. Presented at the 2013 SPE Hydraulic Fracturing Technology Conference, The Woodlands, Texas, USA, 4-6 February. SPE-163863-MS. http://dx.doi.org/10.2118/163863-MS.

Nisbet, W. J. R. and Dria, D. E. 2003. Implementation of a Robust Deepwater Sand Monitoring Strategy. Presented at the SPE Annual Technical Conference and Exhibition, Denver, 5-8 October. SPE-84494-MS. http://dx.doi.org/10.2118/84494-MS.

NIST/SEMATECH e-Handbook of Statistical Methods. http://www.itl.nist.gov/div898/handbook/ (June 2003).

Nojabaei, B. and Kabir, C. S. 2012. Establishing Key Reservoir Parameters With Diagnostic Fracture Injection Testing. Presented at the SPE Americas Unconventional Resources Conference, Pittsburgh, Pennsylvania, USA, 5-7 June. SPE-153979-MS. http://dx.doi.org/10.2118/153979-MS.

Nolte, K. G. 1979. Determination of Fracture Parameters from Fracturing Pressure Decline. Presented at the SPE Annual Technical Conference and Exhibition, Las Vegas, Nevada, USA, 23-26 September. SPE-8341-MS. http://dx.doi.org/10.2118/8341-MS.

Nouvelle, X., Rojas, K. A., and Stankiewicz, A. 2012. Novel Method of Production Back-Allocation Using Geochemical Fingerprinting. Presented at the Abu Dhabi International Petroleum Conference and Exhibition, Abu Dhabi, 11-14 November. SPE-160812-MS. http://dx.doi.org/10.2118/160812-MS.

Omoregie, Z. S., Vasicek, S. L., Jackson, G. R. et al. 1988. Monitoring The Mitsue Hydrocarbon Miscible Flood-

Program Design, Implementation And Preliminary Results. *J. Cdn, Pet. Tech.* 27 (6). PETSOC-88-06-04. http://dx. doi. org/10. 2118/88-06-04.

Ouyang, L. -B. and Kikani, J. 2002. Improving Permanent Downhole Gauge (PDG) Data Processing via Wavelet Analysis. Presented at the European Petroleum Conference, Aberdeen, 29-31 October. SPE-78290-MS. http://dx. doi. org/10. 2118/78290-MS.

Panda, M., Nottingham, D., and Lenig, D. 2011. Systematic Surveillance Techniques for a Large Miscible WAG Flood. *SPE Res Eval & Eng* 14 (3): 299-309. SPE-127563-PA. http://dx. doi. org/10. 2118/127563-PA.

Panda, M. N. and Chopra, A. K. 1998. An Integrated Approach to Estimate Well Interactions. Presented at the SPE India Oil and Gas Conference and Exhibition, New Delhi, India, 17-19 February. SPE-39563-MS. http://dx. doi. org/10. 2118/39563-MS.

Peck, D. G. 1997. Analysis of Gas Compositional Data for EOR Process Monitoring. Presented at the SPE Annual Technical Conference and Exhibition, San Antonio, Texas, USA, 5-8 October. SPE-38871-MS. http://dx. doi. org/10. 2118/38871-MS.

Petrolog. 2013. Sonic Logging, http://www. petrolog. net/webhelp/Petrolog. htm#Logging_ Tools/dt/dt. html (accessed 24 June 2013).

Piers, G. E., Perkins, J., and Escott, D. 1987. A New Flowmeter for Production Logging and Well Testing. Presented at the SPE Annual Technical Conference and Exhibition, Dallas, 27-30 September. SPE-16819-MS. http://dx. doi. org/10. 2118/16819-MS.

Pipino, L. L., Lee, Y. W., and Wang, R. Y. 2002. Data Quality Assessment. *Commun.* ACM 45 (4): 211-218. http://dx. doi. org/10. 1145/505248. 506010.

Pletcher, J. L. 2002. Improvements to Reservoir Material-Balance Methods. SPE *Res Eval & Eng.* 5 (1): 49-59. http://dx. doi. org/10. 2118/75354-PA.

Portella, R. C. M., Salomao, M. C., Blauth, M. et al. 2003. Uncertainty Quantification To Evaluate the Value of Information in a Deepwater Reservoir. Presented at the SPE Reservoir Simulation Symposium, Houston, 3-5 February. SPE-79707-MS. http://dx. doi. org/10. 2118/79707-MS.

Purvis, R. A. 1985. Analysis of Production-Performance Graphs. *J. Cdn. Pet. Tech.* 24 (4). PETSOC-85-04-03. http://dx. doi. org/10. 2118/85-04-03.

Purvis, R. A. 1987. Further Analysis of Production-Performance Graphs. *J. Cdn. Pet. Tech.* 26 (4). PETSOC-87-04-07. http://dx. doi. org/10. 2118/87-04-07.

Rabinovich, S. 1992. *Measurement Errors: Theory and Practice.* New York: American Institute of Physics.

Raghuraman, B., Couët, B., Savundararaj, P. et al. 2003. Valuation of Technology and Information for Reservoir Risk Management. *SPE Res Eval & Eng* 6 (5): 307-316. SPE-86568-PA. http://dx. doi. org/10. 2118/86568-PA.

Regtien, J. M. M. 2010. Extending The Smart Fields Concept to Enhanced Oil Recovery. Presented at the Russian Oil & Gas Technical Conference, Moscow, 26-28 October. http://dx. doi. org/10. 2118/136034-MS.

Rohsenow, W. M. and Choi, H. Y. 1961. *Heat, Mass, and Momentum Transfer.* Prentice-Hall. Saldungaray, P. M., Palisch, T. T., and Duenckel, R. 2012. Novel Traceable Proppant Enables Propped Frac Height Measurement While Reducing the Environmental Impact. Presented at the SPE/EAGE European Unconventional Resources Conference and Exhibition, Vienna, Austria, 20-22 March. SPE-151696-MS. http://dx. doi. org/10. 2118/151696-MS.

Samsundar, K., Moosai, R. S., and Chung, R. A. 2007. Surveillance Planning: The Key to Managing a Mature Gas Reservoir. Presented at the Latin American & Caribbean Petroleum Engineering Conference, Buenos Aires, 15-18 April. SPE-107279-MS. http://dx. doi. org/10. 2118/107279-MS.

Sayarpour, M., Zuluaga, E., Kabir, C. S. et al. 2007. The Use of Capacitance-Resistive Models for Rapid Estimation of Waterflood Performance and Optimization. Presented at the SPE Annual Technical Conference and Exhibition, Anaheim, California, USA, 11-14 November. SPE-110081-MS. http: //dx. doi. org/10. 2118/110081-MS.

Schafer, D. B., Cooper, K. N., McCaffrey, M. A. et al. 2011. Geochemical Oil Fingerprinting—Implications for Production Allocations at Prudhoe Bay Field, Alaska. Presented at the SPE Annual Technical Conference and Exhibition, Denver, 30 October-2 November. SPE-146914-MS. http: //dx. doi. org/10. 2118/146914-MS.

Schlumberger. 1996. *Wireline Formation Testing and Sampling.*

Schlumberger. 1994. *Modern Reservoir Testing.*

Schultz, W. E., Garcia, G. H., Bridges, J. R. et al. 1983. Experimental Basis for a New Borehole Corrected Pulsed Neutron Capture Logging System (TMD). Presented at the SPWLA 24th Annual Logging Symposium, Calgary, 27-30 June. SPWLA-1983-CC.

Sengul, M. and Bekkousha, M. A. 2002. Applied Production Optimization: i-Field. Presented at the SPE Annual Technical Conference and Exhibition, San Antonio, Texas, USA, 29 September-2 October. SPE-77608-MS. http: //dx. doi. org/10. 2118/77608-MS.

Serra, O., Quirein, J., and Baldwin, J. 1980. Theory, Interpretation, and Practical Applications of Natural Gamma Ray Spectroscopy. Presented at the SPWLA 21st Annual Logging Symposium, Lafayette, Louisiana, 8-11 July. SPWLA-1980-Q.

Shook, G. M., Ansley, S. L., and Wylie, A. 2004. Tracers and Tracer Testing: Design, Implementation and Interpretation Methods. INEEL/EXT-03-01466, Idaho National Engineering and Environmental Laboratory, Idaho Falls, Idaho (January 2004).

Shook, G. M., Pope, G. A., and Asakawa, K. 2009. Determining Reservoir Properties and Flood Performance From Tracer Test Analysis. Presented at the SPE Annual Technical Conference and Exhibition, New Orleans, 4-7 October. SPE-124614-MS. http: //dx. doi. org/10. 2118/124614-MS.

Silin, D. B., Holtzman, R., Patzek, T. W. et al. 2005. Waterflood Surveillance and Control: Incorporating Hall Plot and Slope Analysis. Presented at the SPE Annual Technical Conference and Exhibition, Dallas, 9-12 October. SPE-95685-MS.

Skinner, D. C. 1999. *Introduction to Decision Analysis.* Gainesville, Florida: Probabilistic Publishing.

Sloat, B. 1982. The Isenhour Unit—A Unique Polymer-Augmented Alkaline Flood. Presented at the SPE Enhanced Oil Recovery Symposium, Tulsa, 4-7 April. SPE-10719-MS. http: //dx. doi. org/10. 2118/10719-MS.

Smith, D. H. and Brigham, W. E. 1965. Field Evaluation of Waterflood Tracers in a Five Spot. Presented at the spring meeting of the Mid-Continent District, API Division of Production, March. API-65-108.

Smolen, J. J. 1996. *Cased Hole and Production Log Evaluation.* Tulsa: PennWell Publishing.

Soliman, M. Y. 1986. Analysis of Buildup Tests With Short Producing Time. *SPE Form Eval* 1 (4): 363-371. SPE-11083-PA. http: //dx. doi. org/10. 2118/11083-PA.

Sondergeld, C. H., Newsham, K. E., Comisky, J. T. et al. 2010. Petrophysical Considerations in Evaluating and Producing Shale Gas Resources. Presented at the SPE Unconventional Gas Conference, Pittsburgh, Pennsylvania, USA, 23-25 February. SPE-131768-MS. http: //dx. doi. org/10. 2118/131768-MS.

Spears, R. W., Dudus, D, Foulds, A. et al. 2011. Shale Gas Core Analysis: Strategies for Normalizing Between Laboratories and a Clear Need for Standard Materials. Presented at the 52nd SPWLA Annual Logging Symposium, Colorado Springs, May 14-18.

Stalkup, F. I. Jr. 1983. *Miscible Displacement*, 8. Richardson, Texas: Monograph Series, SPE.

Suliman, B., Meek, R., Hull, R. et al. 2013. Variable Stimulated Reservoir Volume (SRV) Simulation: Eagle

Ford Shale Case Study. Presented at the SPE Unconventional Resources Conference—USA, The Woodlands, Texas, USA, 1 January. SPE-164546-MS. http: //dx. doi. org/10. 2118/164546-MS.

Sullivan, M. and Belanger, D. 2012. Enhanced Precision Time Lapse PNC Logging of Gas Injection in a Low Porosity Carbonate Reservoir. Presented at the SPWLA 53rd Annual Logging Symposium, Cartagena, Colombia, 16–20 June. SPWLA-2012-191.

Taco, G., Kamenar, A., and Edgoose, J. 2012. Comparison of DFIT, DST and IFT Permeabilities in Coal Seam Reservoirs Subject to Stress. Presented at the SPE Asia Pacific Oil and Gas Conference, Perth, Australia. 22–24 October. http: //dx. doi. org/10. 2118/158297-MS.

Taitel, Y., Bornea, D., and Dukler, A. E. 1980. Modelling Flow Pattern Transitions for Steady Upward Gas-Liquid Fow in Vertical Tubes. *AIChE J.* 26 (3): 345–354. http: //dx. doi. org/10. 1002/aic. 690260304.

Talash, A. W. 1988. An Overview of Waterflood Surveillance and Monitoring. *J. Pet Tech* 40 (12): 1539–1543. SPE-18740-PA. http: //dx. doi. org/10. 2118/18740-PA.

Tang, J. S. 1995. Partitioning Tracers and In-Situ Fluid-Saturation Measurements. *SPE Form Eval* 10 (1): 33–39. SPE-22344-PA. http: //dx. doi. org/10. 2118/22344-PA.

Terrado, R. M., Yudono, S., and Thakur, G. C. 2006. Waterflood Surveillance and Monitoring: Putting Principles Into Practice. Presented at the SPE Annual Technical Conference and Exhibition, San Antonio, Texas, USA, 24–27 September. SPE-102200-MS. http: //dx. doi. org/10. 2118/102200-MS.

Thakur, G. C. 1991. Waterflood Surveillance Techniques—A Reservoir Management Approach. *J. Pet Tech* 43 (10): 1180–1188. SPE-23471-PA. http: //dx. doi. org/10. 2118/23471-PA.

Thakur, G. C. and Satter, A. 1994. *Integrated Petroleum Reservoir Management*, 42–44. Tulsa: PennWell Books.

The Turbine Flow Meter and Its Calibration. 2011. *ENGINEERING*, 14 March 2011, http: //engglearning. blogspot. com/2011/03/turbine-flow-meter-and-its-calibration. html (accessed 4 June 2013).

Theuveny, B. C. and Mehdizadeh, P. 2002. Multiphase Flowmeter Application for Well and Fiscal Allocation. Presented at the SPE Western Regional/AAPG Pacific Section Joint Meeting, Anchorage, 20–22 May. SPE-76766-MS. http: //dx. doi. org/10. 2118/76766-MS.

Tomich, J. F., Dalton, R. L. Jr., Deans, H. A. et al. 1973. Single-Well Tracer Method to Measure Residual Oil Saturation. *J. Pet Tech* 25 (2): 211–218; Trans., AIME, 255. SPE-3792-PA. http: //dx. doi. org/10. 2118/3792-PA.

Tversky, A., and Kahneman, D. 1974. Judgment Under Uncertainty: Heuristics and Biases. *Science* 185 (4157): 1124–1131. http: //dx. doi. org/10. 2307/1738360.

Udd, E. ed. 1991. *Fiber Optic Sensors: An Introduction for Engineers and Scientists*. Wiley.

Unalmis, O. H., Johansen, E. S., and Perry, L. W. 2010. Evolution in Optical Downhole Multiphase Flow Measurement: Experience Translates into Enhanced Design. Presented at the SPE Intelligent Energy Conference and Exhibition, Utrecht, The Netherlands, 23–25 March. SPE-126741-MS. http: //dx. doi. org/10. 2118/126741-MS.

Van der Geest, R., Broman, W. H. Jr., Johnson, T. L. et al. 2001. Reliability Through Data Reconciliation. Presented at the Offshore Technology Conference, Houston, 30 April–3 May. OTC-13000-MS. http: //dx. doi. org/10. 4043/13000-MS.

Van Dyke, M. 1975. *Perturbation Methods in Fluid Mechanics*, 45. Stanford, California: The Parabolic Press.

Vazirgiannis, M., Halkidi, M., and Gunopulos, D. 2003. Uncertainty Handling and Quality Assessment in Data Mining. London: Advanced Information and Knowledge Processing, Springer-Verlag. 978-1-4471-1119-1.

Veneruso, A. F., Ehlig-Economides, C., and Petitjean, L. 1991. Pressure Gauge Specification Considerations in Practical Well Testing. Presented at the SPE Annual Technical Conference and Exhibition, Dallas, 6–9 October.

SPE-22752-MS. http: //dx. doi. org/10. 2118/22752-MS.

Warpinski, N. 2009. Microseismic Monitoring: Inside and Out. *J Pet Technol* 61 (11): 80-85. SPE-118537-MS. http: //dx. doi. org/10. 2118/118537-MS.

Warren, J. E. 1983. The Development Decision: Value of Information. Presented at the SPE Hydrocarbon Economics and Evaluation Symposium, Dallas, 3-4 March. SPE-11312-MS. http: //dx. doi. org/10. 2118/11312-MS.

Williamson, H. S. 2000. Accuracy Prediction for Directional Measurement While Drilling. *SPE Drill & Compl* 15 (4): 221-233. SPE-67616-PA. http: //dx. doi. org/0. 2118/67616-PA.

Wood, K. N., Tang, J. S., and Luckasavitch, R. J. 1990. Interwell Residual Oil Saturation at Leduc Miscible Pilot. Presented at the SPE Annual Technical Conference and Exhibition, New Orleans, 23-26 September. SPE-20543-MS. http: //dx. doi. org/10. 2118/20543-MS.

Wright, C. A., Davis, E. J., Golich, G. M. et al. 1998. Downhole Tiltmeter Fracture Mapping: Finally Measuring Hydraulic Fracture Dimensions. Presented at the SPE Western Regional Meeting, Bakersfield, California, USA, 10-13 May. SPE-46194-MS. http: //dx. doi. org/10. 2118/46194-MS.

Wright, C. A., Davis, E. J., Wang, G. et al. 1999. Downhole tiltmeter fracture mapping: A new tool for direct measurement of hydraulic fracture growth. *Proc.*, 37th U. S. Symposium on Rock Mechanics (USRMS), Vail, Colorado, USA, 7-9 June, ARMA-99-1061.

Wikipedia. 2013. *Normal distribution* (10 *May* 2013 *revision*), http: //en. wikipedia. org/wiki/Normal_distribution (accessed 24 May 2013).

Yang, Z. 2009a. A New Diagnostic Analysis Method for Waterflood Performance. *SPE Res Eval & Eng* 12 (2): 341-351. SPE-113856-PA. http: //dx. doi. org/10. 2118/113856-PA.

Yang, Z. 2009b. Analysis of Production Decline in Waterflood Reservoirs. Presented at the SPE Annual Technical Conference and Exhibition, New Orleans, 4-7 October. SPE-124613-MS. http: //dx. doi. org/10. 2118/124613-MS.

Yang, Z. 2012. Production Performance Diagnostics Using Field Production Data and Analytical Models: Method and Case Study for the Hydraulically Fractured South Belridge Diatomite. Presented at the SPE Western Regional Meeting, Bakersfield, California, USA, 21-23 March. SPE-153138-MS. http: //dx. doi. org/10. 2118/153138-MS.

Yero, J. and Moroney, T. A. 2010. Exception Based Surveillance. Presented at the SPE Intelligent Energy Conference and Exhibition, Utrecht, The Netherlands, 23-25 March. SPE-127860-MS. http: //dx. doi. org/10. 2118/127860-MS.

Yortsos, Y. C., Choi, Y., Yang, Z. et al. 1997. Analysis and Interpretation of the Water-Oil Ratio in Waterfloods. Presented at the SPE Annual Technical Conference and Exhibition, San Antonio, Texas, USA, 5-8 October. SPE-38869-MS. http: //dx. doi. org/10. 2118/38869-MS.

Zahedi, A., Johnson, R., and Rueda, C. 2004. Heat Management in Coalinga—New Insight to Manage Heat in an Old Field. Presented at the SPE International Thermal Operations and Heavy Oil Symposium and Western Regional Meeting, Bakersfield, California, USA, 16-18 March. SPE-86984-MS. http: //dx. doi. org/10. 2118/86984-MS.

Zalan, T. A., Badruzzaman, A., Julander, D. et al. 2003. Steamflood Surveillance in Sumatra, Indonesia and San Joaquin Valley, California Using Steam Identification, Carbon/Oxygen, and Temperature Logs. Presented at the SPE Asia Pacific Oil and Gas Conference and Exhibition, Jakarta, 9-11 September. SPE-80435-MS. http: //dx. doi. org/10. 2118/80435-MS.

Zemel, B. 1995. *Tracers in the Oil Field*, 43. Amsterdam, The Netherlands: Developments in Petroleum Science, Elsevier Science.

General References

American Gas Association (AGA). 1994. Compressibility Factor of Natural Gas and Other Related Hydrocarbon Gases. Report No. 8, AGA.

American Gas Association (AGA). 1998. Measurement of Gas by Multipath Ultrasonic Meters. Report No. 9, AGA.

Bostick, F. X. III. 2003. Commercialization of Fiber Optic Sensors for Reservoir Monitoring. Presented at the Offshore Technology Conference, Houston, 5−8 May. OTC−15320−MS. http: //dx. doi. org/10. 4043/15320−MS.

Cipolla, C. L., Mack, M. G., and Maxwell, S. C. 2010. Reducing Exploration and Appraisal Risk in Low−Permeability Reservoirs Using Microseismic Fracture Mapping. Presented at the Canadian Unconventional Resources and International Petroleum Conference, Calgary, 19−21 October. SPE−137437−MS. http: //dx. doi. org/10. 2118/137437−MS.

Gingerich, B. L., Brusius, P. G., and Maclean, I. M. 1999. Reliable Electronics for High−Temperature Downhole Applications. Presented at the SPE Annual Technical Conference and Exhibition, Houston, 3−6 October. SPE−56438−MS. http: //dx. doi. org/10. 2118/56438−MS.

GPA−2166, *Methods for Obtaining Natural Gas Samples for Analysis by Gas Chromatograph*. 1986. Gas Processing Association.

Kersey, A. D., Dunphy, J. R., and Hay, A. D. 1998. Optical Reservoir Instrumentation System. Presented at the Offshore Technology Conference, Houston, 4−7 May. OTC−8842−MS. http: //dx. doi. org/10. 4043/8842−MS.

Kikani, J. 1999. Technology, Uses, and Future of Permanent Downhole Monitoring Systems for Reservoir Surveillance. Presented as an SPE Distinguished Lecture during the 1999−2000 season.

Kluth, E. L. E., Varnham, M. P., Clowes, J. R. et al. 2000. Advanced Sensor Infrastructure for Real Time Reservoir Monitoring. Presented at the SPE European Petroleum Conference, Paris, 24−25 October. SPE−65152−MS. http: //dx. doi. org/10. 2118/65152−MS.

Koninx, J. P. M. 2000. Value of Information: From Cost Cutting to Value Creation. Presented at the SPE Asia Pacific Oil and Gas Conference and Exhibition, Brisbane, Australia, 16−18 October. SPE−64390−MS.

Lenormand, R. and Fonta, O. 2007. Advances in Measuring Porosity and Permeability From Drill Cuttings. Presented at the SPE/EAGE Reservoir Characterization and Simulation Conference, Abu Dhabi, UAE, 28−31 October. SPE−111286−MS. http: //dx. doi. org/10. 2118/111286−MS.

Miller, R. W. 1996. *Flow Measurement Engineering Handbook*, third edition. McGraw Hill.

附录　单位换算表

1mile = 1. 609km

1mile^2 = 2. 590km^2

1acre = 4046. 856m^2

1lb = 453. 59g

1lb/ft^3 = 16. 018kg/m^3

1ft = 0. 305m

1ft^2 = 0. 093m^2

1ft^3 = 28. 317m^2

1bbl = 0. 159m^3